普通高等院校"十四五"计算机基础系列教材

U0184081

大学计算机基础与计算思维

赵英豪　董　伟　主编

中国铁道出版社有限公司
CHINA RAILWAY PUBLISHING HOUSE CO., LTD.

内容简介

本书根据教育部高等学校大学计算机课程教学指导委员会编制的《高等学校大学计算机教学基本要求》，结合当前计算机的发展以及应用型大学的实际情况而编写，是以培养计算机应用能力和计算思维为导向的大学计算机基础课程教材。全书共分为6章，内容涵盖计算机的发展与信息的表示、计算机系统与网络、文字处理与排版软件Word、数据统计和分析软件Excel、演示文稿制作软件PowerPoint和计算思维与问题求解。

本书内容新颖、图文并茂、生动直观、案例典型、注重操作、重点突出、强调实用，适合作为各类高等院校非计算机专业的计算机基础课程教材，也可作为高等学校成人教育的培训教材或自学参考用书。

图书在版编目（CIP）数据

大学计算机基础与计算思维/赵英豪，董伟主编. —北京：中国铁道出版社有限公司，2022.9（2024.8重印）

普通高等院校“十四五”计算机基础系列教材

ISBN 978-7-113-29562-2

Ⅰ. ①大…　Ⅱ. ①赵…　②董…　Ⅲ. ①电子计算机-高等学校-教材②计算方法-思维方法-高等学校-教材　Ⅳ. ①TP3②O241

中国版本图书馆CIP数据核字（2022）第148059号

书　　名：大学计算机基础与计算思维
作　　者：赵英豪　董　伟

策　　划：魏　娜　　**编辑部电话：**（010）63549508
责任编辑：陆慧萍　绳　超
封面设计：穆　丽
封面制作：刘　颖
责任校对：焦桂荣
责任印制：樊启鹏

出版发行：中国铁道出版社有限公司（100054，北京市西城区右安门西街8号）
网　　址：https://www.tdpress.com/51eds/
印　　刷：三河市兴博印务有限公司
版　　次：2022年9月第1版　2024年8月第2次印刷
开　　本：787 mm×1 092 mm　1/16　**印张：**13.25　**字数：**338千
书　　号：ISBN 978-7-113-29562-2
定　　价：39.00元

前 言

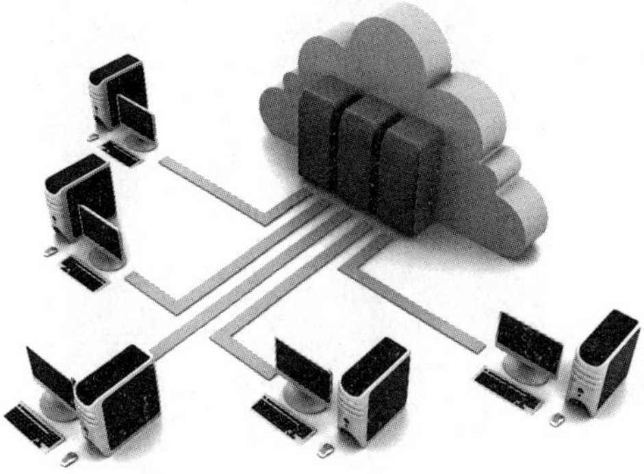

随着计算机技术的不断发展，逐渐形成了一种新思维——计算思维。计算思维是人类求解问题的一条有效途径，是一种分析求解问题的过程和思想。如何在培养学生计算机应用能力的同时，潜移默化地培养学生运用计算机科学知识进行问题求解、系统设计等计算思维能力，是作为通识教育的计算机公共课程的基本任务。

本书以计算思维为切入点，将计算思维与日常生活结合，通过“模型构建一定量分析一寻求方案一方案比较一方案实现”的渐进方式，生动形象地向学生讲授计算思维的基本思想，从而培养学生利用计算思维解决专业领域中常规问题的能力。全书共分为 6 章，内容涵盖计算机的发展与信息的表示、计算机系统与网络、文字处理与排版软件 Word、数据统计和分析软件 Excel、演示文稿制作软件 PowerPoint 和计算思维与问题求解等。

本书以“理论知识够用为度，加强实践应用”为原则，在内容选取上，注重实用性和代表性；在内容编排上，注重知识点的基础性、系统性和实用性；在编写风格上，通过情境引入、讲解、分析、比较，逐步为学生建立完整的知识体系。讲解办公软件和程序设计应用时，选取针对性、实用性较强的案例，将知识点融入案例中，从而让学生在完成任务的过程中轻松掌握相关知识。此外，在每章后还给出了综合性较强的巩固与练习，帮助学生学以致用。

本书由赵英豪、董伟任主编，张静、宋宏伟、刘智国、刘晓鹤、时建峰、赵德民任副主编。具体编写分工如下：刘晓鹤、赵德民编写第 1 章，时建峰、刘智国编写第 2 章，宋宏伟、赵英豪编写第 3 章，赵英豪编写第 4 章，董伟编写第 5 章，董伟、张静编写第 6 章。全书由刘智国负责策划，赵英豪负责统稿、定稿。

本书在编写过程中，得到了石家庄学院教务处王俊奇处长，石家庄学院未来信息技术学院林立忠院长、及旭兵书记的大力支持，在此表示衷心感谢。

限于编者水平，加之时间仓促，书中难免存在不足之处，恳请各位领导、专家、学者和广大读者批评指正。

编　者

2022 年 5 月

目 录

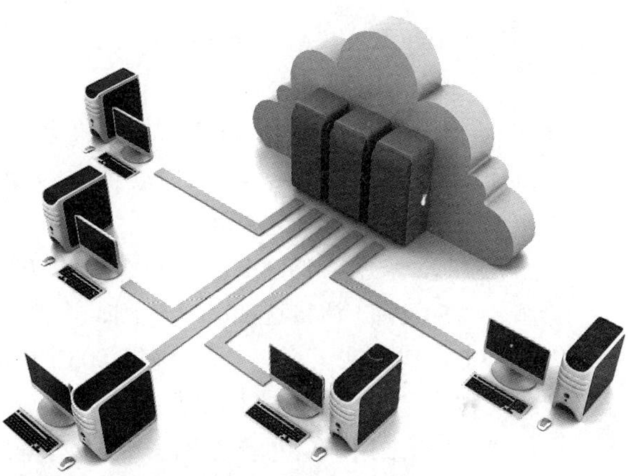

第 1 章 计算机的发展与信息的表示

计算机从诞生到今天，在运算速度、存储容量、可靠性上都有了巨大的提升，其应用也已经覆盖人类社会的方方面面，对人们的生产和生活产生了极其深刻的影响。在当今信息时代，我们可以借助现代计算机高效地进行信息处理和利用。本章介绍计算机的发展及新技术的应用，进而介绍各种信息在计算机中的表示方法。

1.1 计算机的诞生和发展

计算工具经历了从简单到复杂、从低级到高级的发展过程，例如，绳结、算盘、计算尺、手摇机械计算机、电动机械计算机等。它们在不同的历史时期发挥了各自的作用。而电子计算机的诞生使人类的计算工具产生了质的飞跃，开创了计算机的新时代。

1.1.1 早期计算机

1642 年，法国数学家布莱瑟·帕斯卡（Blaise Pascal，1623—1662）制造了第一台能进行 6 位十进制加法运算的机器。帕斯卡加法器由一系列齿轮组成（见图 1–1），利用发条作为动力装置。帕斯卡加法器主要的贡献在于：某一位小齿轮或轴完成 10 个数字的转动，促使下一个齿轮转动一个数字，从而解决了机器计算的自动进位问题。此时的计算机属于机械式计算机。

图 1–1 帕斯卡加法器

1.1.2 电子计算机的诞生与发展

1. 电子计算机的诞生

1946 年，世界上诞生了第一台电子计算机 ENIAC（Electronic Numerical Integrator And Computer），使人类的计算工具由机械手工式过渡到电子自动化式，产生了质的飞跃，开创了计算机的新时代。

第二次世界大战时期，美国因新式火炮弹道计算需要运算速度更快的计算机。1943 年，宾夕法尼亚大学莫尔学院 36 岁的物理学家约翰·莫克利（John Mauchly）教授和他 24 岁的学生普雷斯伯·埃克特（Presper Eckert）博士，向军方代表戈德斯坦提交了一份研制 ENIAC 计算机的设计方案。在获得军方提供的 48 万美元经费资助后，莫克利于 1946 年 2 月成功研制出了 ENIAC 计算机，如图 1–2 所示。

ENIAC 采用了 18 000 多个电子管，10 000 多个电容器，7 000 多个电阻器，1 500 多个继电器，功率为 150 kW，质量达 30 t，占地面积 170 m^2。ENIAC 的任务是分析炮弹轨迹，它能在 1 s 内完成 5 000 次加法运算，也可以在 0.003 s 的时间内完成 2 个 10 位数乘法，1 条炮弹轨迹的计算只需要 20 s，比炮弹的飞行速度还快。

ENIAC 采用了全电子管电路，但没有采用二进制。ENIAC 的程序为外插型，即用线路连接、拨动开关和交换插孔等形式实现。它没有存储器，只有 20 个 10 位十进制数的寄存器，输入 / 输出设备有卡片、指示灯、开关等。ENIAC 进行一个 2 s 的运算，需要用 2 天的时间进行准备工作，编制一个解决小规模问题的程序，就要在 40 多块几英尺（1 英尺 =0.304 8 m）长的插接板上，插上几千个带导线的插头。显然，这样的计算机不仅效率低，且灵活性非常差。

针对 ENIAC 程序与计算分离的缺陷，美籍匈牙利数学家冯·诺依曼（John von Neumann）提出了把指令和数据一起存储在计算机的存储器中，让计算机能自动地执行程序，即“存储程序”的思想。冯·诺依曼发表了计算机史上著名的论文 *First Draft of a Report on the EDVAC*，这篇手稿为 101 页的论文，称为“101 报告”。在“101 报告”中，冯·诺依曼提出了计算机的五大结构，即计算机必须包括输入设备、输出设备、存储器、控制器、运算器五大部分。这份报告以及存储程序的设计思想，奠定了现代计算机设计的基础。1952 年，EDVAC 计算机投入运行，主要用于核武器的理论计算。EDVAC 的改进主要有两点：一是为了充分发挥电子元件的高速性能采用了二进制；二是把指令和数据都存储起来，让机器能自动执行程序。EDVAC 使用了大约 6 000 个电子管和 12 000 个二极管，占地面积约为 45.5 m^2，质量为 7.85 t，功率为 56 kW。EDVAC 利用水银延时线作主存，可以存储 1 000 个 44 位的字，用磁鼓作辅存，并且具有加减乘除的功能，运算速度比 ENIAC 提高了 240 倍。图 1–3 为冯·诺依曼和 EDVAC。

图 1–2　ENIAC

图 1–3　冯·诺依曼和 EDVAC

2. **电子计算机的发展**

从第一台电子计算机诞生至今，计算机技术得到了迅猛的发展。通常，根据计算机所采用的主要物理器件，可将计算机的发展大致分为 4 个阶段：电子管时代、晶体管时代、中小规模集成电路时代、大规模和超大规模集成电路时代。表 1–1 为 4 代计算机的主要特征。

表 1-1　4 代计算机的主要特征

项目	年代			
	第一代（1946—1957）	第二代（1958—1964）	第三代（1965—1970）	第四代（1971 年至今）
电子器件	电子管	晶体管	中小规模集成电路	大规模和超大规模集成电路
主存储器	阴极射线示波管静电存储器、水银延迟线存储器	磁芯、磁鼓存储器	磁芯、半导体存储器	半导体存储器
运算速度	几千 ~ 几万次 /s	几十万 ~ 百万次 /s	百万 ~ 几百万次 /s	几百万 ~ 千亿次 /s
技术特点	辅助存储器采用磁鼓；输入输出设备主要采用穿孔卡；使用机器语言和汇编语言编程，主要用于科学计算	辅助存储器采用磁盘和磁带；提出了操作系统的概念；使用高级语言编程，应用开始进入实时过程控制和数据处理领域	磁盘成为不可缺少的辅助存储器，并开始采用虚拟存储技术；出现了分时操作系统，程序设计采用结构化、模块化的设计方法	计算机体系结构有了较大发展，并行处理、多机系统、计算机网络等进入实用阶段；软件系统工程化、理论化、程序设计实现部分自动化
代表机型	UNIVAC（Universal Automatic Computer）	美国贝尔实验室 TRAD-IC，IBM 7090	IBM S/360	美国阿姆尔的 470V/6，日本富士通的 M-190，英国曼彻斯特大学的 DAP，西门子与飞利浦公的 Unidata 7710

第五代计算机也就是智能电子计算机，正在研究过程中，目标是希望计算机能够打破以往固有的体系结构，能够像人一样具有理解自然语言、声音、文字和图像的能力，并且具有说话的能力，使人机能够用自然语言直接对话，它可以利用已有的和不断学习到的知识，进行思维、联想、推理并得出结论，能解决复杂问题，具有汇集、记忆、检索有关知识的能力。

1.1.3　微型计算机的发展

日常生活中，我们使用最多的个人计算机（personal computer，PC）又称微型计算机。其主要特点是采用中央处理器（central processing unit，CPU，又称微处理器）作为计算机的核心部件。按照计算机使用的微处理器的不同，形成了微型计算机不同的发展阶段。

第一代（1971—1973）。Intel 公司于 1971 年利用 4 位微处理器 Intel 4004，组成了世界上第一台微型计算机 MCS-4。1972 年 Intel 公司又研制了 8 位微处理器 Intel 8008，这种由 4 位、8 位微处理器构成的计算机，通常把它们划分为第一代微型计算机。

第二代（1973—1978）。1973 年开发出了第二代 8 位微处理器。具有代表性的产品有 Intel 公司的 Intel 8080、Zilog 公司的 Z80 等。由第二代微处理器构成的计算机称为第二代微型计算机。它的功能比第一代微型计算机明显增强，以它为核心的外围设备也有了相应发展。

1975 年推出的 Altair 8800（牛郎星）是第一台现代意义上的通用型微型计算机。如图 1-4 所示，最初的 Altair 8800 微型计算机包括：1 个 Intel 8080 微处理器、256 B 存储器（后来增加为 4 KB）、1 个电源、1 个机箱和有大量开关和显示灯的面板。Altair 8800 微型计算机当时的市场售价为 375 美元，与当时的大型计算机相比较，它非常便宜。

1977 年，斯蒂夫 · 乔布斯（Steve Jobs，1955—2001）在研发出 Apple Ⅰ之后的第二年，推出了经典机型 Apple Ⅱ，如图 1-5 所示，计算机从此进入了发展史上的黄金时代。Apple Ⅱ 微型计算机采用摩托罗拉（Motorola）公司 M6502 芯片作为 CPU，整数加法运算速度为 50 万次 /s。

它有 4 KB 动态随机存储器（DRAM）、16 KB 只读存储器（ROM）、8 个插槽主板、1 个键盘、1 台显示器，以及固化在 ROM 芯片中的 BASIC 语言，售价为 1 300 美元。Apple Ⅱ微型计算机风靡一时，成为当时市场上的主流微型计算机，苹果公司随后成为当时最成功的公司。

图 1–4　Altair 8800

图 1–5　Apple Ⅱ

第三代（1978—1981）。1978 年开始出现了 16 位微处理器，代表性的产品有 Intel 公司的 Intel 8086 等。由 16 位微处理器构成的计算机称为第三代微型计算机。

1981 年 8 月，IBM 公司推出了第一台 16 位个人计算机 IBM PC 5150（见图 1–6）。IBM 公司将这台计算机命名为 PC。现在 PC 已经成为计算机的代名词。微型计算机终于突破了只为个人计算机爱好者使用的状况，迅速普及到工程技术领域和商业领域。

图 1–6　IBM PC 5150

第四代（1981—1993）。1981 年采用超大规模集成电路构成的 32 位微处理器问世，具有代表性的产品有 Intel 公司的 Intel 386、Intel 486，Zilog 公司的 Z8000 等。用 32 位微处理器构成的计算机称为第四代微型计算机。

第五代（1993—2003）。1993 年以后，Intel 又陆续推出了 Pentium、Pentium Pro、Pentium MMX、Pentium Ⅱ、Pentium Ⅲ和 Pentium Ⅳ，这些 CPU 的内部都是 32 位数据总线宽度，所以都属于 32 位微处理器。在此过程中，CPU 的集成度和主频不断提高，带有更强的多媒体效果。

第六代（2003 年至今）。2003 年 9 月，AMD 公司发布了面向台式机的 64 位处理器：Athlon 64 和 Athlon 64 FX，标志着 64 位微型计算机的到来；2005 年 2 月，Intel 公司也发布了 64 位处理器。由于受物理元器件和工艺的限制，单纯提升主频已经无法明显提高计算机的处理速度，2005 年 6 月，Intel 公司和 AMD 公司相继推出了双核心处理器；2006 年 Intel 公司和 AMD 公司发布了四核心桌面处理器。多核心架构并不是一种新技术，以往一直运用于服务器，所以将多核心也归为第六代——64 位微处理器。

总之，微型计算机技术发展异常迅猛，平均每两三个月就有新产品出现，平均每两年芯片集成度提高一倍，性能提高一倍，价格反而有所降低。微型计算机将向着质量更小、体积更小、运行速度更快、功能更强、携带更方便、价格更便宜的方向发展。

1.1.4　新型计算机的研究

20 世纪 70 年代，人们发现能耗会导致计算机中的芯片发热，极大地影响了芯片的集成度，从而限制了计算机的运行速度。当前集成电路在制造中采用了光刻技术，集成电路内部晶体管的导线宽度达到了几十纳米。然而，当晶体管元件尺寸小到一定程度时，单个电子将会从线路中逃逸出来，这种单电子的量子行为（量子效应）将产生干扰作用，致使集成电路芯片无法正常工作。目前，计算机集成电路的内部线路尺寸将接近这一极限。这些物理学及经济方面的制约因素，促使科学家进行新型计算机方面的研究和开发。

1. 超导计算机

超导是指导体在接近绝对零度（–273.15 ℃）时，电流在某些介质中传输时所受阻力为零的现象。1962 年，英国物理学家约瑟夫森（Josephson，1940—）提出了“超导隧道效应”，即由超导体–绝缘体–超导体组成的元件（约瑟夫森元件）。当对两端施加电压时，电子就会像通过隧道一样无阻挡地从绝缘介质中穿过，形成微小电流，而该器件的两端电压为零。利用约瑟夫森器件制造的计算机称为超导计算机，这种计算机的耗电仅为用半导体器件耗电的几千分之一，它执行一条指令只需十亿分之一秒，比半导体元件快 10 倍。

超导现象只有在超低温状态下才能发生，因此在常温下获得超导效果还有许多困难需要克服。

2. 量子计算机

与现有计算机类似，量子计算机同样由存储元件和逻辑门元件构成。在现有计算机中，每个晶体管存储单元只能存储 1 位二进制数据，非 0 即1。在量子计算机中，数据采用量子位存储。由于量子的叠加效应，一个量子位可以是 0 或1，也可以既存储 0 又存储1。所以，一个量子位可以存储2 位二进制数据，就是说同样数量的存储单元，量子计算机的存储量比晶体管计算机大。量子计算机的优点有：能够实行并行计算，加快了解题速度；大大提高了存储能力；可以对任意物理系统进行高效率的模拟；能实现发热量极小的计算机。量子计算机也存在一些问题：一是对微观量子态的操纵太困难；二是受环境影响大，量子并行计算本质上是利用了量子的相干性，遗憾的是，在实际系统中，受到环境的影响，量子相干性很难保持；三是量子编码是迄今发现的克服量子相干性衰减最有效的方法，但是它纠错较复杂，效率不高。

2007 年，加拿大量子计算机公司 D–Wave System 宣布研制了世界上第一台 16 量子位的量子计算机样机（见图 1–7），2008 年，又提高到 48 量子位。到了 2011 年 5 月提高到 128 量子位。随着量子信息科学的研究和发展，2019 年初又大幅度地提高到超过 5 000 量子位。

图 1–7　16 量子位的量子计算机的处理器

3. 光子计算机

光子计算机是以光子代替电子，光互连代替导线互连。和电子相比，光子具备电子所不具备的频率和偏振，从而使它负载信息的能力得以扩大。光子计算机的主要优点是光子不需要导线，即使在光线相交的情况下，它们之间也丝毫不会相互影响。一台光子计算机只需要一小部分能量就能驱动，从而大大减少了芯片产生的热量。光子计算机的优点是并行处理能力强，具有超高运算速度。目前超高速电子计算机只能在常温下工作，而光子计算机在高温下也可工作。光子计算机信息存储量大，抗干扰能力强。光子计算机具有与人脑相似的容错性，当系统中某一元件损坏或出错时，并不影响最终的计算结果。

光子计算机也面临一些困难：一是随着无导线计算机能力的提高，要求有更强的光源；二是光线严格要求对准，全部元件和装配精度必须达到纳米级；三是必须研制具有完备功能的基础元件开关。

4. 生物计算机

生物计算机的运算过程是蛋白质分子与周围物理化学介质的相互作用过程。计算机的转换开关由酶来充当。生物计算机的信息存储量大，能够模拟人脑思维。

利用蛋白质技术生产的生物芯片，信息以波的形式沿着蛋白质分子链中单键、双键结构顺序改变，从而传递了信息。蛋白质分子比硅晶片上的电子元件要小得多，生物计算机完成一项运算，所需的时间仅为 10 ps（皮秒）。由于生物芯片的原材料是蛋白质分子，具有生物活性，有自我修复的功能，更易于模拟人类大脑功能。

蛋白质作为工程材料来说也存在一些缺点：一是蛋白质受环境干扰大，在干燥的环境下会不工作，在冷冻时又会凝固，加热时会使机器不能工作或者不稳定；二是高能射线可能会打断化学键，从而分解分子机器；三是 DNA（deoxyribonucleic acid，脱氧核糖核酸）分子容易丢失，不易操作。

5. 神经网络计算机

神经网络计算机是模仿人的大脑神经系统，具有判断能力和适应能力，具有并行处理多种数据功能的计算机。神经网络计算机可以同时并行处理实时变化的大量数据，并得出结论。以往的信息处理系统只能处理条理清晰的数据。而人的大脑神经系统却具有处理支离破碎、含糊不清信息的能力。神经网络计算机类似于人脑的智慧和灵活性。

神经网络计算机的信息不存储在存储器中，而是存储在神经元之间的联络网中。若有结点断裂，计算机仍有重建资料的能力。它还具有联想记忆、视觉和声音识别能力。

未来的计算机技术将向超高速、超小型、并行处理、智能化方向发展。超高速计算机将采用并行处理技术，使计算机系统同时执行多条指令，或同时对多个数据进行处理。计算机也将进入人工智能时代，它将具有感知、思考、判断、学习以及一定的自然语言能力。随着新技术的发展，未来计算机的功能将越来越多，处理速度也将越来越快。

1.1.5 我国计算机技术的发展

我国从 1958 年在中国科学院计算技术研究所开始研制通用数字电子计算机，并组装调试成功第一台电子管计算机（103 机）；1965 年中国科学院计算技术研究所研制成功了我国第一台大型晶体管计算机 109 乙机；对 109 乙机加以改进，两年后又推出 109 丙机，在我国两弹试制中发挥了重要作用，被用户誉为“功勋机”。1971 年，研制成功第三代集成电路计算机。1974 年后，DJS–130 晶体管计算机形成了小批量生产。1982 年，采用大、中规模集成电路研制成功 16 位的 DJS–150 机。1983 年，国防科技大学推出向量运算速度达 1 亿次 /s 的银河 I 巨型计算机。进入 20 世纪 90 年代，我国的计算机开始步入高速发展阶段，超级计算机的研发也取得巨大成果。

神威 · 太湖之光（Sunway TaihuLight）超级计算机（见图 1–8）是由国家并行计算机工程技术研究中心研制、安装在国家超级计算无锡中心的超级计算机，搭载了 40 960 个中国自主研发的“神威 26010”众核处理器，采用 64 位自主神威指令系统，峰值性能为 12.54 京次 /s，持续性能为 9.3 京次 /s。（1 京为 1 亿亿）。神威 · 太湖之光超级计算机由 40 个运算机柜和 8 个网络机柜组成。2020 年 7 月，中国科学技术大学在“神威 · 太湖之光”上首次实现千万核心并行第一性原理计算模拟。

天河二号（见图 1–9）是一组由国防科技大学研制的异构超级计算机，为天河一号超级计算机的后继机型。天河二号的组装和测试由国防科技大学和浪潮集团来负责，于 2013 年底入驻位于广东省广州市的中山大学广州校区东校园内的国家超级计算广州中心并进行验收，2013 年底交付使用后对外开放接受运算项目任务，用于实验、科研、教育、工业等领域。天河二号造价达 1 亿美元，整个系统占地面积达 720 m^2。它于 2013 年至 2015 年连续 6 次位居全球超级计算机 500 强榜单之首。天河二号的处理器是英特尔的 Xeon E5–2692v2 12 核心处理器，基于英特尔 Ivy Bridge 微架构（Ivy Bridge–EX 核心），采用 22 nm 制程，峰值性能 0.2112TFLOPS。

运算加速使用基于英特尔集成众核架构的 Xeon Phi 31S1P 协处理器，运行时钟频率为 1.1 GHz，拥有 57 个 x86 核心，每个 x86 核心借由特殊的超线程技术能运作 4 个线程，产生峰值性能为 1.003TFLOPS。

图 1–8　神威 · 太湖之光

图 1–9　天河二号

2021 年第 57 版世界 TOP500 超级计算机排名中，中国的“神威 · 太湖之光”超级计算机位列第 4 位，天河二号位列第 6 位。

软件方面，1992 年我国的软件产业销售额仅为 43 亿元。2013—2020 年，软件行业收入占我国 GDP 的比重从 5.14% 上升至 8.3%。2021 年 1 月至 9 月，软件行业收入达 69 007 亿元。然而，在基础软件（特别是操作系统）的研发上道阻且长。中华人民共和国工业和信息化部 2021 年 11 月 15 日发布《“十四五”软件和信息技术服务业发展规划》，聚焦关键软件、开源生态、信息技术应用创新等关键词，多次提及“聚力攻坚基础软件”，特别指出了关键基础软件补短板，加强操作系统总体架构设计和技术路径规划，推动芯片设计、操作系统、系统集成企业与科研院所、高校开展操作系统关键技术联合攻关，提升操作系统与底层硬件的兼容性、与上层应用的互操作性。

1.2　计算机新技术的应用

1.2.1　高性能计算

1. 科学计算

科学计算又称数值运算，是指用计算机来解决科学研究和工程技术中所提出的复杂的数学问题。科学计算主要包括数值分析、运筹学、模仿和仿真、高性能计算，是计算机十分重要的应用领域。计算机技术的快速性与精确性大大提高了科学研究与工程设计的速度和质量，缩短了研制时间，降低了研制成本。卫星发射中卫星轨道的计算、发射参数的计算、气动干扰的计算，都需要超级计算机进行快速而精确的计算才能完成。

数值气象预报是依靠流体力学理论，通过精确的数值计算，模拟大气运动规律。简单地说，是将流体力学和热力学的基本定律用一组数学公式表达出来，然后用超级计算机对这些公式和海量气象数据进行计算求解，预报某一地区未来的天气情况。数值气象预报的计算量非常巨大，一个 7 天的气象预报，包括气压、风力、风向、温度、湿度、高度、降雨量 7 个指标，至少需要求解 3 亿个以上的方程组，如此巨大的数据计算工作必须借助超级计算机才能完成。当然，对于一个复杂的事情，只要它能够分解成简单的重复计算工作，然后编制一个合理的计算机程序，就可借助计算机完成。

2. 云计算

商业计算复杂性的增加，数据处理需求的增大，以及超级计算机的高造价使得分布式计算应运而生。分布式计算是将一个需要非常巨大的计算能力才能解决的问题分成许多小的部分，然后把这些部分分配给许多计算机进行处理，最后把这些计算结果综合起来得到最终的结果。

云计算是一种基于因特网的分布式计算模式，共享的软硬件资源和信息可以按需提供给计算机和其他设备。典型的云计算提供商往往提供通用的网络业务应用，可以通过浏览器等软件或者其他 Web 服务访问，而软件和数据都存储在服务器上。云计算中的“云”是一个形象的比喻，人们以云可大可小、可以飘来飘去的特点形容云计算中服务能力和信息资源的伸缩性，以及后台服务设施位置的透明性。

云计算包括以下 3 个层次的服务：

基础设施即服务（infrastructure as a service，IaaS）提供给消费者的服务是对所有设施的利用，包括处理、存储、网络等基本的计算资源。例如租用 IaaS 公司提供的场外服务器、存储和网络硬件，以节省维护成本和办公场地。

平台即服务（platform as a service，PaaS）除了提供基础计算能力，还具备了业务的开发运行环境，提供包括应用代码、SDK（软件开发工具包）、操作系统以及 API（应用程序编程接口）在内的 IT 组件，供个人开发者和企业将相应功能模块嵌入软件或硬件，以提高开发效率。例如 PaaS 公司在网上提供虚拟服务器和操作系统，节省在硬件上的费用，也让分散的工作室之间的合作变得更加容易。

软件即服务（software as a service，SaaS）提供给客户的服务是运营商运行在云计算基础设施上的应用程序，用户可以在各种设备上通过客户端界面访问，如浏览器。SaaS 的软件是“拿来即用”的，不需要用户安装，软件升级与维护也无须终端用户参与。同时，它还是按需使用的软件，与传统软件购买后就无法退货相较具有无可比拟的优势。

根据云计算服务的用户对象范围的不同，可以把云计算按部署模式大致分为两种，即公有云和私有云。公有云是由第三方提供商为用户提供服务的云平台，用户免费或付费购买相关服务，可通过互联网访问公有云。私有云是为企业用户单独使用组建的，对数据存储量、处理量、安全性要求高。全球建立的云计算系统很多，例如，亚马逊的弹性计算云、微软的 Azure、阿里云等。

1.2.2 大数据

大数据（big data）是指无法在一定时间范围内用常规软件工具进行捕捉、管理和处理的数据集合，是需要新处理模式才能具有更强的决策力、洞察发现力和流程优化能力的海量、高增长率和多样化的信息资产。麦肯锡全球研究所给出的定义是：一种规模大到在获取、存储、管理、分析方面大大超出了传统数据库软件工具能力范围的数据集合，具有海量的数据规模、快速的数据流转、多样的数据类型和价值密度低四大特征。目前，大数据主要依托感知技术、存储技术和分布式处理技术来进行大数据的采集、存储、处理，还利用算法检索数据中的隐藏信息，通过统计分析、情报检索、机器学习等方法提取有价值的信息和知识。

大数据价值创造的关键在于大数据的应用。随着大数据技术飞速发展，大数据应用已经融入各行各业。在电子商务行业，借助于大数据技术，分析客户行为，进行商品个性化推荐和有针对性广告投放；在制造业，大数据为企业带来其极具时效性的预测和分析能力，从而大大提高制造业的生产效率；在金融行业，利用大数据可以预测投资市场，降低信贷风险；在汽车行业，利用大数据、物联网和人工智能技术可以实现无人驾驶汽车；在物流行业，利用大数据优化物流网络，提高物流效率，降低物流成本；城市管理，利用大数据实现智慧城市；政府部门，将大数据应用到公共决策当中，提高科学决策的能力。

1.2.3　物联网

物联网是新一代信息技术的重要组成部分。其英文名称是“Internet of things”。顾名思义，物联网就是物物相连的互联网。这里有两层意思：第一，物联网的核心和基础仍然是互联网，是在互联网基础上的延伸和扩展的网络；第二，其用户端延伸和扩展到了任何物品与物品之间进行信息交换和通信。

物联网是指通过各种信息传感设备，实时采集任何需要监控、连接、互动的物体或过程等各种需要的信息，与互联网结合形成的一个巨大的智能网络。其目的是实现物与物、物与人、所有的物品与网络的连接，方便识别、管理和控制。

物联网架构可分为三层：感知层、网络层和应用层。

感知层由各种传感器构成，包括温湿度传感器、二维码标签、RFID（射频识别）标签和读写器、摄像头、GPS（全球定位系统）等感知终端。感知层是物联网识别物体、采集信息的来源。

网络层由各种网络，包括互联网、广电网、网络管理系统和云计算平台等组成，是整个物联网的中枢，负责传递和处理感知层获取的信息。

应用层是物联网和用户的接口，它与行业需求结合，实现物联网的智能应用。

物联网用途广泛，遍及智能交通、环境保护、政府工作、公共安全、平安家居、智能消防、环境监测等多个领域。

1.2.4　人工智能

人工智能比较流行的定义是美国麻省理工学院约翰·麦卡锡（John McCarthy，1927—2011）教授在 1956 年提出的：人工智能就是要让机器的行为看起来就像是人所表现出的智能行为一样。所以，人工智能本质上是对人脑思维功能的模拟。人工智能是计算机科学理论的一个重要的领域，是探索和模拟人的感觉和思维过程的科学，它是在控制论、计算机科学、仿生学、生理学等基础上发展起来的新兴的边缘学科。其主要内容是研究感觉与思维模型的建立，图像、声音、物体的识别。

人工智能包括五大核心技术，有计算机视觉、机器学习、自然语言处理、机器人和语音识别。

① 计算机视觉是指计算机从图像中识别出物体、场景和活动的能力。其应用包括医疗成像分析被用来提高疾病预测、诊断和治疗；人脸识别被用来自动识别照片里的人物；在安防及监控领域被用来指认嫌疑人等。

② 机器学习指的是计算机模拟或实现人类的学习行为，以获取新的知识或技能，并重新组织已有的知识结构使之不断改善自身的性能。学习能力是智能行为的重要特征。机器学习是从数据中自动发现模式，模式一旦被发现便可用于预测。其应用包括欺诈甄别、销售预测、库存

管理、石油和天然气勘探，以及公共卫生等。

③ 自然语言处理是指计算机拥有的人类般的文本处理的能力。如从文本中提取意义，甚至从那些可读的、风格自然、语法正确的文本中自主解读出含义。其应用包括分析顾客对某项特定产品和服务的反馈，自动发现民事诉讼或政府调查中的某些含义，自动书写诸如企业营收和体育运动的公式化范文等。

④ 机器人是将机器视觉、自动规划等认知技术整合至极小却高性能的传感器、制动器以及设计巧妙的硬件，可以与人类一起工作，能在各种未知环境中灵活处理不同的任务。如无人机、可以在车间为人类分担工作的协作机器人 cobots 等。

⑤ 语音识别主要是关注自动且准确地转录人类语音的技术，使用一些与自然语言处理系统相同的技术，再辅以其他技术，比如描述声音和其出现在特定序列与语言中概率的声学模型等。其应用包括医疗听写、语音书写、计算机系统声控、电话客服等。

1.2.5 虚拟现实

虚拟现实是通过综合应用计算机图像、仿真、传感器、显示系统等技术和设备，以模拟仿真的方式，给用户提供一个真实反映操纵对象变化与相互作用的三维图像环境所构成的虚拟世界，并通过特殊设备给用户提供一个与该虚拟世界相互作用的三维交互式用户界面。从广义角度来看，虚拟现实就是一种以计算机技术为中心，以数字化环境模拟为依托，实现交互式场景的技术。

虚拟现实技术演变发展史大体上可以分为四个阶段：有声形动态的模拟是蕴涵虚拟现实思想的第一阶段（1963 年以前）；虚拟现实萌芽为第二阶段（1963—1972）；虚拟现实概念的产生和理论初步形成为第三阶段（1973—1989）；虚拟现实理论进一步的完善和应用为第四阶段（1990 年至今）。

可以根据虚拟和现实的交互性将虚拟现实技术分为 3 个发展方向，VR（virtual reality，虚拟现实）、AR（augmented reality，增强现实）以及 MR（mixed reality，混合现实），这里的 VR 指的是狭义的虚拟现实技术。简单来讲，VR 指的是利用虚拟信息建立一个独立存在的虚拟空间，用户可以完全沉浸在虚拟世界，与虚拟物体进行互动，并得到感知层面的虚拟反馈；AR 则指的是利用虚拟信息建立一个与现实世界叠加在一起的虚拟空间，用户可以在观察真实世界的同时，接收和真实世界相关的数字化的信息和数据；MR 是在 AR 的基础上衍生出来的，指的是利用虚拟信息建立一个与现实世界融为一体的虚拟空间，用户可以同时看到虚拟世界与真实世界，将虚拟物体置于真实世界中进行互动。目前，VR 和 AR 技术相对成熟，MR 技术处于发展初期。当前，虚拟现实已经开始被应用于影视娱乐、教育、设计、医学、工业仿真等各领域。

1.3 信息的表示

1.3.1 信息及其数字化

1. 信息

信息是表征事物之间联系的消息、情报、指令、数据或信号。在人类社会中，信息往往以文字、图像、图形、语言、声音等形式出现。

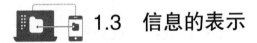

信息的主要特征如下：

① 可度量性：信息可采用某种度量单位进行度量，并进行信息编码。

② 可识别性：信息可采取直观识别、比较识别和间接识别等多种方式来把握。

③ 可存储性；信息可以存储。大脑就是一个天然的信息存储器。文字、摄影、录音、录像以及计算机存储器等都可以进行信息存储。

④ 可处理性：人脑就是最佳的信息处理器。人脑的思维功能可以进行决策、设计、研究、写作、改进、发明、创造等多种信息处理活动。计算机也具有信息处理功能。

⑤ 可传递性：信息的传递是信息通过各种媒介进行传播，从而也具有共享性。

⑥ 可压缩性：信息可以进行压缩，可以用不同的信息量来描述同一事物。人们常常用尽可能少的信息量描述一件事物的主要特征。

⑦ 可利用性：信息的可用性指信息不仅是客观世界的反映，也可以被人类用来改造客观世界，从而体现信息的价值。

随着科技的发展和时代的进步，“信息”的概念已经与计算机技术紧密地联系在一起。借助现代计算机，我们可以高效地进行信息的产生、收集、表示、检测、处理和存储，也可以对信息进行传递变换、显示、识别、提取、控制和利用等。

2. 信息的数字化

在日常生活中，我们经常利用计算机输入文字、查看图片、打印文件、查询资料、浏览网页和视频，这些活动无时无刻不在进行着和计算机之间的信息交换。那么计算机这个由各种复杂元器件构成的硬件是如何呈现丰富多彩的信息的？计算机是如何“看见、听见、感觉”的？为了有效地进行信息的传输、存储和处理，需要建立一套信息表示系统，这就需要对信息进行编码即用代码与信息中的基本单位建立一一对应关系。

图灵用一种机器能识别、理解并存储的语言，即二进制，将现实的具体与纯数字的抽象世界连接在一起。人们可以将现实世界中的信息，以文字、符号、数值、表格、声音、图形等形式表达出来。这些信息可以由人工或计算机设备输入计算机中。计算机将这些要处理的信息转换成二进制数据，经过计算机的处理，得到人们希望的结果。任何信息要让计算机处理都必须转化为计算机硬件能识别的形式，即二进制形式，也就是用 0 和 1 表示一切信息。把这个过程称为信息的数字化。

那么，为什么计算机要采用二进制数形式呢？第一，二进制数在电气元件中最容易实现，而且稳定、可靠。二进制数只要求识别“0”和“1”两个符号，计算机就是利用电路输出电压的高或低分别表示数字“1”或“0”的。第二，二进制数运算法则简单，可以简化硬件结构。第三，便于逻辑运算。逻辑运算的结果称为逻辑值，逻辑值只有两个，即“0”和“1”。这里的“0”和“1”并不是表示数值，而是代表问题的结果有两种可能：真或假、正确或错误等。

计算机只识别二进制数，即在计算机内部，运算器运算的是二进制数。因此，计算机中数据的最小单位就是二进制的一位数，简称位，英文名称是 bit，音译为“比特”。比特是度量信息的基本单位。任何复杂的信息都可以根据结构和内容，按照一定的编码规则分割为更简单的成分，一直分割到最小的信息单位，最终变换为一组“0”和“1”构成的二进制数据。不管是文字、数据、照片，还是音乐、讲话录音或电影，都可以编码为一组二进制数据，并能基本无损地保持其代表的信息含义。将信息转换为“二进制编码”（也就是用 0 和 1 表示的信息）的方法通常称为“信息的数字化”。1 位二进制只能表示 2 个信息（0 或 1），2 位二进制就能表示 4 个信息。n 位二进制能表示 2^n 个信息。以下为信息单位的换算公式：

1 B=8 bit

1 KB=2^{10} B=1 024 B

1 MB=2^{10} KB=1 024 KB

1 GB=2^{10} MB=1 024 MB

1 TB=2^{10} GB=1 024 GB

将 8 个二进制位的集合称为“字节”（Byte，简写为 B），它是计算机存储和运算的基本单位。在计算机内部的数据传送过程中，数据通常是按字节的整数倍传送的。将计算机一次能同时传送数据的位数称为字长。

1.3.2 常用数制

1. 十进制数

数制是用符号的组合来表示数值的规则，进制是按照进位方式计数的数制系统。

十进制有 0、1、2、…、9 共 10 个数字符号，每个符号表示 0 ~ 9 之间的一个不同的值。十进制数的运算规则是“逢十进一，借一当十”。为了便于区分，十进制数用下标 10 或在数字尾部加 D 表示，如 $(23)_{10}$ 或 23D。

将十进制数 15.76D 按位权展开表示：

$$15.76D=1\times10^1+5\times10^0+7\times10^{-1}+6\times10^{-2}$$

2. 二进制数

二进制数的基本数字符号为“0”和“1”。二进制数的运算规则是“逢二进一，借一当二”。二进制数用下标 2 或在数字尾部加 B 表示，如 $(1011)_2$ 或 1011B。

将二进制数 1011.0101B 按位权展开表示：

$$1011.0101B=1\times2^3+1\times2^1+1\times2^0+1\times2^{-2}+1\times2^{-4}$$

3. 十六进制数

二进制数书写冗长，辨认困难，因此经常采用十六进制数来表示二进制数。十六进制的数码是：0、1、2、3、4、5、6、7、8、9、A、B、C、D、E、F。运算规则是“逢十六进一，借一当十六”。为了便于区分，十六进制数用下标 16 或在数字尾部加 H 表示，如 $(18)_{16}$ 或 18H。但是在计算机领域，更多用前置“0x”的形式表示十六进制数。

4. 任意进制数的表示方法

任何一种进制都能用有限几个基本数字符号表示出所有的数。进制称为基数，如十进制的基数为 10，二进制的基数为 2。位于不同数位上的数字符号有不同的位权，简称权。对于任意的 R 进制数，基本数字符号有 R 个。任意进制的数可以用如下式子表示：

$$A_{n-1}\cdots A_1A_0A_{-1}A_{-2}\cdots A_{-m}(R)=A_{n-1}R^{n-1}+\cdots+A_1R^1+A_0R^0+A_{-1}R^{-1}+A_{-2}R^{-2}+\cdots+A_{-m}R^{-m}$$

$A_i\ (-m\leqslant i\leqslant n-1)$ 为 R 进制的数字符号，n、m 分别为该数的整数位数和小数位数，R 为基数，R^i 为第 i 位的权。

常用数制与编码的对应关系见表 1-2。

表 1-2 常用数制与编码的对应关系

十进制数	十六进制数	二进制数
0	0	0000

续表

十进制数	十六进制数	二进制数
1	1	0001
2	2	0010
3	3	0011
4	4	0100
5	5	0101
6	6	0110
7	7	0111
8	8	1000
9	9	1001
10	A	1010
11	B	1011
12	C	1100
13	D	1101
14	E	1110
15	F	1111

1.3.3　不同数制的转换方法

1. 十进制数与非十进制数之间的转换

非十进制数到十进制数的转换方法是按相应的权表达式展开。如：

$$1011.11B = 1\times 2^3+0\times 2^2+1\times 2^1+1\times 2^0+1\times 2^{-1}+1\times 2^{-2}=8+2+1+0.5+0.25=11.75D$$

$$5B.8H = 5\times 16^1+11\times 16^0+8\times 16^{-1}=80+11+0.5=91.5D$$

十进制数到非十进制数的转换是采用取余法。十进制数转换到二进制数时：对整数除 2 取余；对小数乘 2 取整。对十六进制数的转换：对整数除 16 取余；对小数乘 16 取整。对八进制数的转换：对整数除 8 取余；对小数乘 8 取整。图 1–10 展示了将十进制数 10.6875D 转换成二进制数的过程。最终 10.6875D=1010.1011B。

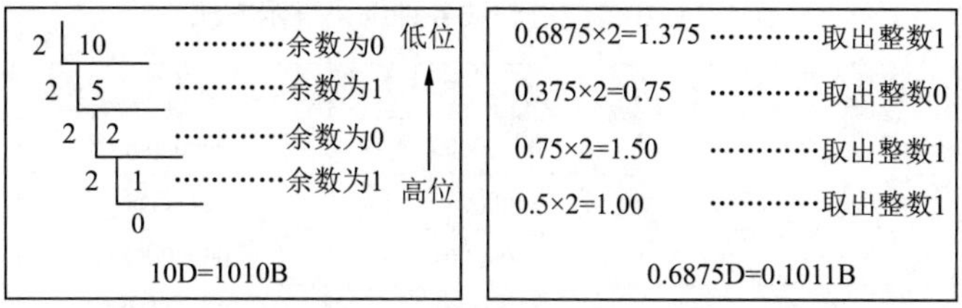

图 1–10　十进制数 10.6875 转换为二进制数的过程

2. 二进制数与十六进制数之间的转换

对于二进制整数，只要自右向左将每 4 位二进制数分为 1 组，不足 4 位时，在左面添 0，补足 4 位，每组对应 1 位十六进制数；对于二进制小数，只要自左向右将每 4 位二进制数分为 1 组，不足 4 位时，在右面添 0，补足 4 位，每 4 位二进制数对应 1 位十六进制数，即可得到十六进制数。如：

111101.010111B=0011 1101.0101 1100B=3D.5CH

将十六进制数转换成二进制数，以小数点为界，向左或向右每 1 位十六进制数用相应的 4 位二进制数表示即可。如：

CA.6AH=1100 1010.0110 1010B= 11001010.01101010B

1.3.4 数值信息的表示

计算机最初主要用于数值计算。数值信息在计算机内部是如何实现数字化的？

1. 机器数的表示

在计算中，数值有“正数”和“负数”之分。人们用符号“+”表示正数（常被省略），符号“–”表示负数。但是计算机只有“0”和“1”两种状态，为了区分二进制数的“+”和“–”，符号在计算机中被“数码化”了。当用 1 字节表示 1 个数值时，将该字节的最高位作为符号位，用“0”表示正数，用“1”表示负数，其余位表示数值的大小。“符号化”的二进制数称为机器数或原码，而符号没有“数码化”的数称为数的真值。

数值信息的编码方法有原码、补码、反码等。原码表示法是将最高位作为符号位（“0”表示正，“1”表示负），其余为真值部分。字长为 8 位时，数 0 的原码有两种，+0（00000000）和 –0（10000000），这与数学中 0 的概念不相符，且计算机中用原码进行加减运算比较困难。

对一个机器数 X：若 X>0，X 的反码 =X 的原码；若 X<0，X 的反码为对应原码的符号位不变，数值部分按位求反。如：二进制数字长为 8 位时，X= –52= –0110100。

$$[X]_{原}=1\ 0110100；$$

$$[X]_{反}=1\ 1001011。$$

反码也存在和原码表示法同样的缺陷。所以，现代计算机普遍采用补码表示数值信息。当 X>0，X 的补码 = X 的反码 = X 的原码；当 X<0，X 的补码 = X 的反码 +1。

$$[+0]_{补}=[+0]_{原}=00000000；$$

$$[-0]_{补}=[-0]_{反}+1=11111111+1=1\ 00000000。$$

在计算过程中，如果计算结果超出数据的表示范围称为“溢出”。利用“溢出”现象，补码可以解决 0 的表示不唯一的问题，同时，采用补码进行加减运算更方便。因为不论数是正还是负，总是可以把减法转换为加法进行运算。表 1–3 是 8 位二进制数各种编码表示方法。

表 1–3　8 位二进制数各种编码表示方法

十进制数	真　值	原　码	反　码	补　码
0	0	00000000	00000000	00000000
0	0	10000000	11111111	00000000
+1	+1	00000001	00000001	00000001
-1	-1	10000001	11111110	11111111
+15	+1111	00001111	01110000	01110001
-15	-1111	10001111	11110000	11110001
-127	-1111111	11111111	10000000	10000001
-128	-10000000	—	—	10000000

2. 浮点数的表示

小数点位置浮动变化的数称为浮点数。浮点数采用指数表示形式时，指数部分称为“阶码”（整数），小数部分称为“尾数”。尾数和阶码有正负之分。同理，任何一个二进制数也可以表示成指数形式。与十进制数不同的是，二进制数的阶码和尾数都用二进制数表示。

如用 8 位二进制表示 110.011B，$110.011B=0.110011\times2^{+3}$，在计算机中的表示形式为

阶符	阶码	尾符	尾数
0	11	0	110011

又如，一个 32 位的浮点数，如果规定阶符为 1 位，阶码长 7 位；尾符为 1 位，尾数长 23 位；则二进制数 $-0.00011011B=-0.11011\times2^{-11}$ 在计算机中的表示形式为

阶符	阶码	尾符	尾数
1	0000011	1	11011000 00000000 0000000

尾数的位数决定数的精度，阶码的位数决定数的范围。浮点表示法的主要优点是表示范围大，运算速度快。浮点数的编码在实际应用中都有编码长度的限制，不论数的大小，都采用统一长度的编码，一般是字节的倍数。IEEE 754 规定了两种基本浮点数格式，即单精度和双精度。单精度浮点数是 4 字节，符号占 1 位（正数为 0，负数为 1），阶码占 8 位，尾数占 23 位，精度达 2^{23}；双精度浮点数是 8 字节，符号占 1 位（正数为 0，负数为 1），阶码占 11 位，尾数占 52 位，精度达 2^{52}。

1.3.5　字符信息的表示

计算机的文本字符信息占有很大比重。字符数据包括西文字符（字母、数字、各种符号）和汉字字符。它们需要进行二进制数编码后，才能存储在计算机中进行处理，称为字符编码。

1. ASCII 编码

西文字符的编码普遍采用 ASCII 码（美国标准信息交换码）。ASCII 码是世界上目前比较通用的信息交换码，采用 7 位二进制数对 1 个字符进行编码，共计可以表示 128 个字符的编码。由于计算机存储器的基本单位是字节（B），因此以 1 字节来存放 1 个 ASCII 码字符编码，每个字节的最高位为 0。表 1-4 为部分 ASCII 码对应关系表。

表 1-4　部分 ASCII 码对应关系表

字　符	二 进 制	字　符	二 进 制	字　符	二 进 制
.	0101110	<	0111100	|	1111100
/	0101111	=	0111101	A	1000001
0	0110000	>	0111110	B	1000010
1	0110001	?	0111111	C	1000011
2	0110010	@	1000000	D	1000100
3	0110011	}	1111101	E	1000101
4	0110100	[	1011011	F	1000110
5	0110101	\	1011100	G	1000111
6	0110110	]	1011101	H	1001000
7	0110111	^	1011110	I	1001001
8	0111000	–	1011111	J	1001010
9	0111001	、	1100000	K	1001011
:	0111010	~	1111110	L	1001100
;	0111011	{	1111011	M	1001101

续表

字　符	二 进 制	字　符	二 进 制	字　符	二 进 制
N	1001110	a	1100001	n	1101110
O	1001111	b	1100010	o	1101111
P	1010000	c	1100011	p	1110000
Q	1010001	d	1100100	q	1110001
R	1010010	e	1100101	r	1110010
S	1010011	f	1100110	s	1110011
T	1010100	g	1100111	t	1110100
U	1010101	h	1101000	u	1110101
V	1010110	i	1101001	v	1110110
W	1010111	j	1101010	w	1110111
X	1011000	k	1101011	x	1111000
Y	1011001	l	1101100	y	1111001
Z	1011010	m	1101101	z	1111010

2. 汉字符的编码

常用的汉字有 6 000 ~ 7 000 个，作为象形文字的汉字的处理要复杂的多。要让计算机能够处理汉字，首先要解决的是汉字字符的标准键盘输入问题，在输出时也要转换为字形码。所以，包括外码、内码、形码。当用标准键盘输入一个汉字到显示出来其实是各种编码之间的转换。

（1）输入码

为方便汉字的输入而制定的汉字编码，称为汉字输入码。汉字输入码属于外码。不同的输入方法，形成了不同的汉字外码。常见的输入法有以下几类：按汉字的排列顺序形成的编码（流水码），如区位码；按汉字的读音形成的编码（音码），如全拼、简拼、双拼等；按汉字的字形形成的编码（形码），如五笔字型、郑码等；按汉字的音、形结合形成的编码（音形码），如自然码、智能 ABC。

（2）国标码

计算机只识别由 0、1 组成的代码，ASCII 码是英文信息处理的标准编码，汉字信息处理也必须有一个统一的标准编码，所以国标码应运而生。所谓“国标码”，是指国家标准汉字编码。一般是指国家标准局 1981 年发布的 GB 2312—1980《信息交换用汉字编码字符集　基本集》。在这个集中，收进汉字 6 763 个，其中一级汉字 3 755 个，二级汉字 3 008 个。一级汉字为常用字，按拼音顺序排列；二级汉字为次常用字，按部首排列。

（3）机内码

为避免和ASCII码发生冲突，国家标准规定将汉字国标码每个字节的最高位统一规定为“1”，作为识别汉字代码的标志，首位是“0”即为字符，首位是“1”即为汉字，这样就形成了机内码。汉字在计算机中是用机内码来表示的。

（4）字形码

ASCII 码和 GB 2312—1980 汉字编码主要解决了字符信息的存储、传输、计算、处理（录入、检索、排序等）等问题，而字符信息在显示和打印输出时，需要另外对“字形”编码。通常，将所有字形编码的集合称为字库，先将字库以文件的形式存放在硬盘中，在字符输出（显示或打印）时，根据字符编码在字库中找到相应的字形编码，再输出到外设（显示器或打印机）中。由于文件中的字形有多种形式，计算机中有几十种中英文字库。字形编码有点阵字形和矢量字形两种类型。

点阵字形是将每一个字符分成 16 × 16 或 24 × 24 个点阵，然后用每个点的虚实来表示字符的轮廓。点阵字形最大的缺点是不能放大，一旦放大后就会发现字符边缘的锯齿。图 1–11 是“你”的点阵字形。

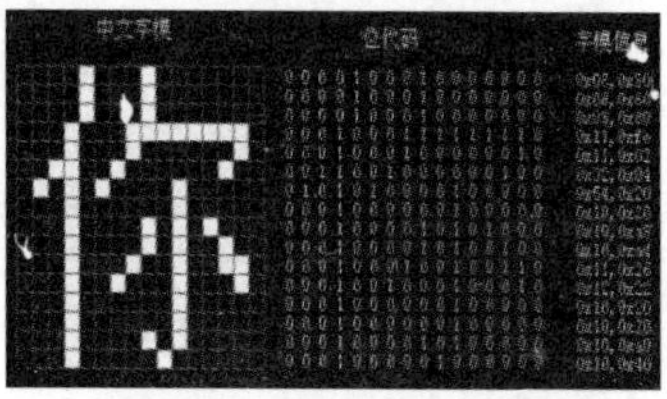

图 1–11 点阵字形码

矢量字形保存的是对每一个字符的数学描述信息，如一个笔画的起始坐标、终止坐标、半径、弧度等。在显示、打印这一类字形时，要经过一系列的数学运算才能输出结果。矢量字形可以无限地放大，笔画轮廓仍然能保持圆滑。Windows 系统中，打印和显示的字符绝大部分为矢量字形，只有很小的字符（一般是小于 8 磅的字符）采用点阵字形。Windows 中的 TT 矢量字形解释器已包含在 GDI（图形设备接口）中，任何 Windows 支持的输出设备（显示器、打印机等），都能用 TT 字形输出。Windows 使用的矢量字库保存在 C:\Windows\Fonts 目录下。

3. Unicode 编码

全世界存在着多种字符编码方式。同一个二进制数在不同的字符编码中可以被解释成不同的字符。Unicode（统一码）是由多家语言软件制造商组成的统一码协会制定的一种国际通用字符编码标准。Unicode 字符集的目标是收录世界上所有语言的文字和符号，并对每一个字符定义一个值，这个值称为代码点。代码点可以用 2 字节表示（UCS–2），也可以用 4 字节（UCS–4）表示。而且 Unicode/UCS 对每个字符赋予了一个正式的名称，方法是在一个代码点值（十六进制数）前面加上“U+”，如字符“A”的名称是“U+0041”。目前 Unicode 和 UCS 已经获得了网络、操作系统、编程语言等领域的广泛支持。所有主流操作系统都支持 Unicode 和 UCS。

1.3.6 多媒体信息的表示

除了数值、字符之外，计算机还能够处理声音、图、视频等多媒体信息。这里以位图和声音信息为例，介绍多媒体信息在计算机中的表示。

1. 位图信息的表示

位图就是以无数的色彩点按照一定行列顺序组成的图像。位图信息的数字化过程可经过采样、量化、编码过程实现。对位图的采样就是将空间上连续的图像变换为二维空间的一个个点，称为像素点（pixel）。量化是指图像在空间上离散化后，将表示图像色彩浓淡的连续变化值用一个数值表示。编码就是用二进制表示图的灰度值。

位深度主要是用来度量在图像中使用多少位二进制来显示或打印像素。1 位深度的像素有 2 种颜色信息：黑和白。 8 位深度的像素有 256 种颜色信息。24 位深度的像素有 16 777 216 种颜色信息。由图 1–12 可以看出，随着位深度的增加，图像色彩信息越来越丰富。

图 1–12 位深度变化实例

2. 声音信息的表示

声音是在时间和振幅上连续变化的信息。计算机无法处理连续的信息，所以首先应将声音信息在时间上和振幅上离散化。声音的采样就是每隔一定时间间隔对模拟波形上取一个幅度值。然后将每个采样点得到的幅度值以数字存储，即量化。再通过编码将采样和量化后的数字数据以一定的格式记录下来，就能实现声音信息的数字化。图 1–13 是声音信息的数字化过程。

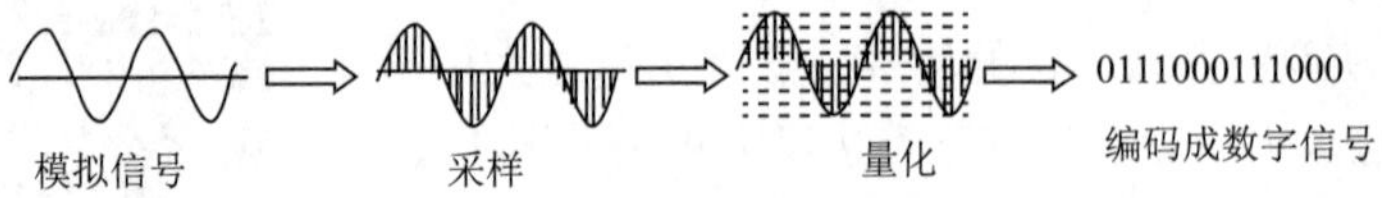

图 1–13　声音信息的数字化过程

影响数字音频质量的主要因素有 3 个，即采样频率、采样精度和声道数。采样频率指每秒的采样次数。从图 1–14 可以看出，增加采样频率能更好地模拟原始声音波形。采样精度指存放采样点振幅值的二进制位数。声道数表明声音产生的波形数，一般分单声道和立体声道。采样精度、采样频率、声道数越大，声音质量越高，占用空间也越大。

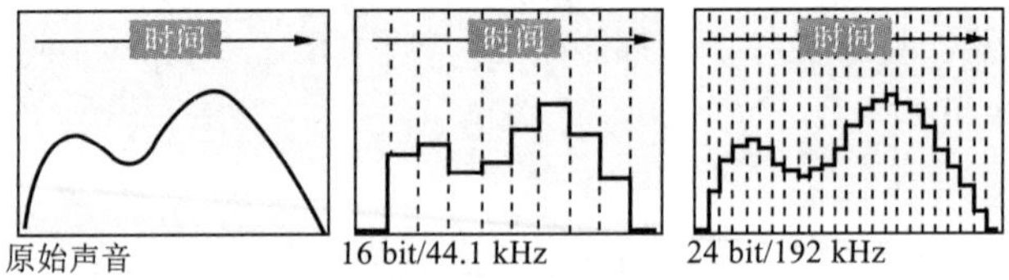

图 1–14　声音采样频率变化图

巩固与练习

一、填空题

1. 世界上第一台电子计算机是________，1946 年诞生于美国宾夕法尼亚大学。
2. 冯·诺依曼提出了把________和________一起存储在计算机的存储器中。
3. 冯·诺依曼计算机由________、________、________、________和________五大部件组成。
4. Apple II 是字长为________位的微型计算机。
5. 世界 TOP500 超级计算机排名中，我国的________和________名列前十。
6. ________是一种基于因特网的分布式计算模式。
7. 人工智能包括________、________、________、________和________五大核心技术。
8. 在计算机内，一切信息都是以________形式表示的。
9. 在微机中，信息的最小单位是________。
10. 在计算机中，1 KB 表示的二进制位数是________。
11. 二进制数 10100110B 转换为十进制数是________，转换为十六进制数是________。
12. 目前国际上广泛采用的西文字符编码标准是________，它是用________位二进制码表示一个字符。
13. 若处理的信息包括文字、图片、声音和电影，则其信息量相对最小的是________。
14. 汉字在计算机系统内存储使用的编码是________。
15. 计算机要想处理连续变化的声音或图像信号，需要进行________和量化。

16. 用 8 位二进制码表示的图像信息可以表达________种图像的颜色信息。

二、简答题

1. 查阅相关资料，介绍一种新型计算机技术或计算机技术的应用。
2. 电子计算机为什么采用二进制？
3. 请比较智能 ABC、搜狗、微软这 3 种输入法的主要区别。
4. 简述云计算的服务类型。

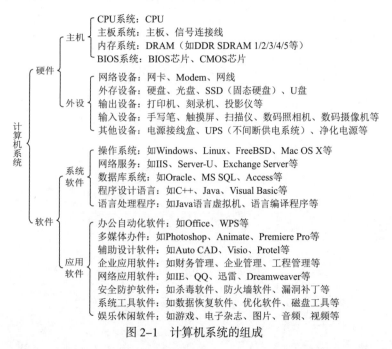

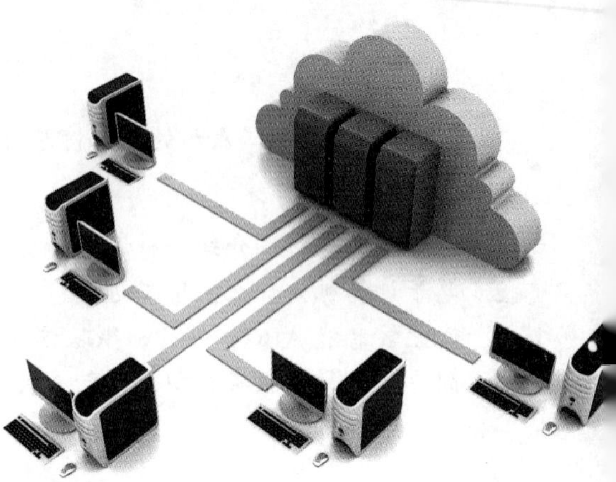

第 2 章 计算机系统与网络

计算机系统是一个复杂的系统，它分为硬件系统和软件系统。操作系统是协调和控制计算机各部分进行和谐工作的一个系统软件，是计算机所有资源的管理者和组织者。计算机与计算机之间的物理连接，形成了计算机网络，计算机网络已经渗透到人们生活的各个角落，在社会和经济发展中起着非常重要的作用。随着计算机技术的发展和互联网的扩大，计算机系统的安全问题，已成为当今计算机研制人员和应用人员所面临的重大问题。

2.1 计算机系统的组成

计算机系统由硬件和软件两部分组成。硬件是构成计算机系统的各种物理设备的总称。软件是运行、管理和维护计算机的各类程序、数据和文档的总称。通常将不安装任何软件的计算机称为“裸机”。计算机之所以能够应用到各个领域，是由于软件的丰富多彩，使计算机能按照人们的意图完成各种不同的任务。计算机系统的组成如图 2–1 所示。

- 计算机系统
  - 硬件
    - 主机
      - CPU系统：CPU
      - 主板系统：主板、信号连接线
      - 内存系统：DRAM（如DDR SDRAM 1/2/3/4/5等）
      - BIOS系统：BIOS芯片、CMOS芯片
    - 外设
      - 网络设备：网卡、Modem、网线
      - 外存设备：硬盘、光盘、SSD（固态硬盘）、U盘
      - 输出设备：打印机、刻录机、投影仪等
      - 输入设备：手写笔、触摸屏、扫描仪、数码照相机、数码摄像机等
      - 其他设备：电源接线盒、UPS（不间断供电系统）、净化电源等
  - 软件
    - 系统软件
      - 操作系统：如Windows、Linux、FreeBSD、Mac OS X等
      - 网络服务：如IIS、Server-U、Exchange Server等
      - 数据库系统：如Oracle、MS SQL、Access等
      - 程序设计语言：如C++、Java、Visual Basic等
      - 语言处理程序：如Java语言虚拟机、语言编译程序等
    - 应用软件
      - 办公自动化软件：如Office、WPS等
      - 多媒体办件：如Photoshop、Animate、Premiere Pro等
      - 辅助设计软件：如Auto CAD、Visio、Protel等
      - 企业应用软件：如财务管理、企业管理、工程管理等
      - 网络应用软件：如IE、QQ、迅雷、Dreamweaver等
      - 安全防护软件：如杀毒软件、防火墙软件、漏洞补丁等
      - 系统工具软件：如数据恢复软件、优化软件、磁盘工具等
      - 娱乐休闲软件：如游戏、电子杂志、图片、音频、视频等

图 2–1 计算机系统的组成

2.1.1 计算机硬件系统

根据组成计算机各部分的功能划分，计算机硬件系统由控制器、运算器、存储器、输入设备和输出设备 5 部分组成。

1. 控制器

控制器是整个计算机的控制指挥中心，它的功能是控制计算机各部件自动协调地工作。控制器负责从存储器中取出指令，然后进行指令的译码、分析，并产生一系列控制信号。这些控制信号按照一定的时间顺序发往各部件，控制各部件协调工作，并控制程序的执行顺序。

2. 运算器

运算器是对信息进行加工、运算的部件。运算器的主要功能是对二进制数进行算术运算（加、减、乘、除）、逻辑运算（与、或、非）和位运算（移位、置位、复位），故又称算术逻辑单元。运算器和控制器一起组成中央处理器（central processing unit，CPU）。

3. 存储器

存储器是计算机存放程序和数据的设备。它的基本功能是按照指令要求向指定的位置存进（写入）或取出（读出）信息。计算机中的存储器分为两大类：主存储器（又称内存储器，简称内存）和辅助存储器（又称外存储器，简称外存）。

内存按存取方式的不同，可分为随机存储器（random access memory，RAM）和只读存储器（read only memory，ROM）两类。RAM 中的信息可以通过指令随时读出和写入，在计算机工作时用来存放运行的程序和使用的数据，断电以后 RAM 中的内容自行消失。ROM 是一种只能读出而不能写入的存储器，其信息的写入是在特殊情况下进行的，称为“固化”，通常由厂商完成。ROM 一般用于存放系统专用的程序和数据。其特点是关掉电源后存储器中的内容不会消失。

外存用于扩充存储器容量和存放“暂时不用”的程序和数据。外存的容量大大高于内存的容量，但它存取信息的速度比内存慢很多。常用的外存有磁盘、磁带、光盘等。

存储器的有关术语有位、字节、地址。

位（bit，b）：计算机中最小的存储单位，用来存放 1 位二进制数（0 或 1）。

字节（byte，B）：8 个二进制位组成 1 字节。为了便于衡量存储器的大小，统一以字节为基本单位。存储器的容量一般用 KB、MB、GB、TB 等来表示，它们之间的关系为 1 KB= 2^{10} B=1 024 B，1 MB= 2^{10} KB，1 GB= 2^{10} MB，1 TB= 2^{10} GB，1 PB= 2^{10} TB，1 EB= 2^{10} PB。

地址：计算机的内存被划分成许多独立的存储单元，每个存储单元一般存放 8 位二进制数。为了有效地存取该存储单元中的内容，每个单元必须由一个唯一编号来标识，这些编号称为存储单元的地址。

4. 输入设备

输入设备用来向计算机输入程序和数据，可分为字符输入设备、图形输入设备、声音输入设备等。微型计算机系统中常用的输入设备有键盘、鼠标、扫描仪、光笔等。

5. 输出设备

输出设备用来向用户报告计算机的运算结果或工作状态，它把存储在计算机中的二进制数据转换成人们需要的各种形式的信号。常见的输出设备有显示器、打印机、绘图仪等。

2.1.2 计算机软件系统

软件是为了运行、管理和维护计算机所编制的各种程序及相应文档资料的总和。软件系统可分为系统软件和应用软件两大类。

1. 系统软件

系统软件是为了方便用户使用和管理计算机，以及为生成、准备和执行其他程序所需要的一系列程序和文件的总称，包括操作系统、程序设计语言以及各种高级语言的编译或解释程序等。

操作系统是最基本的系统软件，直接管理计算机的所有硬件和软件资源。操作系统是用户与计算机之间的接口，绝大部分用户都是通过操作系统来使用计算机的。同时，操作系统又是其他软件的运行平台，任何软件的运行都必须依靠操作系统的支持。

程序设计语言：是生成和开发应用软件的工具。它一般包括机器语言、汇编语言和高级语言三大类。

机器语言是面向机器的语言，是计算机唯一可以识别的语言，它用一组二进制代码（又称机器指令）来表示各种各样的操作。用机器指令编写的程序叫作机器语言程序（又称目标程序），其优点是不需要翻译而能够直接被计算机接收和识别，由于计算机能够直接执行机器语言程序，所以其运行速度最快；缺点是机器语言通用性极差，用机器指令编制出来的程序可读性差，程序难以修改、交流和维护。

机器语言程序的不易编制与难以阅读促使了汇编语言的产生。为了便于理解和记忆，人们采用能反映指令功能的英文缩写助记符来表达计算机语言，这种符号化的机器语言就是汇编语言。汇编语言采用助记符，比机器语言直观、容易记忆和理解。汇编语言也是面向机器的程序设计语言，每条汇编语言的指令对应了一条机器语言的代码，不同型号的计算机系统都有自己的汇编语言。

高级语言采用英文单词、数学表达式等人们容易接受的形式书写程序中的语句，相当于低级语言中的指令。它要求用户根据算法，按照严格的语法规则和确定的步骤用语句表达解题的过程，它是一种独立于具体的机器而面向过程的计算机语言。

高级语言的优点是其命令与人类自然语言和数学语言十分接近，通用性强、使用简单。高级语言的出现使得各行各业的专业人员，无须学习计算机的专业知识，就拥有了开发计算机程序的强有力工具。

用高级语言编写的程序即源程序，必须翻译成计算机能识别和执行的二进制机器指令，才能被计算机执行。由源程序翻译成的机器语言程序称为“目标程序”。

高级语言源程序转换成目标程序有两种方式：解释方式和编译方式。解释方式是把源程序逐句翻译，翻译一句执行一句，边解释边执行。解释程序不产生将被执行的目标程序，而是借助于解释程序直接执行源程序本身。编译方式是首先把源程序翻译成等价的目标程序，然后再执行此目标程序。

目前，比较流行的高级语言有 C++、微软的 .NET 平台、Java 等。有时也把一些数据库开发工具归入高级语言，如 SQL Server 2008、MySQL、PowerBuilder 等。

2. 应用软件

应用软件是为解决各种实际问题所编制的程序。应用软件有的通用性较强，如一些文字和图表处理软件，有的是为解决某个应用领域的专门问题而开发的，如人事管理程序、工资管理程序等。应用软件往往涉及某个领域的专业知识，开发此类软件需要较强的专业知识作为基础。

应用软件在系统软件的支持下工作。

2.2 操作系统

操作系统在计算机系统中的作用相当于“大脑”在人体中的作用。无论这种比喻是否恰当，但却说明了操作系统在计算机系统中的重要性。

操作系统设计的主要目标是高效、方便和稳定。对于大型机来说，操作系统的主要目的是为充分优化硬件系统的利用率，使整个系统高效执行；个人计算机的操作系统是为了方便用户使用；掌上计算机的操作系统则是为用户提供一个可以与计算机方便交互并执行程序的环境。

2.2.1 操作系统的含义

操作系统是控制和管理计算机硬件资源和软件资源，并为用户提供交互操作界面的程序集合。操作系统是直接运行在“裸机”上的最基本的系统软件，任何其他软件都必须在操作系统的支持下才能运行。操作系统在整个计算机系统中具有极其重要的特殊地位，计算机系统层次结构如图 2–2 所示。

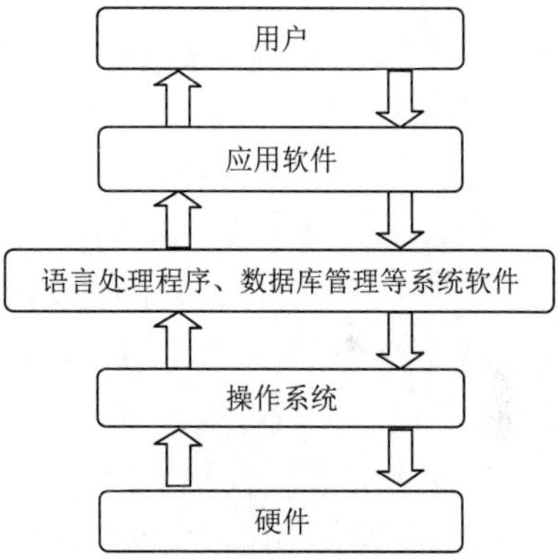

图 2–2 计算机系统层次结构

从图 2–2 中可以看出，操作系统是用户和计算机的接口，同时也是计算机硬件和其他软件的接口。操作系统的功能包括管理计算机系统的硬件、软件及数据资源，控制程序运行，改善人机界面，为其他应用软件提供支持等，使计算机系统所有资源最大限度地发挥作用，提供各种形式的用户界面，使用户有一个好的工作环境。操作系统的作用总体上包括以下几个方面：

① 隐藏硬件，为用户和计算机之间的“交流”提供统一的界面。由于直接对计算机硬件进行操作非常困难和复杂，当计算机配置了操作系统之后，用户可利用操作系统所提供的命令和服务去使用计算机。因此，从用户的角度看，需要计算机具有友好、易操作的使用平台，使用户不必考虑不同硬件系统可能存在的差异。对于这种情况，操作系统设计的主要目的是方便用户使用，性能、资源利用率是次要的。

② 管理系统资源。从资源管理角度看，操作系统是管理计算机系统资源的软件。计算机系统资源包括硬件资源（CPU、存储器、输入输出设备等）和软件资源（文件、程序、数据等）。操作系统负责控制和管理计算机系统中的全部资源，确保这些资源能被高效合理地使用，确保系统能够有条不紊地运行。

根据操作系统所管理的资源的类型，操作系统具有处理机管理、存储器管理、设备管理、文件管理和用户接口五大基本功能（见图 2–3）。

① 处理机管理，又称进程管理，负责 CPU 的运行和分配。

② 存储器管理，负责主存储器的分配、回收、保护与扩充。

③ 设备管理，负责输入输出设备的分配、回收与控制。

④ 文件管理，负责文件存储空间和文件信息的管理，为文件访问和文件保护提供更有效的

方法及手段。

⑤ 用户接口，用户操作计算机的界面称为用户接口，用户通过命令接口或程序接口实现各种复杂的应用处理。

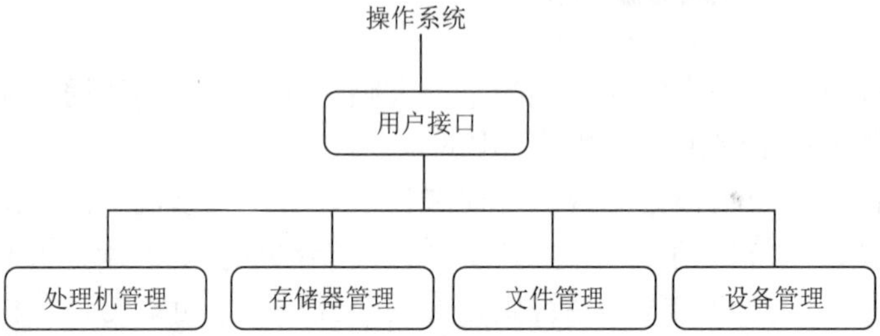

图 2–3 操作系统功能示意图

用户需求的提升和硬件技术进步是操作系统发展的两大动力。

早期的计算机没有操作系统，用户在计算机上的操作完全由手工进行，使用机器语言编写程序，通过接插板或开关板控制计算机操作。程序的准备、启动和结束，都是手工处理，烦琐耗时。这个时期的计算机只能一个个、一道道地串行计算各种问题，一个用户上机操作，就独占了全机资源，资源的利用率和效率都很低，程序在运行过程中缺乏和程序员的有效交互。

1947 年，晶体管的诞生使得计算机产生了一次革命性的变革。操作系统的初级阶段是系统管理工具以及简化硬件操作流程的程序。1960 年，商用计算机制造商设计了批处理系统，此系统可将工作的建置、调度以及执行序列化。此时，厂商为每一台不同型号的计算机创造了不同的操作系统，无通用性。

1964 年，第一代共享型、代号为 OS/360 的操作系统诞生，它可以运行在 IBM 推出的一系列用途与价位都不同的大型计算机 IBM System/360 上。

随着计算机技术的发展，操作系统的功能越来越强大。现在的操作系统已包括分时、实时、并行、网络，以及嵌入式操作系统等多种类型，成为不论大型机、小型机还是微型机都必须安装的系统软件。

2.2.2 操作系统的分类

经过多年的迅速发展，操作系统种类繁多，功能也相差很大，已经能够适应不同的应用和各种不同的硬件配置，很难用单一标准统一分类。但无论是哪一种操作系统，其主要目的都是：实现在不同环境下，为不同应用目的提供不同形式和不同效率的资源管理，以满足不同用户的操作需要。操作系统有以下不同的分类标准。

根据应用领域划分，可分为桌面操作系统、服务器操作系统、主机操作系统和嵌入式操作系统等。

根据系统功能划分，操作系统可分为 3 种基本类型，即批处理操作系统、分时系统、实时系统。随着计算机体系结构的发展，又出现了许多种操作系统，如个人计算机操作系统、网络操作系统和智能手机操作系统。除此之外，还可以从源码开放程度、使用环境、技术复杂程度等多种不同角度分类。下面简要介绍几种操作系统。

1. 批处理操作系统

批处理操作系统是一种早期用在大型计算机上的操作系统，用于处理许多商业和科学应用。批处理操作系统是指在内存中存放多道程序，当某个程序因为某种原因（例如执行 I/O 操作时）

不能继续运行而放弃 CPU 时，操作系统便调度另一程序投入运行。这样可以使 CPU 尽量忙碌，提高系统效率。

批处理操作系统的工作方式是：用户事先把作业准备好，该作业包括程序、数据和一些有关作业性质的控制信息，提交给计算机操作员。计算机操作员将许多用户的作业按类似需求组成一批作业，输入计算机中，在系统中形成一个自动转接的连续的作业流，系统自动、依次执行每个作业。最后由计算机操作员将作业结果交给用户。

批处理操作系统的特点是：内存中同时存放多道程序，在宏观上多道程序同时向前推进，由于 CPU 只有一个，在某一时间点只能有一个程序占用 CPU，因此在微观上是串行的。目前，批处理操作系统已经不多见了。

2. 分时操作系统

分时操作系统允许多个终端用户同时共享一台计算机资源，彼此独立互不干扰。分时操作系统的工作方式是：一台高性能主机连接若干个终端，每个终端有一个用户在使用，终端机可以没有 CPU 与内存（见图 2-4）。用户交互式地向系统提出命令请求，系统接受每个用户的命令，采用时间片轮转方式处理服务请求，并通过交互方式在终端上向用户显示结果。

为使一个 CPU 为多道程序服务，分时操作系统将 CPU 划分成若干个很小的片段（如 50 ms），称为时间片。操作系统以时间片为单位，采用循环轮作方式将这些 CPU 时间片分配给排列队列中等待处理的每个程序（见图 2-5）。分时操作系统的主要特点是允许多个用户同时运行多个程序，每个程序都是独立操作、独立运行、互不干涉，具有多路性、交互性、独占性和及时性等特点。

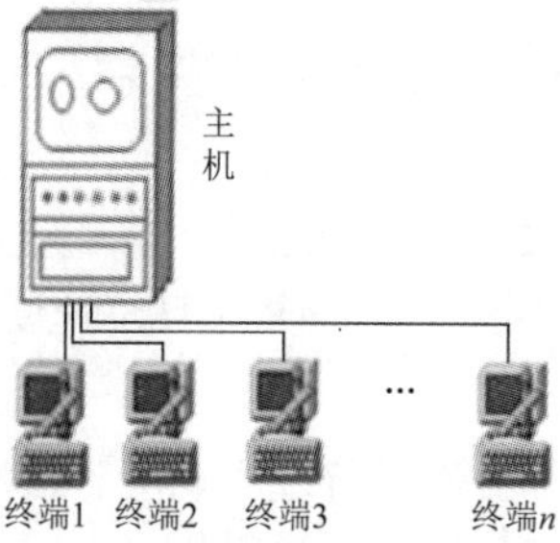

图 2-4　多终端计算机

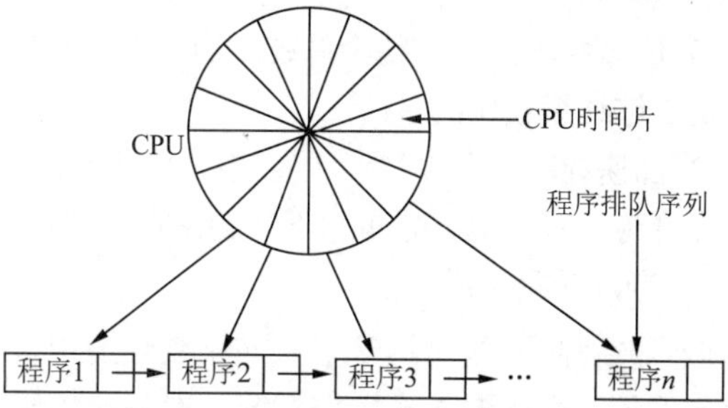

图 2-5　分时占用 CPU 时间片示意图

多路性是指多个联机用户可以同时使用一台计算机，宏观上看是多个用户同时使用一个 CPU，微观上是多个用户在不同时刻轮流使用 CPU。交互性是指多个用户或程序都可以通过交互方式进行操作。独占性是指由于分时操作系统是采用时间片轮转方法为每个终端用户作业服务，用户彼此之间都感觉不到计算机为其他人服务，就像整个系统为他所独占。及时性是指系统对用户提出的请求及时响应。

现代通用操作系统是分时系统与批处理系统的结合。其原则是：分时优先，批处理在后，典型的分时操作系统有 UNIX 和 Linux。

3. 实时操作系统

实时操作系统是指使计算机能及时响应外部事件的请求，在严格规定的时间内完成对该事件的处理，并控制所有实时设备和实时任务协调一致地工作的操作系统。实时操作系统的主要特点是资源的分配和调度首先要考虑实时性，然后才是效率。当对处理器或数据流动有严格时间要求时，就需要使用实时操作系统。

实时操作系统有明确的时间约束，处理必须在确定的时间约束内完成，否则系统会失败，通常用在工业过程控制和信息实时处理中。例如，控制飞行器、导弹发射、数控机床、飞机票（火车票）预订等。实时操作系统除具有分时操作系统的多路性、交互性、独占性和及时性等特性之外，还必须具有可靠性。在实时操作系统中，一般都要采取多级容错技术和措施用以保证系统的安全性和可靠性。

4. 个人计算机操作系统

个人计算机操作系统是随着微型计算机的发展而产生的，用来对一台计算机的软件资源和硬件资源进行管理的单用户、多任务操作系统，主要特点是计算机在某个时间内为单个用户服务；采用图形用户界面，界面友好；使用方便，用户无须专门学习，也能熟练操作机器。个人计算机操作系统的最终目标不再是最大化 CPU 和外设的利用率，而是最大化用户方便性和响应速度。

个人计算机操作系统主要供个人使用，功能强、价格便宜，可以在几乎任何地方安装使用。它能满足一般人操作、学习、游戏等方面的需求。典型的个人计算机操作系统是 Windows。

5. 分布式操作系统

分布式操作系统是通过网络将大量的计算机连接在一起，以获取极高的运算能力、广泛的数据共享以及实现分散资源管理等功能为目的的操作系统。分布式操作系统主要具有共享性、可靠性、加速计算等优点。

① 共享性。实现分散资源的深度共享，如分布式数据库的信息处理、远程站点文件的打印等。

② 可靠性。由于在整个系统中有多个 CPU 系统，因此当一个 CPU 系统发生故障时，整个系统仍能够继续工作。

③ 加速计算。可以将一个特定的大型计算分解成能够并发运行的子运算，并且分布式操作系统允许将这些子运算分布到不同的站点，这些子运算可以并发运行，加快了计算速度。

6. 嵌入式操作系统

嵌入式操作系统是用于嵌入式系统环境中，对各种装置等资源进行统一调度、指挥和控制的操作系统。由于嵌入式操作系统一般是应用于小型电子装置的，系统资源相对有限，所以内核较之传统的操作系统要小得多。嵌入式操作系统具有如下特点：

① 专用性强。嵌入式操作系统的个性化很强，其中的软件系统和硬件的结合非常紧密，一般要针对硬件进行系统的移植，即使在同一品牌、同一系列的产品中也需要根据系统硬件的变化和增减不断进行修改。

② 高实时性。高实时性是嵌入式软件的基本要求。而且软件要求固态存储，以提高速度；软件代码要求高质量和高可靠性。

③ 系统精简。嵌入式操作系统一般没有系统软件和应用软件的明显区分，不要求其功能设计及实现上过于复杂，这样一方面利于控制系统成本，同时也利于实现系统安全。

嵌入式操作系统广泛应用在生活和工作的各个方面，涵盖范围从便携设备到大型固定设施，如数码照相机、手机、平板计算机、家用电器、医疗设备、交通灯、航空电子设备和工厂控制设备等，越来越多的嵌入式系统安装有实时操作系统。

2.2.3　常用操作系统简介

操作系统从20世纪60年代出现以来，技术不断进步，功能不断扩展，产品类型也越来越丰富。目前主要有 Windows、UNIX、Linux、Mac OS、iOS 和 Android。

1. Windows 操作系统

Windows 是由微软公司推出的基于图形窗口界面的多任务的操作系统，是目前最流行、最常见的操作系统之一。随着计算机软硬件的不断发展，微软的 Windows 操作系统也在不断升级，从最初的 Windows 1.0 到大家熟知的 Windows 95/98/XP/7/10 等系列。Windows 10 是新一代跨平台及设备应用的操作系统，不仅可以运行在笔记本计算机和台式计算机上，还可以运行在智能手机、物联网等设备上。

Windows 10 有 32 位和 64 位之分。因为目前 CPU 一般都是 64 位的，所以操作系统既可以安装 32 位的，也可以安装 64 位的。

通常人们所说的 32 位有两种意思，32 位计算机和 32 位操作系统。32 位计算机，是指 CPU 的数据宽度为 32 位，也就是它一次最多可以处理 32 位数据。其内存寻址空间为 2^{32} = 4 294 967 296 B = 4 GB 左右。32 位计算机只能安装 32 位操作系统，不能安装 64 位操作系统。而 32 位操作系统，是针对 32 位计算机而研发的，它最多可以支持 4 GB 内存，且只能支持 32 位的应用程序，满足普通用户的使用。

若安装 64 位操作系统，需要 CPU 支持 64 位，能识别到 128 GB 以上内存，能够支持 32 位和 64 位的应用程序，如图 2-6 所示。

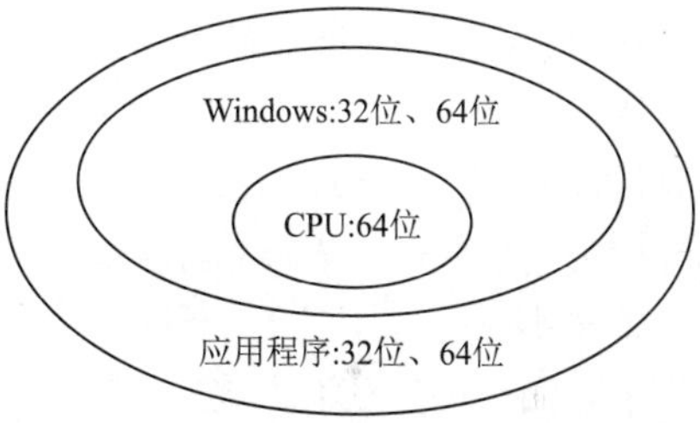

图 2-6　Windows 10 与 CPU 和应用程序的位数关系

2. UNIX 操作系统

UNIX 操作系统是当今世界最流行的多用户、多任务操作系统，支持多种处理器架构，属于分时操作系统，也是唯一能在各种类型计算机（微型计算机、工作站、小型机、巨型机等）都能稳定运行的全系列通用操作系统。UNIX 最早于 1969 年在美国 AT&T（美国电话电报公司）的贝尔实验室开发，是应用面最广、影响力最大的操作系统。

UNIX 操作系统实现技术中有很多优秀的技术特点，在操作系统的发展历程中，它一直占据着技术上的制高点。UNIX 操作系统的特点和优势很多，下面仅列出几个主要的特点，便于对 UNIX 系统有一个初步的了解。

① 多用户、多任务。UNIX 操作系统内部采用分时多任务调度管理策略，能够同时满足多个相同或不同的请求。

② 开放性。开放性意味着系统设计、开发遵循国际标准规范，能够很好地兼容，很方便地实现互联。UNIX 是目前开放性最好的操作系统。

③ 可移植性。UNIX 操作系统内核的大部分是用 C 语言实现的，易读、易懂、易修改，可移植性好。这也是 UNIX 操作系统拥有众多用户群以及不断有新用户加入的重要原因之一。

④ 稳定性、可靠性和安全性。由于 UNIX 操作系统的开发是基于多用户环境进行的，因此在安全机制上考虑得比较严谨，其中包括了对用户的管理、对系统结构的保护及对文件使用权限的管理等诸多因素。

⑤ 具有网络特性。新版 UNIX 操作系统中，TCP/IP 协议已经成为 UNIX 操作系统中不可分

割的一部分，优良的内部通信机制，方便的网络接入方式，快速的网络信息处理方法，使UNIX操作系统成为构造良好网络环境的首选操作系统。

UNIX操作系统的缺点是缺乏统一的标准，应用程序不够丰富，并且不易学习，这些都限制了UNIX操作系统的普及应用。

3. Linux操作系统

Linux操作系统是免费使用和开放源码的类UNIX操作系统，是一个基于POSIX（portable operating system Interface，可移植操作系统接口）和UNIX的多用户、多任务、支持多线程和多CPU的操作系统。Linux操作系统可安装在各种计算机硬件设备中，比如手机、平板计算机、路由器、视频游戏控制台、台式计算机、大型机和超级计算机。

Linux操作系统是由芬兰赫尔辛基大学计算机系学生Linux Torvalds在1991年开发的一个操作系统，主要用在基于Intel x86系列CPU的计算机上。Linux能运行主要的UNIX工具软件、应用程序和网络协议。由于Linux和UNIX非常相似，以至于被认为是UNIX的复制品。Linux主要具有如下特点：

① 完全免费。Linux最大的特点在于它是一个源代码公开的操作系统，其内核源代码免费。用户可以任意修改其源代码，无约束的继续传播。因此，吸引了越来越多的商业软件公司和无数程序员参与了Linux的修改、编写工作，使Linux快速向高水平、高性能发展。如今，Linux已经成为一个稳定可靠、功能完善、性能卓越的操作系统。

② 多用户、多任务。Linux支持多用户，各个用户对于自己的文件设备有自己特殊的权利，保证了各用户之间互不影响。

③ 友好的界面。Linux提供了3种界面：字符界面、图形用户界面和系统调用界面。

④ 支持多种平台。Linux可以运行在多种硬件平台上，如具有x86、680x0、SPARC、Alpha等处理器的平台。此外，Linux还是一种嵌入式操作系统，可以运行在掌上计算机、机顶盒或游戏机上。

注意：Linux是一种外观和性能与UNIX相同或比UNIX更好的操作系统，但是源代码和UNIX没有任何关系。换句话讲，Linux不是UNIX，但像UNIX。

4. Mac OS操作系统

Mac OS是苹果公司（Apple Inc.）为系列产品开发的专属操作系统，不兼容Windows系统软件。一般情况下，在普通PC上无法安装。另外，现在流行的计算机病毒几乎都是针对Windows系统的，由于Mac的架构与Windows不同，所以很少受到计算机病毒的袭击。Mac OS界面非常独特，突出了形象的图标和人机对话。

Mac OS以简单易用和稳定可靠著称，完美地融合了技术与艺术，从里到外都给人一种全新的感觉，最新版本为Mac OS 10.15 Catalina。该系统主要具有如下特点：

① 稳定、安全、可靠。Mac OS构建于安全可靠的UNIX操作系统之上，并包含了旨在保护Mac和其中信息的众多功能。用户可在地图上定位丢失的Mac计算机，并进行远程密码设置等操作。

② 简单易用。Mac OS从开机桌面到日常应用软件，处处体现了简单、直观的设计风格。系统能自动处理许多事情，查找、共享、安装和卸载等一切操作都十分轻松简单。

③ 先进的网络和图形技术。Mac OS提供超强性能、超炫图形处理能力并支持互联网标准。

5. 苹果移动设备操作系统（iOS）

iOS 是由苹果公司开发的移动操作系统，最初是设计给 iPhone 使用的，后来陆续套用到 iPod touch、iPad 以及 Apple TV 等苹果产品上。iOS 与苹果的 Mac OS X 操作系统一样，属于类 UNIX 的商业操作系统。原本这个系统名为 iPhone IOS，但因 iPad、iPhone、iPod touch 都使用，所以 2010 年 6 月改名为 iOS。

iOS 的系统结构分为 4 个层次：核心操作系统层（core OS layer）、核心服务层（core service layer）、媒体层（media layer）和可触摸层（cocoa touch layer），如图 2-7 所示。

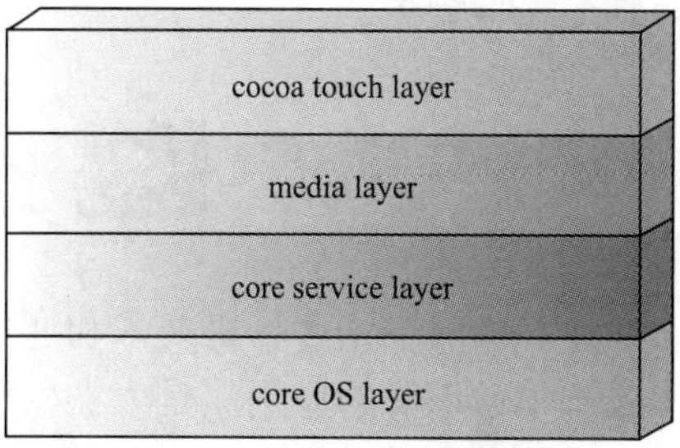

图 2-7　iOS 的系统结构

① 核心操作系统层，位于 iOS 系统架构最下面的一层，包括文件管理、文件系统以及一些其他操作系统任务。它可以直接和硬件设备进行交互。App 开发者不需要与这一层打交道。

② 核心服务层，为应用程序提供所需要的基础的系统服务。如 Accounts 账户框架、广告框架、数据存储框架、网络连接框架、地理位置框架、运动框架等。

③ 媒体层，为应用程序提供视听方面的技术，如绘制图形图像、录制音频与视频以及制作基础的动画效果等。

④ 可触摸层，为应用程序开发提供各种常用的框架并且大部分框架与界面有关，从本质上来说，它负责用户在 iOS 设备上的触摸交互操作。

iOS 的主要优点是流畅、稳定、新颖、简洁，性能与美观同时兼具。

6. Android 操作系统

Android（安卓）是基于 Linux 内核的开放源代码操作系统，主要使用于移动设备，如智能手机和平板计算机。Android 操作系统最初由 Andy Rubin 开发，主要支持手机。2005 年 8 月由 Google 收购注资，并逐渐研发改良，扩展到平板计算机及其他领域，如电视、数码照相机、游戏机等。2017 年 3 月数据显示，安卓首次超过 Windows 成为第一大操作系统。2019 年 6 月，Android 平台手机的全球市场份额已经达到 87%，全球采用这款系统的手机已经超过 13 亿部。

Android 操作系统采用软件堆层（software stack，又称软件叠层）的架构，底层 Linux 内核只提供基本功能，其他的应用软件则由各公司自行开发，部分程序以 Java 编写。

Android 操作系统主要具有如下特点：

① 开放性。开放的平台允许任何移动终端厂商加入 Android 联盟中来。显著的开放性可以使其拥有更多的开发者，随着用户和应用的日益丰富，一个崭新的平台也将很快走向成熟。开放性对于 Android 的发展而言，有利于积累人气，这里的人气包括消费者和厂商，而对于消费者来讲，最大的受益正是丰富的软件资源。开放的平台也会带来更大竞争，如此一来，消费者将可以用更低的价位购得心仪的手机。

② 摆脱运营商的束缚。手机应用不再受运营商制约，使用什么功能接入什么网络，手机可以随意接入。

③ 丰富的硬件选择。由于 Android 的开放性，众多的厂商会推出功能特色各具的多种产品，但不会影响数据同步和软件的兼容。

④ 方便开发。Android 平台提供给第三方开发商一个十分宽泛、自由的环境，不会受到各

种条条框框的干扰，可想而知，会有多少新颖别致的软件会诞生，目前层出不穷的手机应用正源于此。

⑤ 无缝结合 Google 应用。Google 从搜索巨人到互联网的全面渗透，Google 服务如地图、邮件、搜索等已经成为连接用户和互联网的重要纽带，而 Android 平台手机将无缝结合这些优秀的 Google 服务。

2.3 计算机网络

计算机网络是计算机技术和通信技术紧密结合的产物。计算机网络在社会和经济发展中起着非常重要的作用，是人类生活与工作不可缺少的工具。我国在互联网技术应用与创新上取得了迅猛的发展，已经成为互联网的大国，因此，掌握计算机网络的基本知识及应用，是当今信息时代大学生的基本要求。

2.3.1 计算机网络的组成

1. 网络通信基础

网络通信的三大要素包括：信源、信宿和信道。信源是信息的发送方，信宿是信息的接收方，信道是连接信源和信宿的通道，是信息的传送媒介，信源通过信道可以将信息传输到信宿。

信源应具有产生信号、编码信号和发送信号的能力。可以将由 0、1 串表达的信息转换成不同波形、不同频率的信号发送到信道上；信宿应具有接收信号及解码信号的能力，即依据接收到的不同波形、不同频率的信号通过译码器还原回 0、1 串表示的数字信息。信道可以是有线的，即利用各种电缆线进行传输，也可以是无线的，即利用各种频率的电波进行传输，如图 2–8 所示。

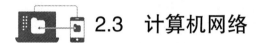

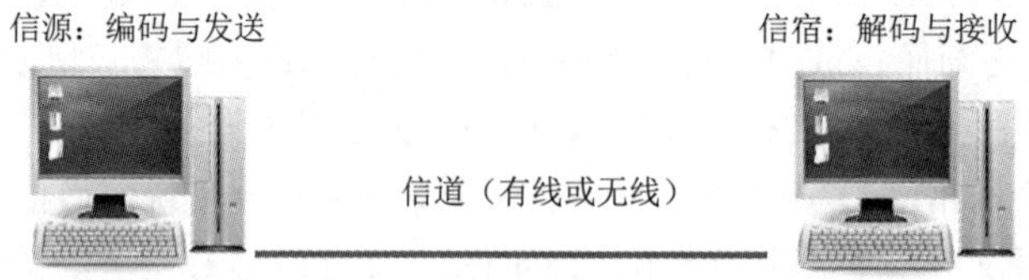

图 2–8 网络通信示意图

在计算机网络中，信源和信宿通常都是计算机。计算机之间为了相互通信，必须通过软件或硬件实现编解码器的功能，网卡就是常用的可以实现编解码器的硬件。网卡（network interface card, NIC）又称网络适配器，是局域网中最基本的部件之一，插在计算机或服务器扩展槽中，提供主机与网络间数据交换的通道。无论是双绞线连接、同轴电缆连接还是光纤连接，都必须借助于网卡才能实现与计算机进行通信。网卡的工作是双重的：一方面它将本地计算机上的数据转换格式后送入网络；另一方面它负责接收网络上传过来的数据包，对数据进行与发送数据时相反的转换，将数据通过主板上的总线传输给本地计算机。每块网卡都有一个唯一的网络节点地址，它是网卡生产厂家在生产时写入 ROM 中的，把它称为 MAC 地址（物理地址），且保证其绝对不会重复。

2. 网络传输介质

网络通信中，信道（信息传输的媒介）可以分为有线和无线两类。目前最常用的有以下几种：

（1）双绞线

双绞线属于有线传输介质，类似于普通的相互绞合的电线，拥有 8 根相互绝缘的铜芯。这 8 根铜芯分为 4 对，每 2 根为 1 对，并按照规定的密度和一定的规律相互缠绕，双绞线两端必须安装 RJ-45 接头，也就是水晶头，如图 2-9 所示。

（2）光缆

光缆也是有线传输介质。光缆是一定数量的光纤按照一定方式组成缆芯，外包有护套，有的还包覆外护层，用以实现光信号传输的一种通信线路，如图 2-10 所示。

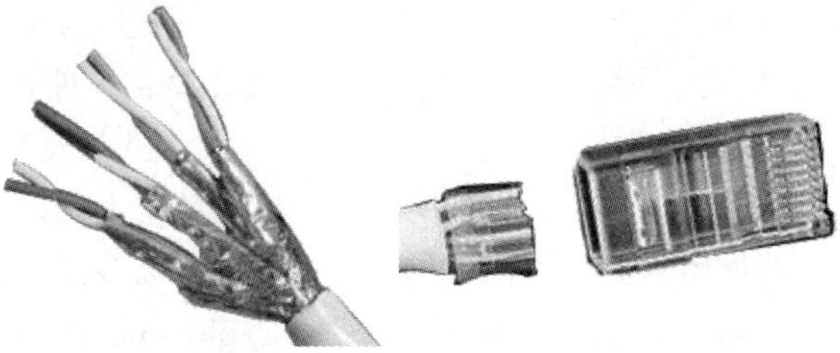

图 2-9　双绞线和 RJ-45 接头

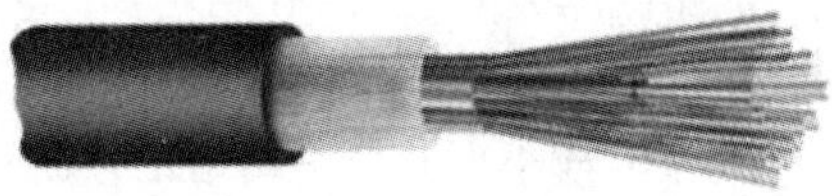

图 2-10　光缆

（3）无线电波

无线电波属于无线传输介质，是以电磁波作为信息的载体实现计算机相互通信的。无线网络非常适用于移动办公，也适用于那些由于工作需要而经常在室外上网的公司或企业，如石油勘探、测绘等。目前，无线网络越来越多的用于家庭。

3. 网络互联设备

网络互联是指将不同的网络或相同的网络用互联设备连接在一起而形成一个范围更大的网络，也可以是为增加网络性能和易于管理而将一个原来很大的网络划分为几个子网或网段。对局域网而言，所涉及的网络互联问题有网络距离延长；网段数量增加；不同 LAN 之间的互联及广域互联等。网络互联时，必须解决如下问题：在物理上如何把两种网络连接起来；一种网络如何与另一种网络实现互访与通信；如何解决它们之间协议方面的差别；如何处理速率与带宽的差别。网络互联中常用的设备有路由器（router）和调制解调器（modem）等。

（1）路由器

路由就是指通过相互连接的网络把信息从源地点移动到目标地点的活动。路由器通过路由决定数据的转发。转发策略称为路由选择，这也是路由器名称的由来。路由器在互联网中扮演着十分重要的角色，它是互联网的枢纽、“交通警察”。路由器和交换机之间的主要区别是交换发生在 OSI 参考模型的第二层（数据链路层），而路由发生在第三层，即网络层。这一区别决定了路由器和交换机在移动信息的过程中需要使用不同的控制信息，所以两者实现各自功能的方式是不同的。

路由器的一个作用是连通不同的网络，另一个作用是选择信息传送的线路。选择通畅快捷的近路，能大大提高通信速度，减轻网络系统通信负荷，节约网络系统资源，提高网络系统畅通率，从而让网络系统发挥出更大的效益来。一般说来，异种网络互联与多个子网互联都应采用路由器来完成。路由器的主要工作就是为经过路由器的每个数据帧寻找一条最佳传输路径，并将该数据有效地传送到目的站点。由此可见，选择最佳路径的策略即路由算法是路由器的关键所在。

为了完成这项工作，在路由器中保存着各种传输路径的相关数据 —— 路径表（routing table），供路由选择时使用。路径表中保存着子网的标志信息、网上路由器的个数和下一个路由器的名字等内容。路径表可以是由系统管理员固定设置好的，也可以由系统动态修改，可以由路由器自动调整，也可以由主机控制。

路由器是互联网的主要节点设备，作为不同网络之间互相连接的枢纽。路由器系统构成了基于 TCP/IP 的国际互联网络 Internet 的主体脉络，也可以说，路由器构成了 Internet 的骨架，如图 2–11 所示。

路由器本身被分配到互联网上一个全球唯一的公共 IP 地址。互联网上的服务器与路由器通信，路由器把网络信号引导到局域网（比如家中的网络，或者一个公司的网络）上的相应设备。现在的路由器大多是 Wi-Fi 路由器，它创建一个 Wi-Fi 网络，多个设备可以连接此 Wi-Fi 网络。通常路由器还有多个以太网端口，可用网线连接多个设备。

在家庭或小型办公室网络中，通常是直接采用无线路由器来实现集中连接和共享上网两项任务的，因为无线路由器同时兼备无线 AP（无线网络接入点）的集结和连接功能。无线路由器（wireless router）可实现家庭无线网络中的 Internet 连接共享，实现 ADSL、Cable modem 和小区宽带的无线共享接入。无线路由器可以与所有以太网接的 ADSL modem 或 cable modem 直接相连，也可以在使用时通过交换机 / 集线器、宽带路由器等局域网方式再接入。

（2）调制解调器

路由器是通过调制解调器连接到互联网的。调制解调器的作用就是当计算机发送信息时，将计算机发出的数字信号转换成可以在电话线中传输的模拟信号，这一过程称为调制。接收信息时，把电话线上传输的模拟信号转换成数字信号传送给计算机，这一过程称为解调。

调制解调器与因特网服务提供方（Internet service provider，ISP）的网络进行通信。如果它是一个电缆调制解调器，它通过同轴电缆与 ISP 的基础设施互联。如果它是一个 DSL（digital subscriber line，数字用户线路）调制解调器，则连接电话线进行通信。

调制解调器一端通过多种方式连接因特网服务提供方的基础设施，如电缆、电话线，卫星或光纤连接，另一端则通过以太网缆线的方式，连接路由器（或计算机）。如果连接路由器，一般是路由器共享 Wi-Fi 给各个设备上网，或者把设备用有线方式接入路由器的以太网接口上，如图 2–12 所示。

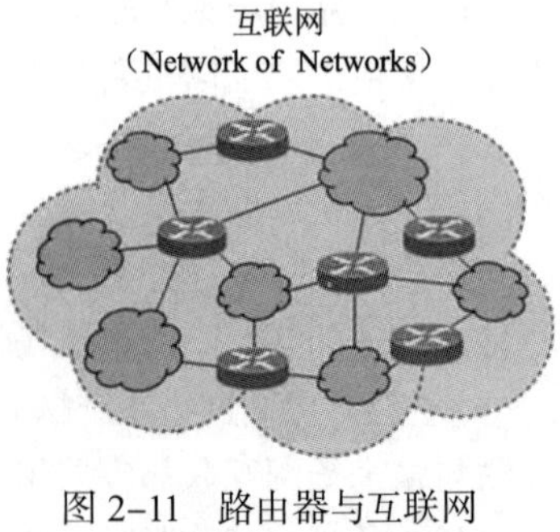

图 2–11 路由器与互联网

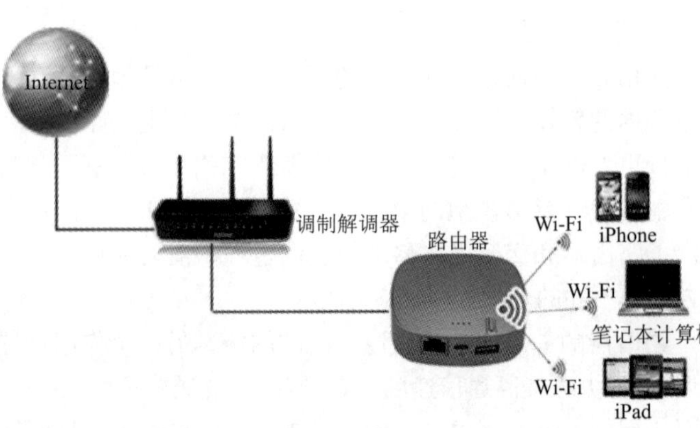

图 2–12 Modem 与互联网

现在不少互联网服务提供商提供综合了调制解调器和路由器的盒子，里面有电器和软件，使之同时具有调制解调器和路由器的功能。这些盒子一方面充当调制解调器，与因特网服务提供方（例如中国电信、中国移动）通信，另一方面充当路由器，创建一个家庭 Wi–Fi 网络。

4. 局域网连接设备

多台计算机连接成局域网，仅使用网卡是不行的，需要专门的连接设备将多台计算机连接在一起，例如集线器和交换机。目前，集线器已被交换机取代，组网中很少使用集线器。

交换机是一个扩大网络的器材，它具有多个端口，可通过双绞线与多台计算机的网卡相连，以便连接更多的计算机，形成局域网系统。

另外，交换机还是一种信号转发设备，它可以将接收到的信号转发出去，实现网络中多台计算机之间的通信。交换机接收存储端口上的数据包，根据不同的协议在交换器里面选择数据包从哪个端口进，经处理后将数据包传送到目的端口，将数据直接发送到目的计算机，而不是广播到所有端口，提高了网络的实际传输效率，数据传输安全性较高。对于跨度较小，例如仅限定于一个宿舍或一间办公室内的局域网，可以用一台交换机构建如图 2–13（a）所示星形结构的局域网。如果局域网跨度较大，可使用多台交换机构建树状结构的局域网，如图 2–13（b）所示。

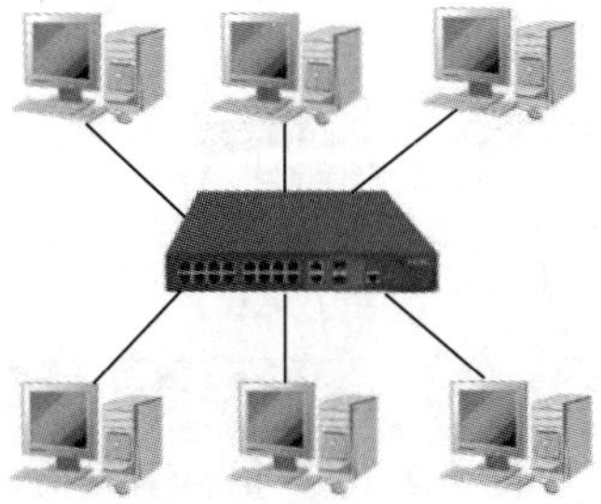

（a）星形结构示意图

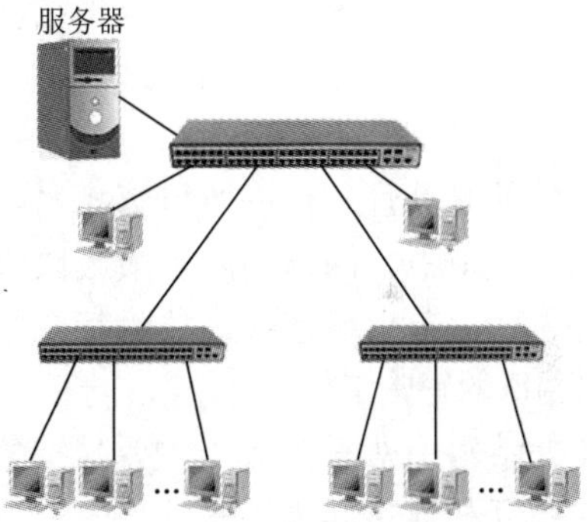

（b）树状结构示意图

图 2–13　交换机构建局域网

5. 局域网拓扑结构

图 2–13 中的星形结构和树状结构，称为网络的拓扑结构。网络拓扑结构是指用传输介质互连各种设备的物理布局。网络中的计算机等设备要实现互联，就需要以一定的结构方式进行连接，这种连接方式就称为“拓扑结构”。通俗地讲，就是这些网络设备是如何连接在一起的。常见的网络拓扑结构主要有：总线结构、环形结构、星形结构、树状结构和网状结构等。

总线拓扑结构（见图 2–14）是将所有入网计算机都接入到一条通信线路上，网络中所有的结点通过总线进行信息的传输。这种结构的特点是结构简单灵活，建网容易，使用方便，性能好。缺点是主干总线对网络起决定性作用，总线故障将影响整个网络。

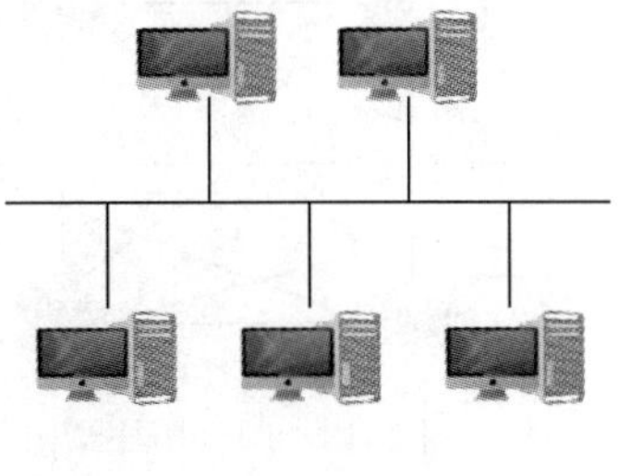

图 2–14　总线拓扑结构

星形拓扑结构（见图 2–15）由中心处理机与各个节点连接组成，节点间不能直接通信，各节点必须通过中心处理机转发。星形拓扑结构的特点是结构简单、建网容易、便于控制和管理。其缺点是中心处理机负担较重，属于集中控制，容易形成系统的“瓶颈”，线路的利用率也不高。

环形拓扑结构（见图 2–16）中由各节点首尾相连形成一个闭合环型线路。环型网络中的信息传送是单向的，即沿一个方向从一个结点传到另一个节点；每个节点需安装中继器，以接收、放大、发送信号。这种结构的特点是结构简单，建网容易，便于管理。其缺点是当节点过多时，将影响传输效率，不利于扩充。

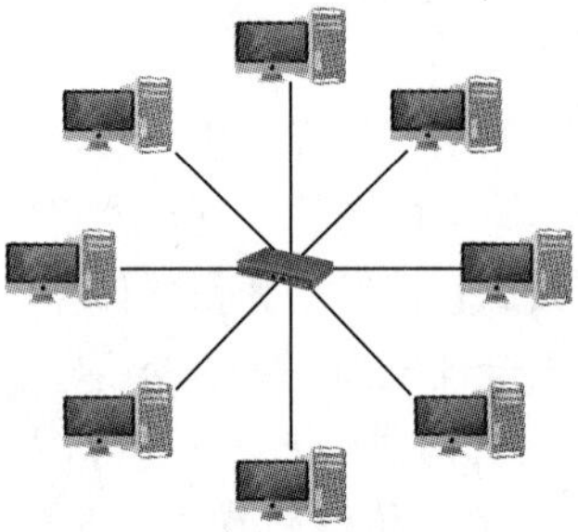
图 2–15　星形拓扑结构

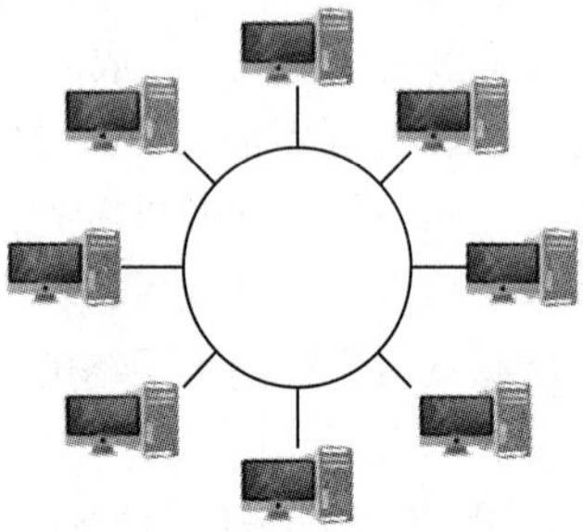
图 2–16　环形拓扑结构

树状拓扑结构（见图 2–17）是星形拓扑结构的一种变形，采用了分层结构，这种结构与星形结构拓扑结构相比降低了通信线路的成本，但增加了网络的复杂性，任一节点都相当于其下层节点的转发节点，网络中除了最底层节点及其连线外，任一节点或连线的故障都会影响其所在支路网络的正常工作。

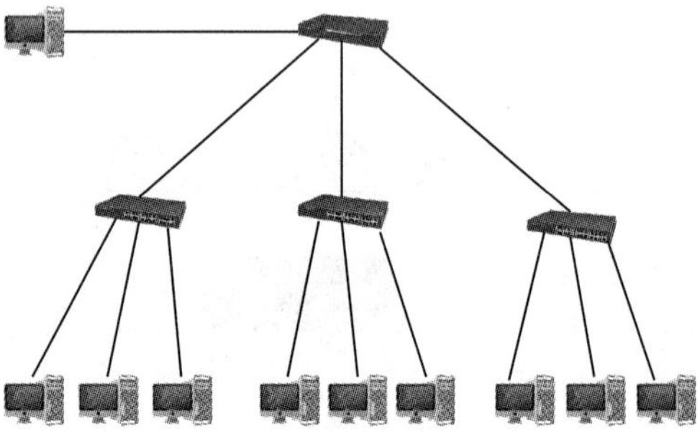
图 2–17　树状拓扑结构

网状拓扑结构（见图 2–18）主要是指各节点通过传输线互相连接起来，并且每一个节点至少与其他两个节点相连。网状拓扑结构由于节点之间有多条线路相连，所以网络的可靠性较高，但是由于结构比较复杂，建设成本较高，而且不易扩充。

在一些较大型的网络中，会将两种或几种网络拓扑结构混合起来，各自取长补短，形成混合型拓扑结构，如图 2–19 所示。

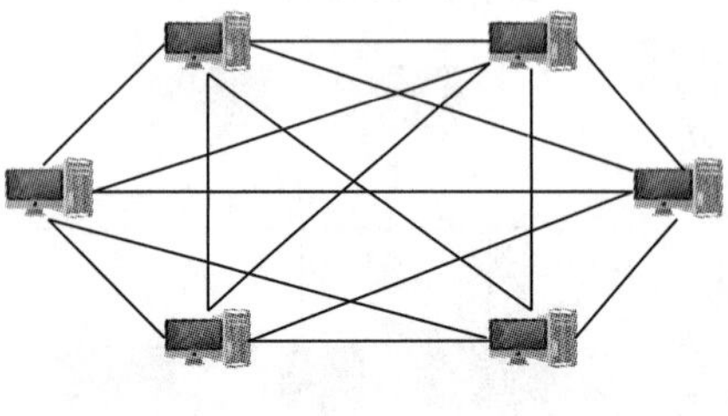
图 2–18　网状拓扑结构

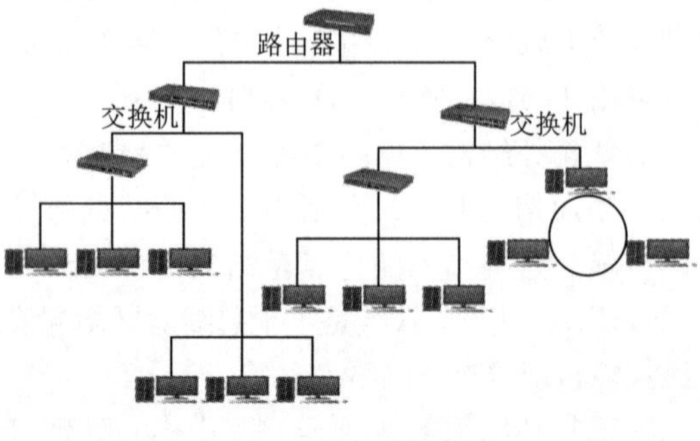

图 2–19　混合型拓扑结构

6. 分组交换技术

分组交换技术是为了解决不同大小的信息如何高效率的利用信道进行传输的技术。分组交换采用“化整为零”和“还零为整”的思维，将要传输的数据按一定长度分成很多组。为了准确地传送到对方，每组都打上标识，许多不同的数据分组在物理线路上以动态共享和复用方式进行传输，为了能够充分利用资源，当数据分组传送到交换机时，会暂存在交换机的存储器中，然后根据当前线路的忙闲程度，交换机会动态分配合适的物理线路，继续数据分组的传输，直到传送到目的地。到达目的地之后的数据分组再重新组合起来，形成一条完整的数据。

7. 局域网与城域网

城域网（metropolitan area network，MAN）是在一个城市范围内所建立的计算机通信网。城域网是一种大型的局域网（local area network，LAN），通常使用与局域网相似的技术。城域网主要用作主干网，通过它将位于同一城市内不同地点的主机、数据库，以及局域网等互相连接起来。

2.3.2　计算机网络的通信协议

为了使计算机与计算机之间通过网络实现通信，使数据可以在网络上从源传递到目的地，网络上那些由不同厂商生产的设备、由不同的 CPU、不同操作系统组成的计算机之间需要“讲”相同的“语言”。协议就是描述网络通信中“语言”规范的一组规则。网络协议是通信双方必须共同遵从的一组约定。如怎么样建立连接、怎么样互相识别等。只有遵守这个约定，计算机之间才能相互通信交流。

通俗来讲，有两个人，一个中国人，一个法国人，这两个人要想交流，必须讲一门双方都懂的语言。如果大家都不会讲对方的民族语言，那么可以选择双方都懂的第三方语言来交流，比如“讲英语”。那么这时候“英语”实际上就相当于一种“网络协议”。

网络协议本身比自然语言要简单得多，但是却比自然语言更严谨。它包含 3 个要素：语法、语义、时序。

语法：数据与控制信息的结构或格式。

语义：需要发出何种控制信息，完成何种动作及做出何种应答。

时序：事件实现顺序的详细说明。

协议本身并不是一种软件，它只是一种通信标准，最终要由软件来实现。网络协议的实现就是在不同的软件和硬件环境下，执行可运行于该种环境的“协议”翻译程序。

1. 协议分层

（1）协议分层的原因

网络通信的过程很复杂。数据以电子信号的形式穿越介质到达正确的计算机，然后转换成最初的形式，以便接收者能够阅读。这个过程需要的网络协议是非常复杂的，为了方便处理复杂的协议，需要对协议进行分层管理。例如，写信人寄送信件给收信人，这个过程涉及信件的书写、邮局的投寄、信件的运输、信件的投递等多个过程，这个复杂的过程中涉及信件的书写格式、信封的书写格式、邮票的面额、运输的方式等多个规则。为了方便管理，把这多个规则划分成写信人、邮局、运输部门 3 个层次进行管理，如图 2–20 所示。

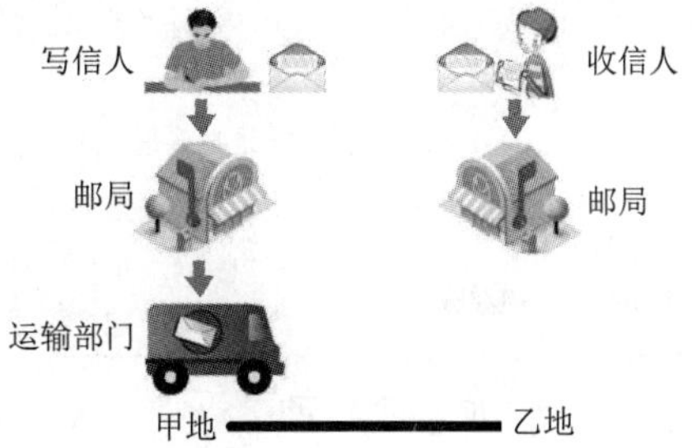

图 2–20　协议分层示意

① 邮局对于写信人来说是下层。

② 运输部门是邮局的下层（下层为上层提供服务）。

③ 写信人与收信人之间使用相同的语言（同层次之间使用相同的协议）。

④ 邮局之间：同层次之间使用相同的协议。

（2）OSI 分层模型

国际标准化组织（International Standards Organization，ISO）提出了作为通信协议设计指标的 OSI（open system interconnection）参考模型，模型将通信协议划分为 7 层，通过分层，将复杂的网络协议简单化。在这个分层模型中，每一个分层都接收由下一层提供的特定服务，并且负责为自己的上一层提供服务。上下层之间进行交互所遵守的约定被称为“接口”，同一层的被称为“协议”。分层的作用在于可以细分通信功能，更加易于单独实现每个分层的协议，并且界定各个分层的具体责任和义务。OSI 参考模型如图 2-21 所示。

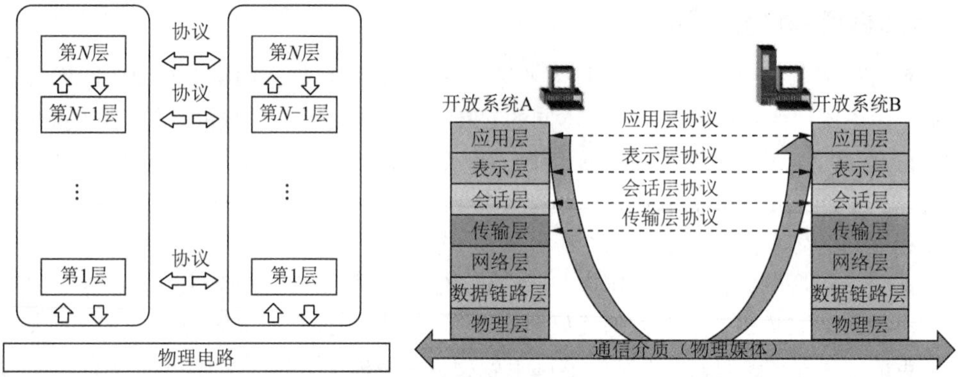

图 2-21　OSI 参考模型

OSI 参考模型中各分层的作用见表 2-1。

表 2-1　OSI 参考模型中各分层的作用

层　次	分层名称	功　能	功能描述
7	应用层	针对特定应用的协议	针对每个应用的协议
6	表示层	设备固有数据格式和网络标准数据格式的转换	接收不同表现形式的信息，如文字流、图像、声音等
5	会话层	通信管理。负责建立和断开通信连接（数据流动的逻辑通路）。管理传输层以下的分层	如何建立连接，何时断开连接以及保持多久的连接
4	传输层	管理两个节点之间的数据传输。负责可靠传输（确保数据被可靠地传送到指定目标）	是否有数据丢失
3	网络层	地址管理与路由选择	经过哪个路由传到目标地址
2	数据链路层	互连设备之间传送和识别数据帧	数据帧与比特流之间的转换以及分段转发
1	物理层	以“0”和“1”代表电压的高低、灯光的闪灭。界定连接器和网络的规格	为数据端设备提供传送数据通路、传输数据

2. TCP/IP 参考模型

ISO 制定了开放系统互连标准，提出了 OSI 参考模型，世界上任何地方的系统只要遵循 OSI 标准即可进行相互通信。但 OSI 只是 ISO 提出的一个纯理论的、框架性的概念，是协议开发前设计的，是一种理论上的指导，具有通用性，而 TCP/IP 是另一种网络模型，它是 OSI 协议的实体化，它最早作为 ARPAnet 使用的网络体系结构和协议标准，是先有协议集然后建立模型。TCP/IP 参考模型因其开放性和易用性在实践中得到了广泛的应用，TCP/IP 协议栈也成为互联网的主流协议。目前国际上规模最大的计算机网络 Internet（因特网）就是以 TCP/IP 为基础的。

TCP/IP 参考模型是一系列网络协议的总称，这些协议的目的是使计算机之间可以进行信息交换。TCP（transmission control protocol）和 IP（internet protocol）只是其中最重要的 2 个协议，所以用 TCP/IP 来命名，它还包括 UDP、ICMP、IGMP、ARP/RARP 等其他协议。TCP/IP 参考模型自下到上划分为四层或五层，如图 2–22 所示。下层向上层提供能力，上层利用下层的能力提供更高的抽象。

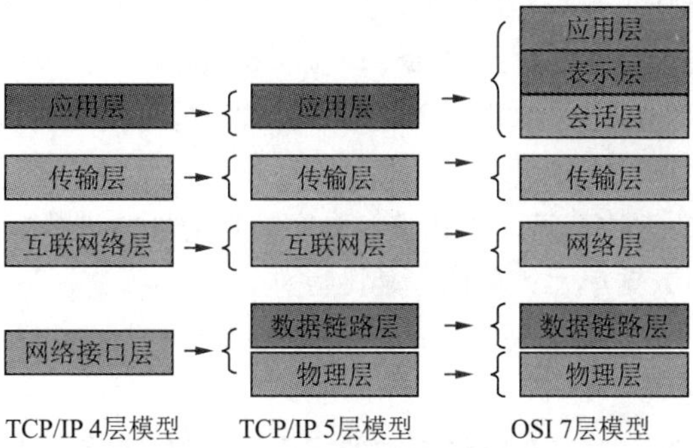

图 2–22　TCP/IP 模型

在 TCP/IP 4 层模型中，去掉了 OSI 参考模型中的会话层和表示层（这两层的功能被合并到应用层实现）。同时将 OSI 参考模型中的数据链路层和物理层合并为网络接口层。

（1）网络接口层

网络接口层与 OSI 参考模型中的物理层和数据链路层相对应。它负责监视数据在主机和网络之间的交换。

（2）互联网络层

互联网络层是整个 TCP/IP 协议栈的核心。它的功能是把分组发往目标网络或主机。同时，为了尽快地发送分组，可能需要沿不同的路径同时进行分组传递。因此，分组到达的顺序和发送的顺序可能不同，这就需要上层必须对分组进行排序。

互联网络层定义了分组格式和协议，即 IP 协议。

互联网络层除了需要完成路由的功能，还可以完成将不同类型的网络（异构网）互联的任务。除此之外，互联网络层还需要完成拥塞控制的功能。

（3）传输层

在 TCP/IP 参考模型中，传输层的功能是使源端主机和目标端主机上的对等实体可以进行会话。在传输层定义了两种服务质量不同的协议。即传输控制协议 TCP 和用户数据报协议 UDP（user datagram protocol）。

TCP 协议是一个面向连接的、可靠的协议。它将一台主机发出的字节流无差错地发往互联网上的其他主机。在发送端，它负责把上层传送下来的字节流分成报文段并传递给下层。在接收端，它负责把收到的报文进行重组后递交给上层。TCP 协议还要处理端到端的流量控制，以避免缓慢接收的接收方没有足够的缓冲区接收发送方发送的大量数据。

UDP 协议是一个不可靠的、无连接的协议，主要适用于不需要对报文进行排序和流量控制的场合。

（4）应用层

TCP/IP 参考模型将 OSI 参考模型中的会话层和表示层的功能合并到应用层实现。应用层面向不同的网络应用，引入了不同的应用层协议。其中，有基于 TCP 协议的，如文件传输协议（file transfer protocol，FTP）、虚拟终端协议（TELNET）、超文本传输协议（hyper text transfer protocol，HTTP），也有基于 UDP 协议的。

假如你给你的朋友发一个消息，数据开始传输，这时数据就要遵循 TCP/IP 协议。

① 应用层先把你的消息（文字、图片、视频等）进行格式转换和加密等操作，然后交给传输层。这时的数据单元（单位）是信息。

② 传输层将数据切割成一段一段的以便于传输，并往里加上一些标记，比如当前应用的端口号等，交给互联网络层。这时的数据单元（单位）是数据流。

③ 互联网络层再将数据进行分组，分组头部包含目标地址的 IP 及一些相关信息，交给物理层。这时的数据单元（单位）是分组。

④ 物理层将数据转换为比特流，查找主机真实物理地址并进行校验等操作，校验通过后，数据传往目的地。这时的数据单元（单位）是比特。

⑤ 到达目的地后，对方设备会将上面的顺序反向的操作一遍，最后呈现出来。

3. IP 协议与 IP 地址

IP 协议，又称网际协议，是 TCP/IP 体系中的网络层协议，它负责 Internet 上网络之间的通信，并规定了将数据从一个网络传输到另一个网络应遵循的规则，是 TCP/IP 协议的核心。

各个厂家生产的网络系统和设备，如以太网、分组交换网等，它们相互之间不能互通，不能互通的主要原因是因为它们所传送数据的基本单元（技术上称之为“帧”）的格式不同。IP 协议实际上是一套由软件、程序组成的协议软件，它把各种不同“帧”统一转换成“网协数据包”格式，这种转换是因特网的一个最重要的特点，使所有各种计算机都能在因特网上实现互通，即具有“开放性”的特点。

数据包也是分组交换的一种形式，就是把所传送的数据分段打成“包”，再传送出去。每个数据包都有报头和报文这两个部分，报头中有目的地址等必要内容，使每个数据包经过不同的路径都能准确地到达目的地。在目的地重新组合还原成原来发送的数据。这就要 IP 具有分组打包和集合组装的功能。

（1）IP 地址

IP 协议中还有一个非常重要的内容，就是为每台计算机都分配一个唯一的网络地址，这就是通常讲的 ip 地址。IP 地址是 IP 协议提供的一种统一的地址格式，它为互联网上的每一个网络和每一台主机分配一个逻辑地址，以此来屏蔽物理地址的差异。保证了用户在联网的计算机上操作时，能够高效且方便地从千千万万台计算机中选出自己所需的对象来。IP 地址就好像电话号码（地址码）：有了某人的电话号码，就能与他通话；有了某台主机的 IP 地址，就能与这台主机通信。

按照 TCP/IP 协议规定，IP 地址用二进制来表示，每个 IP 地址长 32 bit，就是 4 字节。一个采用二进制形式的 IP 地址是一串很长的数字，为了方便使用，IP 地址经常被写成十进制的形式，中间使用符号“.”分开不同的字节，如 32.233.189.104，IP 地址的这种表示法称为“点分十进制表示法”，这显然比 1 和 0 容易记忆得多。

IP 地址有 IPv4 和 IPv6 两个版本。IPv4 中，每个 IP 地址长 32 位，由网络标识和主机标识两部分组成，网络标识确定主机属于哪个网络，主机标识来区分同一网络内的不同计算机。互联网的 IP 地址可分为 5 类，常用的有 A、B、C 这 3 类，每类网络中 IP 地址的结构，即网络标识长度和主机标识长度都不一样。3 类 IP 地址见表 2–2。

表 2–2　3 类 IP 地址

IP 地址类型	第一字节（十进制）	固定最高位（二进制）	网络位（二进制）	主机位（二进制）
A 类	0 ~ 127	0	8	24
B 类	128 ~ 191	10	16	16
C 类	192 ~ 223	110	24	8

A 类 IP 地址由 1 字节（每个字节是 8 位）的网络地址和 3 字节主机地址组成，网络地址的最高位必须是“0”。

因此，A 类 IP 地址能表示的网络地址从 00000000 到 011111111，转换成十进制就是从 0 到 127，但是由于全 0 的网络地址用作保留地址，而 127 开头的网络地址用于循环测试，因此，A 类网络实际能表示的网络号范围是 1 ~ 126，也就是说可用的 A 类网络有 126 个。

剩下 3 字节都用于表示主机，理论上能表示的主机数就有 2^{24} 个，但是，因为全“0”和全“1”的主机地址也有特殊含义，不能作为有效的 IP 地址，所以 A 类网络能表示的主机数量实际为 16 777 214 个，由此可以看出 A 类地址适用于主机数量较多的大型网络。127.0.0.1 是一个特殊的 IP 地址，表示主机本身，用于本地机器上的测试和进程间的通信。

B 类 IP 地址适用于中型网络，由 2 字节的网络地址和 2 字节的主机地址组成，网络地址的最高位必须是“10”。B 类网络有 16 382 个，能表示的主机数是 65 534 个。

一个 C 类 IP 地址由 3 字节的网络地址和 1 字节的主机地址组成，网络地址的最高位必须是“110”。C 类网络为 209 万余个，每个网络能容纳的主机数只有 254 个。所以，C 类地址适用于小型网络。

（2）子网掩码

为了提高 IP 地址的使用效率，每一个网络又可以划分为多个子网。采用借位的方式，从主机最高位开始借位变为新的子网位，剩余部分仍为主机位。这使得 IP 地址的结构分为 3 部分，即网络位、子网位和主机位，如图 2–23 所示。

网络位	子网位	主机位

图 2–23　IP 地址结构

引入子网概念后，网络位加上子网位才能全局唯一地标识一个网络。把所有的网络位用 1 来标识，主机位用 0 来标识，就得到了子网掩码。A、B、C 这 3 类 IP 地址都有自己对应的子网掩码，见表 2–3。

表 2–3　A、B、C 这 3 类 IP 地址默认的子网掩码

IP 地址类型	子网掩码	子网掩码的二进制表示
A 类	255.0.0.0	11111111.00000000.00000000.00000000
B 类	255.255.0.0	11111111.11111111.00000000.00000000
C 类	255.255.255.0	11111111.11111111.11111111.00000000

如欲将 B 类 IP 地址 168.195.0.0 划分成若干子网，每个子网内有 450 台机器。B 类 IP 地址

默认的子网掩码是 255.255.0.0。450 台主机选用 9 位二进制位（2^9=512）表示主机号即可，因此，可以将 B 类 IP 地址子网掩码 11111111.11111111.00000000.00000000 中表示主机号的二进制位数由 16 位改成 9 位，子网掩码变为 11111111.11111111.11111110.00000000，换算成十进制数为 255.255.254.0。

子网掩码不能单独存在，它必须结合 IP 地址一起使用。子网掩码只有一个作用，就是将某个 IP 地址划分成网络地址和主机地址两部分。通过计算机的子网掩码可以判断两台计算机是否属于同一网段：将计算机十进制的 IP 地址和子网掩码转换为二进制的形式，然后进行二进制“与”（AND）计算（全 1 则得 1，不全 1 则得 0），如果得出的结果是相同的，那么这两台计算机就属于同一网段。

（3）公有 IP 与私有 IP

根据使用的效用，IP 地址可以分为公有 IP（public IP）和私有 IP（private IP）。前者在 Internet 全局有效，后者一般只能在局域网中使用。

① 公有 IP：已经在国际互联网络信息中心（Internet Network Information Center，InterNIC）注册的 IP 地址，称为公有 IP。拥有公有 IP 的主机可以在 Internet 上直接收发数据，公有 IP 在 Internet 上必定是唯一的。

② 私有 IP：仅在局域网内部有效的 IP 称为私有 IP。InterNIC 特别指定了某些范围内的 IP 地址作为专用的私有 IP。InterNIC 保留的私有 IP 为：

A 类：10.0.0.0……10.255.255.255。

B 类：172.16.0.0……172.16.255.255。

C 类：192.168.0.0……192.168.255.255。

在不与 Internet 连接的企业内部的局域网中，常使用私有地址，私有地址仅在局域网内部有效，虽然它们不能直接和 Internet 连接，但通过技术手段也可以和互联网进行通信。

IPv4 的地址位数为 32 位，只有大约 2^{32}（43 亿）个地址。近年来由于互联网的蓬勃发展，IP 地址的需求量越来越大，计算机网络进入人们的日常生活，可能身边的每一样东西都需要连入全球因特网。IP 地址已于 2011 年 2 月 3 日分配完毕，地址不足，严重地制约了互联网的应用和发展。另一方面，除了地址资源有限以外，IPv4 不支持服务质量，无法管理带宽和优先级，不能很好地支持现今越来越多的实时语音和视频应用，在这样的环境下，IPv6 应运而生。

IPv6 是 IP 的新版本，标准化工作始于 1991 年，主要部分在 1996 年完成，IPv6 采用 128 位地址长度，是 IPv4 的 4 倍，可分配的地址数量为 3.4×10^{38} 个，几乎可以不受限制地提供地址。IPv6 由 8 个地址节组成，每节包含 16 个地址位，以 8 个十六进制数书写，节与节之间用冒号分隔。

在 IPv6 的设计过程中除了解决地址短缺问题以外，其主要优势体现在扩大地址空间、提高网络的整体吞吐量、改善服务质量、安全性有更好的保证、支持即插即用和移动性、更好地实现多播功能等。

在我国，从整体上讲，IPv6 的技术已经成熟，标准也基本完善，一些网络基础设施和核心设备都已陆续开始支持其使用，但是在具体实施的问题上，目前还没有普遍推广，而是处于与 IPv4 相互并存和过渡的阶段。

（4）域名

尽管 IP 地址能够唯一地标记网络上的计算机，但 IP 地址是一长串数字，不直观，而且用户记忆十分不方便，于是人们又发明了另一套字符型的地址方案，即所谓的域名地址。

每个域名也由几部分组成，每部分称为域，域与域之间用圆点(.)隔开，最末的一组称为域根，前面的称为子域。一个域名通常包含 3 ~ 4 个子域。域名所表示的层次是从右到左逐渐降低的。例如：www.sjzc.edu.cn，其中 cn 是代表中国（顶级域名）；edu 代表教育机构（二级域名）；sjzc 代表石家庄学院（三级域名）；www 代表万维网。

IP 地址和域名是一一对应的，这份域名地址的信息存放在一个称为域名服务器 (domain name server，DNS) 的主机内，使用者只需了解易记的域名地址，其对应转换工作就留给了域名服务器。域名服务器就是提供 IP 地址和域名之间转换服务的服务器。

2.3.3 物联网

21 世纪以来，我们进入了物联网时代，物联网是互联网的延伸，目的是让万物互联。物联网（internet of things，IoT），字面翻译是“物体组成的因特网”，简要讲就是互联网从人向物的延伸。物联网将各种信息传感设备，如射频识别装置、红外感应器、全球定位系统、激光扫描器等种种装置与互联网结合起来，形成一个巨大网络。其目的是实现物与物、物与人、人与人、所有的物品与网络的连接，方便识别、管理和控制。物联网如图 2–24 所示。

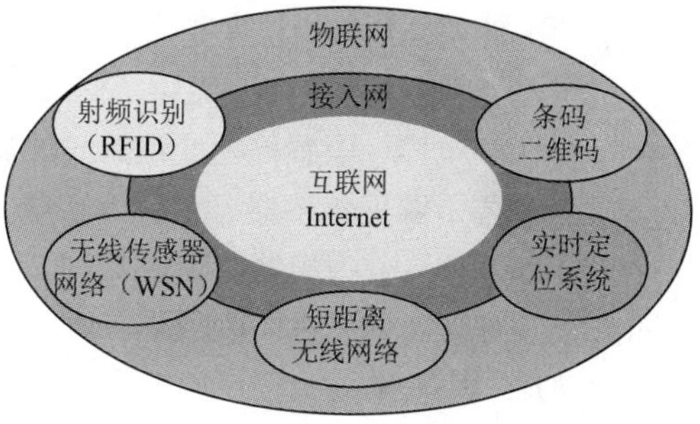

图 2–24 物联网

1. 物联网的基本特征

物与物、人与物之间的信息交互是物联网的核心。物联网的基本特征可概括为整体感知、可靠传输和智能处理。

2. 物联网体系架构

物联网作为一个系统网络，与其他网络一样，有其内部特有的架构。物联网系统有 3 个层次。一是感知层，即利用 RFID（radio frequency identification，射频识别）、传感器、二维码等随时随地获取物体的信息；二是网络层，通过各种电信网络与互联网的融合，将物体的信息实时准确地传递出去；三是应用层，把感知层得到的信息进行处理，实现智能化识别、定位、跟踪、监控和管理等实际应用。物联网架构图如图 2–25 所示。

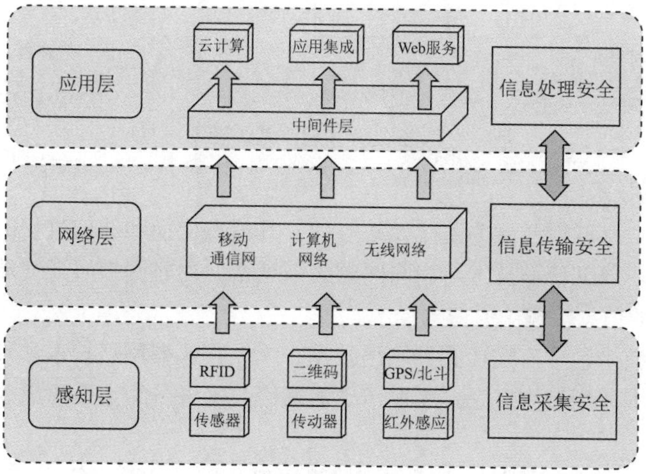

图 2–25 物联网架构图

3. 物联网的关键技术

物联网具有数据海量化、连接设备种类多样化、应用终端智能化等特点，其发展依赖于感知与传感器技术、识别技术、信息传输技术、信息处理技术、信息安全技术等诸多技术。

（1）传感器技术

传感器是物联网系统中的关键组成部分。物联网系统中的海量数据信息来源于终端设备，而终端设备数据来源可归根于传感器，传感器赋予了万物“感官”功能，如人类依靠视觉、听觉、嗅觉、触觉感知周围环境，同样物体通过各种传感器也能感知周围环境。且比人类感知更准确、感知范围更广。例如人类无法通过触觉准确感知某物体具体温度值，也无法感知上千摄氏度的高温，也不能辨别细微的温度变化。

传感器是将物理、化学、生物等信息变化按照某些规律转换成电参量（电压、电流、频率、相位、电阻、电容、电感等）变化的一种器件或装置。传感器种类繁多，按照被测量类型可分为温度传感器、湿度传感器、位移传感器、加速度传感器、压力传感器、流量传感器等。按照传感器工作原理可分为物理性传感器（基于力、热、声、光、电、磁等效应）、化学性传感器（基于化学反应原理）和生物性传感器（基于霉、抗体、激素等分子识别）。

（2）识别技术

对物理世界的识别是实现物联网全面感知的基础，常用的识别技术有二维码、RFID 标识、条形码等，涵盖物品识别、位置识别和地理识别。物联网的识别技术以 RFID 为基础。

RFID 是一种简单的无线系统，由一个询问器（或阅读器）和很多应答器（或标签）组成，如图 2-26 所示。标签由耦合元件及芯片组成，每个标签具有扩展词条唯一的电子编码，附着在物体上标识目标对象，它通过天线将射频信息传递给阅读器，阅读器就是读取信息的设备。RFID 技术让物品能够“开口说话”。这就赋予了物联网一个特性，即可跟踪性。就是说人们可以随时掌握物品的准确位置及其周边环境。该技术不仅无须识别系统与特定目标之间建立机械或光学接触，而且在许多恶劣的环境下也能进行信息的传输，因此在物联网的运行中有着重要的意义。

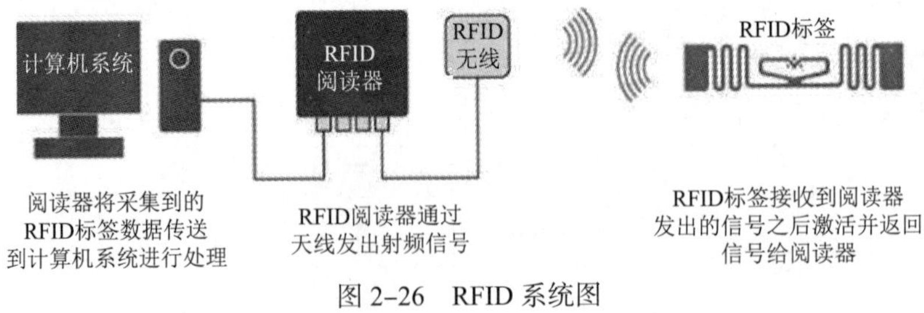

图 2-26　RFID 系统图

（3）信息传输技术

物联网技术是以互联网技术为基础及核心的，其信息交换和通信过程的完成也是基于互联网技术基础之上的。信息传输技术与物联网的关系紧密，物联网中海量终端连接、实时控制等技术离不开高速率的信息传输（通信）技术。

目前信息传输技术包含有线传感器网络技术、无线传感器网络技术和移动通信技术，其中无线传感器网络技术应用较为广泛。无线传感器网络技术又分为远距离无线传输技术和近距离无线传输技术。

① 远距离无线传输技术。远距离无线传输技术包括 2G、3G、4G、5G、NB-IoT、Sigfox、

LoRa，信号覆盖范围一般在几公里到几十公里，主要应用在远程数据的传输，如智能电表、智能物流、远程设备数据采集等。

② 近距离无线传输技术。近距离无线传输技术包括 NFC、UWB、RFID、红外、蓝牙、Wi-Fi，信号覆盖范围一般在几十厘米到几百米之间，主要应用在局域网，比如家庭网络、工厂车间联网、企业办公联网。低成本、低功耗和对等通信，是近距离无线通信技术的 3 个重要特征和优势。常见的近距离无线通信技术特征见表 2-4。

表 2-4　常见的近距离无线通信技术特征

项目	NFC	UWB	RFID	红外	蓝牙	Wi-Fi
连接时间	<0.1 ms	<0.1 ms	<0.1 ms	约 0.5 s	约 6 s	约 2 s
覆盖范围	长达 10 m	长达 10 m	长达 3 m	长达 5 m	长达 30 m	长达 100 m
使用场景	共享、进入、付费	数字家庭网络、超宽带视频传输	物品跟踪、门禁、手机钱包、高速公路收费	数据控制与交换	网络数据交换、耳机、无线联网	机场、酒店、商场等公共热点场所

③ 5G。尽管互联网在过去几十年中取得了很快发展，但其在应用领域的发展却受到限制。主要原因是现有的 4G 网络主要服务于人，连接网络的主要设备是智能手机，无法满足在智能驾驶、智能家居、智能医疗、智能产业、智能城市等其他各个领域的通信速度要求。

而物联网是一个不断增长的物理设备网络，它需要具有收集和共享大量信息 / 数据的能力，有海量的连接需求。不同的连接场景下，对速率、时延的要求也会有较为严苛的要求，需要有高效网络的支持才能充分发挥其潜力。

5G 是第五代移动通信技术的简称，峰值理论传输速率可达每秒数十吉字节，比 4G 网络的传输速率快数百倍。5G 网络就是为物联网时代服务的，相比可打电话的 2G、能够上网的 3G、满足移动互联网用户需求的 4G，5G 网络拥有大容量、高速率、低延迟三大特性。

5G 网络主要面向三类应用场景：移动宽带、海量物联网和任务关键性物联网，见表 2-5。为了更好地面向不同场景、不同需求的应用，5G 网络采用网络切片技术：将一个物理网络分成多个虚拟的逻辑网络，每一个虚拟网络对应不同的应用场景，如图 2-27 所示。

表 2-5　5G 网络应用场景

5G 应用场景	应用举例	需　求
移动宽带	4K/8K 超高清视频、全息技术、增强现实 / 虚拟现实	高容量、视频存储
海量物联网	海量传感器（部署于测量、建筑、农业、物流、智慧城市、家庭等）	大规模连接、大部分静止不动
任务关键性物联网	无人驾驶、自动工厂、智能电网等	低时延、高可靠性

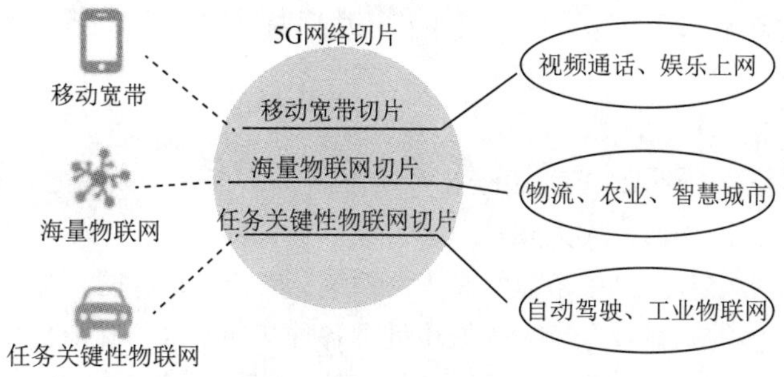

图 2-27　5G 网络切片

相对于4G网络，5G网络具备更加强大的通信和带宽能力，能够满足物联网应用高速稳定、覆盖面广等需求。

（4）信息处理技术

物联网采集的数据往往具有海量性、时效性、多态性等特点，给数据存储、数据查询、质量控制、智能处理等带来极大挑战。信息处理技术的目标是将传感器等识别设备采集的数据收集起来，通过信息挖掘等手段发现数据内在联系，发现新的信息，为用户下一步操作提供支持。当前的信息处理技术有云计算技术、智能信息处理技术等。

（5）信息安全技术

信息安全问题是互联网时代的十分重要的议题，安全和隐私问题同样是物联网发展面临的巨大挑战。物联网除面临一般信息网络所具有的如物理安全、运行安全、数据安全等问题外，还面临特有的威胁和攻击，如物理俘获、传输威胁、阻塞干扰、信息篡改等。保障物联网安全涉及防范非授权实体的识别，阻止未经授权的访问，保证物体位置及其他数据的保密性、可用性，保护个人隐私、商业机密和信息安全等诸多内容，这里涉及网络非集中管理方式下的用户身份验证技术、离散认证技术、云计算和云存储安全技术、高效数据加密和数据保护技术、隐私管理策略制定和实施技术等。

4. 物联网的应用

物联网的应用领域涉及方方面面，遍及智能交通、环境保护、政府工作、公共安全、平安家居、智能消防、工业监测、老人护理、个人健康、花卉栽培、水系监测、食品溯源、敌情侦查和情报搜集等多个领域。

（1）智能家居

智能家居是目前最流行的物联网应用。最先推出的产品是智能插座。相较于传统插座，智能插座的远程遥控、定时等功能让人耳目一新。随后出现了各种智能家电，把空调、洗衣机、冰箱、电饭锅、微波炉、电视、照明灯、监控、智能门锁等能联网的家电都连上网。如图2-28所示，智能家居的连接方式主要是以Wi-Fi为主，部分采用蓝牙，少量的采用NB-IoT、有线连接。智能家居产品的生产厂家较多，产品功能大同小异，大部分是私有协议，每个厂家的产品都要配套使用，不能与其他混用。

图2-28 智能家居

（2）智慧穿戴

智能穿戴设备已经有不少人拥有，最普遍的就是智能手环手表，还有智能眼镜、智能衣服、智能鞋等。连接方式基本都是基于蓝牙连接手机，数据通过智能穿戴设备上的传感器送给手机，再由手机送到服务器。

（3）车联网

车联网已经发展了很多年，之前由于技术的限制，一直处于原始的发展阶段。车联网的应用主要有几个方面：智能交通、无人驾驶、智慧停车、各种车载传感器应用。

智能交通已经发展多年，是一个非常庞大的系统，集合了物联网、人工智能、传感器技术、自动控制技术等于一体的高科技系统。为城市处理各种交通事故，疏散拥堵起到了重要作用。

无人驾驶是刚刚兴起的一门新技术，也是非常复杂的系统，主要的技术是物联网和人工智能，和智能交通有部分领域是融合的。

智慧停车和车载传感器应用，诸如智能车辆检测、智能报警、智能导航、智能锁车等。这方面技术含量相对较低，但也非常重要，这些应用能够为无人驾驶和智能交通提供服务。

（4）智能工业

智能工业包括智能物流，智能监控和智慧制造。

① 智能物流指的是以物联网、大数据、人工智能等信息技术为支撑，在物流的运输、仓储、包装、装卸搬运、流通加工、配送、信息服务等各个环节实现系统感知、全面分析、及时处理以及自我调整的功能。智慧物流的实现能大大地降低各相关行业运输的成本，提高运输效率，增加企业利润。

② 智能监控是一种防范能力较强的综合系统，主要由前端采集设备、传输网络、监控运营平台三块组成。实现监控领域（图像、视频、安全、调度）等相关方面的应用，通过视频、声音监控以其直观、准确、及时和信息内容，以实现物与物之间联动反应。例如，物联网监控校车运营，时时掌控乘车动态。校车监控系统可应用 RFID 身份识别、智能视频客流统计等技术，对乘车学生的考勤进行管理，并通过短信的形式通知学生家长或监管部门，实时掌握学生乘车信息。

③ 智能制造是将物联网技术融入工业生产的各个环节，大幅提高制造效率，改善产品质量，降低产品成本和资源消耗，将传统工业生产提升到智能制造的阶段。

（5）智能医疗

医疗行业成为采用物联网最快的行业之一。物联网将各种医疗设备有效连接起来，形成一个巨大的网络，实现了对物体信息的采集、传输和处理。物联网在智能医疗领域的应用有很多，主要包括：

① 远程医疗：即不用到医院，在家里就可以实现诊疗。通过物联网技术就可以获取患者的健康信息，并且将信息传送给医院的医生，医生可以对患者进行虚拟会诊，为患者完成病历分析、病情诊断，进一步确定治疗方案。这对解决医院看病难，排队时间长等问题有着很大的帮助，让处在偏远地区的百姓也能享受到优质的医疗资源。

② 医院物资管理：当医院的设施设备装置物联网卡后，利用物联网可以实时了解医疗设备的使用情况以及药品信息，并将信息传输给物联网管理平台，通过平台就可以实现对医疗设备和药品的管理和监控。物联网技术应用于医院管理可以有效提高医院运营管理效率，降低医院管理难度。

③ 移动医疗设备：移动医疗设备有很多，常见的智能健康手环就是其中的一种，并且已经得到了应用。

（6）智慧城市

物联网在智慧城市发展中的应用关系各个方面，从市政管理智能化、农业园林智能化、医疗智能化、楼宇智能化、交通智能化到旅游智能化及其他应用智能化等方面，均可应用物联网技术。

5. 物联网发展面临的问题

虽然物联网近年来的发展已经渐成规模，各个国家和地区都投入了巨大的人力、物力、财力来进行研究和开发。但是在技术、管理、成本、政策、安全等方面仍然存在许多需要攻克的难题，主要包括：

（1）技术标准问题

传统互联网的标准并不适合物联网。物联网核心层面基于 TCP/IP，但是在接入层，协议类型包括 GPS、短信、TD-SCDMA（时分同步码分多路访问）、有线等多个通道，物联网感知层的数据多源异构，不同的设备有不同的接口，不同的技术标准；网络层、应用层也由于使用的网络类型不同、行业的应用方向不同而存在不同的网络协议和体系结构。建立统一的物联网体系架构，统一的技术标准是物联网现在正在面对的难题。

（2）安全问题

物联网中的物品间联系更紧密，物品和人也连接起来，使得信息采集和交换设备大量使用，数据泄密成为越来越严重的问题，如何实现大量的数据及用户隐私的保护，成为亟待解决的问题。

（3）终端与地址问题

物联网终端除具有本身功能外，还拥有传感器和网络接入等功能，且不同行业需求各不相同。如何满足终端产品的多样化需求，对运营商来说是一项大的挑战。

另外，每个物品都需要在物联网中被寻址，因此物联网需要更多的 IP 地址。IPv4 向 IPv6 的过渡是一个漫长的过程，且存在 IPv4 的兼容性问题。

（4）成本问题

就目前来看，各个国家和地区对物联网都积极支持，在看似百花齐放的背后，能够真正投入并大规模使用的物联网项目少之又少。譬如，实现 RFID 技术最基本的电子标签及读卡器，其成本价格一直无法达到企业的预期，性价比不高；传感器网络是一种多跳自组织网络，极易遭到环境因素或人为因素的破坏，若要保证网络通畅，并能实时安全传送可靠信息，网络的维护成本高。在成本没有达到普遍可以接受的范围内，物联网的发展只能是空谈。

2.4 信息安全与网络安全

随着计算机技术的发展和互联网的扩大，计算机已成为人们生活和工作中所依赖的重要工具。但与此同时，计算机病毒及网络黑客对计算机网络的攻击也与日俱增，而且破坏性日益严重。计算机系统的安全问题，成为当今计算机研制人员和应用人员所面临的重大问题。

2.4.1 信息安全

随着网络信息时代的到来，信息通过网络共享，带来了方便及其安全隐患。网络安全指通过采取必要措施，防范对网络的攻击、侵入、干扰、破坏和非法使用以及意外事故，使网络处于稳定、可靠运行的状态，以及保障网络数据的完整性、保密性、可用性的能力。信息安全就是维持信息的保密性、完整性和可用性。

1. 安全指标

信息安全的指标可以从保密性、完整性、可用性、授权性、认证性及抗抵赖性几方面进行评价。

保密性：在加密技术的应用下，网络信息系统能够对申请访问的用户展开筛选，允许有权限的用户访问网络信息，而拒绝无权限用户的访问申请。

完整性：在加密、散列函数等多种信息技术的作用下，网络信息系统能够有效阻挡非法与垃圾信息，提升整个系统的安全性。

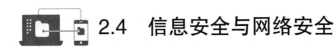

可用性：网络信息资源的可用性不仅仅是向终端用户提供有价值的信息资源，还能够在系

统遭受破坏时快速恢复信息资源，满足用户的使用需求。

授权性：在对网络信息资源进行访问之前，终端用户需要先获取系统的授权。授权能够明确用户的权限，这决定了用户能否对网络信息系统进行访问，是用户进一步操作各项信息数据的前提。

认证性：在当前技术条件下，认证方式主要有实体性的认证和数据源认证。之所以要在用户访问网络信息系统前展开认证，是为了让提供权限用户和拥有权限的用户为同一对象。

抗抵赖性：任何用户在使用网络信息资源的时候都会在系统中留下一定痕迹，操作用户无法否认自身在网络上的各项操作，整个操作过程均能够被有效记录。这样可以应对不法分子否认自身违法行为的情况，提升整个网络信息系统的安全性，创造更好的网络环境。

2. 安全防护策略

（1）数据库管理安全防范

在具体的计算机网络数据库安全管理中经常出现各类由于人为因素造成的计算机网络数据库安全隐患，对数据库安全造成了较大的不利影响。因此，计算机用户和管理者应能够依据不同风险因素采取有效控制防范措施，从意识上真正重视安全管理保护，加强计算机网络数据库的安全管理工作力度。

（2）加强安全防护意识

每个人在日常生活中都经常会用到各种用户登录信息，必须时刻保持警惕，提高自身安全意识，拒绝下载不明软件，禁止点击不明网址，提高账号密码安全等级，禁止多个账号使用同一密码等，加强自身安全防护能力。

（3）科学采用数据加密技术

对于计算机网络数据库安全管理工作而言，数据加密技术是一种有效手段，它能够最大限度地避免计算机系统受到病毒侵害，从而保护计算机网络数据库信息安全，进而保障相关用户的切身利益。数据加密技术的特点是隐蔽性和安全性，是指利用一些语言程序完成计算数据库或者数据的加密操作。当前应用的计算机数据加密技术主要有保密通信、防复制技术及计算机密钥等，这些加密技术各有利弊，对于保护用户信息数据具有重要的现实意义。需要注意的是，计算机系统存有庞大的数据信息，对每项数据进行加密保护显然不现实，这就需要利用层次划分法，依据不同信息的重要程度合理进行加密处理，确保重要数据信息不会被破坏和窃取。

（4）提高硬件质量

影响计算机网络信息安全的因素不仅有软件质量，还有硬件质量，并且两者之间存在一定区别。硬件系统在考虑安全性的基础上，还必须重视硬件的使用年限问题。硬件作为计算机的重要构成要件，具有随着使用时间增加其性能会逐渐降低的特点，用户应注意这一点，在日常使用中加强维护与修理。

（5）改善自然环境

改善自然环境是指改善计算机表面的灰尘、湿度及温度等使用环境。具体来说，就是在计算机的日常使用中定期清理其表面灰尘，保证其在干净的环境下工作，可有效避免计算机硬件老化；最好不要在温度过高和潮湿的环境中使用计算机，注重计算机的外部维护。

（6）安装防火墙和杀毒软件

防火墙能够有效控制计算机网络的访问权限。通过安装防火墙，可自动分析网络的安全性，将非法网站的访问拦截下来，过滤可能存在问题的消息，一定程度上增强了系统的抵御能力，提高了网络系统的安全指数。同时，还需要安装杀毒软件，这类软件可以拦截和中断系统中存在的病毒，对于提高计算机网络安全大有益处。

（7）加强计算机入侵检测技术的应用

入侵检测主要是针对数据传输安全检测的操作系统，通过 IDS（入侵检测系统）的使用，可以及时发现计算机与网络之间的异常现象，通过报警的形式给予使用者提示。为更好地发挥入侵检测技术的作用，通常在使用该技术时会辅以密码破解技术、数据分析技术等一系列技术，确保计算机网络安全。

（8）其他措施

为计算机网络安全提供保障的措施还包括提高账户的安全管理意识、加强网络监控技术的应用、加强计算机网络密码设置、安装系统漏洞补丁程序等。

3. 安全防御技术

（1）入侵检测技术

入侵检测技术是通信技术、密码技术等技术的综合体。合理利用入侵检测技术，用户能够及时了解到计算机中存在的各种安全威胁，并采取一定的措施进行处理，更加有效地保障计算机网络信息的安全性。

（2）防火墙及病毒防护技术

防火墙是一种能够有效保护计算机安全的重要技术，由软硬件设备组合而成。通过建立检测和监控系统来阻挡外部网络的入侵，有效控制外界因素对计算机系统的访问，确保计算机的保密性、稳定性以及安全性。病毒防护技术是指通过安装杀毒软件进行安全防御，并且及时更新软件，其主要作用是对计算机系统进行实时监控，同时防止病毒入侵计算机系统对其造成危害，将病毒进行截杀与消灭，实现对系统的安全防护。

（3）数字签名及生物识别技术

数字签名技术主要针对电子商务，有效地保证了信息传播过程中的保密性以及安全性，同时也能够避免计算机受到恶意攻击或侵袭等事件发生。生物识别技术是指通过对人体的特征识别来决定是否给予应用权利，主要包括指纹、视网膜、声音等方面。应用最为广泛的就是指纹识别技术。

（4）信息加密处理与访问控制技术

信息加密技术是指用户可以对需要进行保护的文件进行加密处理，设置有一定难度的复杂密码，并牢记密码保证其有效性。访问控制技术是指通过用户的自定义对某些信息进行访问权限设置，或者利用控制功能实现访问限制，能够使得用户信息被保护。

（5）病毒检测与清除技术

病毒检测技术是指通过技术手段判定出特定计算机病毒的一种技术。病毒清除技术是病毒检测技术发展的必然结果，是计算机病毒传染程序的一种逆过程。

（6）安全防护技术

安全防护技术包含网络防护技术［防火墙、UTM（统一威胁管理）、入侵检测防御等］、应用防护技术（如应用程序接口安全技术等）、系统防护技术（如防篡改、系统备份与恢复技术等），防止外部网络用户以非法手段进入内部网络，访问内部资源，保护内部网络操作环境的相关技术。

（7）安全审计技术

安全审计技术包含日志审计和行为审计，通过日志审计协助管理员在受到攻击后察看网络日志，从而评估网络配置的合理性、安全策略的有效性，追溯分析安全攻击轨迹，并能为实时防御提供手段。

（8）安全检测与监控技术

安全检测与监控技术是指对信息系统中的流量以及应用内容进行二至七层的检测并适度监管和控制，避免网络流量的滥用、垃圾信息和有害信息的传播。

（9）解密、加密技术

解密、加密技术是指在信息系统的传输过程或存储过程中进行信息数据的加密和解密。

（10）身份认证技术

身份认证技术是用来确定访问或介入信息系统用户或者设备身份的合法性的技术。典型的手段有用户名口令、身份识别、PKI（公钥基础设施）证书和生物认证等。

2.4.2 计算机病毒与防治

1. 计算机病毒

计算机病毒（computer virus）是一种人为特制的程序，不独立以文件形式存在，通过非授权入侵而隐藏在可执行程序或数据文件中，具有自我复制能力，可通过磁盘或网络传播到其他机器上，并造成计算机系统运行失常或导致整个系统瘫痪。

我国于 1994 年颁布的《中华人民共和国计算机系统安全保护条例》中对计算机病毒的定义如下：“计算机病毒，是指编制或者在计算机程序中插入的破坏计算机功能或者毁坏数据，影响计算机使用，并能自我复制的一组计算机指令或者程序代码。”

计算机病毒一般具有破坏性、传染性、潜伏性、隐蔽性、变种性等特征。

2. 计算机病毒的危害及症状

计算机病毒的危害及症状一般表现为以下一些情况如下：①它会导致内存受损，主要体现为占用内存，分支分配内存、修改内存与消耗内存，导致死机等；②破坏文件，具体表现为复制亦或颠倒内容，重命名、替换、删除内容，丢失个别程序代码、文件簇及数据文件，写入时间空白、假冒或者分割文件等；③影响计算机运行速度，例如“震荡波”病毒就会 100% 占用 CPU，导致计算机运行异常缓慢；④影响操作系统正常运行，例如频繁开关机等、强制启动某个软件、执行命令无反应等；⑤破坏硬盘内置数据、写入功能等。

3. 计算机病毒的预防与检测

（1）计算机病毒的传播途径

计算机病毒的传播主要有两种途径：一种途径是多个机器共享可移动存储器（如 U 盘、可移动硬盘等），一旦其中一台机器被病毒感染，病毒随着可移动存储器感染到其他的机器；另一种途径是网络传播，一旦使用的机器与病毒制造者传播病毒的机器联网，就可能被感染病毒，通过计算机网络上的电子邮件、下载文件、访问网络上的数据和程序时，计算机病毒也会得以传播。

（2）计算机病毒的预防

阻止病毒的入侵比病毒入侵后再去发现和清除重要得多。堵塞病毒的传播途径是阻止病毒入侵的最好方式。

预防计算机病毒的主要措施如下：

① 选择、安装经过公安部认证的防病毒软件，经常升级杀毒软件、更新计算机病毒特征代

码库以及定期对整个系统进行病毒检测、清除工作并启用防病毒软件的实时监控功能。

② 在计算机和互联网之间安装使用防火墙，提高系统的安全性；计算机不使用时，不要接入互联网。

③ 少用外来移动存储器，来历不明的软件、来历不明的邮件不要轻易打开，新的计算机软件应先经过检查再使用。

④ 系统中的数据盘和系统盘要定期进行备份，以便一旦染上病毒后能够尽快恢复数据。系统盘中不要装入用户程序或数据。

⑤ 除原始的系统盘外，尽量不用其他系统盘引导系统。

⑥ 对外来的移动存储器和网上下载的软件等都应该先查杀计算机病毒，然后再使用。不进行非法复制，不使用盗版光盘。

（3）计算机病毒检测技术

计算机病毒检测技术是指通过一定的技术手段判断计算机病毒的一种技术。通常，病毒存储于磁盘中，一旦激活就驻留在内存中，因此，计算机病毒的检测分为对内存的检测和对磁盘的检测。

（4）计算机病毒的清除和常见的防病毒软件

目前计算机病毒的破坏力越来越强，一旦发现病毒，应立即清除。一般使用防病毒软件，即常说的杀毒软件。防病毒软件（实质是病毒程序的逆程序）具有对特定种类病毒进行检测的功能，可查出数百种至数千种的病毒，且可同时清除。使用方便安全，一般不会因清除病毒而破坏系统中的正常数据。

防病毒软件的基本功能是监控系统、检查文件和清除病毒。检测病毒程序不仅可以采用特征扫描法，根据已知病毒的特征代码来确定病毒的存在与否，以便用来检测已经发现的病毒。还能采用虚拟机技术和启发式扫描方法来检测未知病毒和变种病毒。常用的防病毒软件有 360 杀毒软件、金山毒霸、瑞星杀毒软件等。

除了上述的防病毒软件以外，还有很多的防病毒软件，有些软件将预防、检测和清除病毒功能集于一身，功能越来越强。随着新品种计算机病毒的出现，防病毒软件也需要不断更新，以保护计算机不受病毒的危害。

2.4.3 防火墙技术

防火墙是一个由计算机硬件和软件组成的系统，部署于网络边界，是内部网络和外部网络之前的连接桥梁，同时对进出网络边界的数据进行保护，防止恶意入侵、恶意代码的传播等，以保障内部网络数据的安全，如图 2-29 所示。

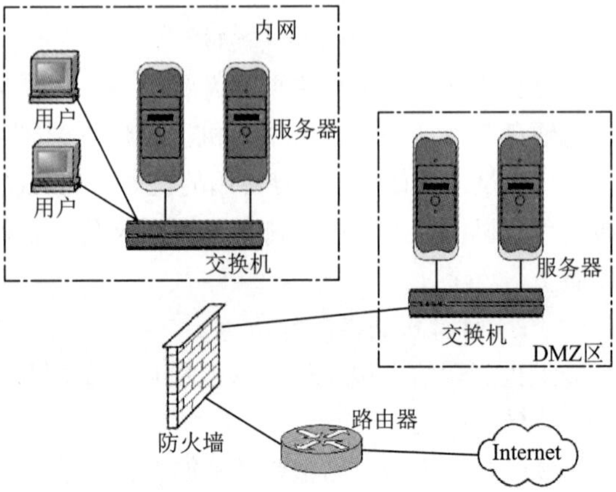

图 2-29 防火墙示意图

1. 防火墙的特征

通常意义下的防火墙具有以下 3 个方面的特征：

① 所有的网络数据流都必须经过防火墙。这是不同安全级别的网络或安全域之间的唯一通道。

② 防火墙是安全策略的检查站。只有被防火墙策略明确授权的通信才可以通过。

③ 防火墙系统自身具有高安全性和高可靠性。这是防火墙能担当企业内部网络安全防护重任的先决条件。

2. 防火墙的功能

防火墙的功能有：

① 过滤和管理作用，限定内部用户访问特殊站点，防止未授权用户访问内部网络；

② 保护和隔离作用，允许内部网络中的用户访问外部网络的服务和资源，不泄漏内部网络的数据和资源；

③ 日志和警告作用，记录通过防火墙的信息内容和活动，对网络攻击进行监测和报警。

巩固与练习

一、选择题

1. 计算机系统由（　　）组成。

A. 运算器、控制器、存储器、输入设备和输出设备

B. 主机和外围设备

C. 硬件系统和软件系统

D. 主机箱、显示器、键盘、鼠标、打印机

2. 组成计算机 CPU 的两大部件是（　　）。

A. 运算器和控制器　　B. 控制器和寄存器

C. 运算器和内存　　D. 控制器和内存

3. 任何程序都必须加载到（　　）中才能被 CPU 执行。

A. 磁盘　　B. 硬盘　　C. 内存　　D. 外存

4. 以下软件中，（　　）不是操作系统软件。

A. Windows　　B. UNIX　　C. Linux　　D. Microsoft Office

5. 计算机网络中，所有的计算机都连接到一个中心节点上，一个网络节点需要传输数据，首先传输到中心节点上，然后由中心节点转发到目的节点，这种连接结构被称为（　　）。

A. 总线结构　　B. 星形结构　　C. 环状结构　　D. 网状结构

6. （　　）是 Internet 的主要互联设备。

A. 交换机　　B. 集线器　　C. 路由器　　D. 调制解调器

7. 物联网的核心和基础是（　　）。

A. 无线通信网　　B. 传感器网络　　C. 互联网和物联网　　D. 有线通信网

8. 射频识别技术（RFID）由电子标签和阅读器组成。电子标签附着在需要标识的物品上，阅读器通过获取（　　）信息来识别目标物品。

A. 物品　　B. 条形码　　C. IC 卡　　D. 标签

9. 所谓“计算机病毒”的实质，是指（　　）。

A. 盘片发生了霉变

B. 隐藏在计算机中的一段程序，条件适合时就运行，破坏计算机的正常运行

C. 计算机硬件系统损坏，使计算机的电路时通时断

D. 计算机供电不稳定造成的计算机工作不稳定

10. 下列不属于计算机病毒特征的是（　　）。

A. 传染性　　B. 潜伏性　　C. 可预见性　　D. 破坏性

11. 信息安全的金三角是（　　）。

A. 可靠性、保密性和完整性　　B. 多样性、冗余性和可用性

C. 保密性、完整性和可用性　　D. 多样性、保密性和完整性

二、填空题

1. ________是计算机存放程序和数据的设备。

2. ________断电后，其中的程序和数据都会丢失。

3. ________是最基本的系统软件，直接管理计算机的所有硬件和软件资源。

4. ________允许多个终端用户同时共享一台计算机资源，彼此独立互不干扰。

5. 网络通信的三大要素包括：________、________和________。________是信息的发送方，________是信息的接收方，________是连接信源和信宿的通道，是信息的传送媒介。

6. 目前国际上规模最大的计算机网络 Internet（因特网）就是以________为基础的。

7. 按照 TCP/IP 协议规定，IP 地址用二进制来表示，每个 IPv4 地址长________位。IPv6 采用________位地址长度。

8. 物联网是在________基础上延伸和扩展的网络。物联网技术的重要基础和核心仍旧是________。

9. 物联网的基本特征可概括为________、________和________。

10. 信息安全的指标有________、________、________、授权性、认证性及抗抵赖性几个方面。

三、问答题

1. 详细介绍一下计算机硬件系统。

2. 系统软件有哪些？

3. 简述常见的网络拓扑结构及其优缺点。

4. 简述你对协议及协议分层的理解。

5. 谈一下你所熟悉的信息安全防护策略。

第 3 章 文字处理与排版软件 Word

人们在生活、工作中，经常要打印输出一些资料，比如宣传广告、工作文件、课程表等。Word 是一款功能强大且实用的文字处理软件，具有丰富的文字处理、文字编辑和图文混排等功能，还可以设置保留修改痕迹，实现多人协同编辑文档，对多人的修改进行比较、合并等修订审阅功能，能制作出图文并茂的各种学习、生活、办公和商业文档。

3.1 Word 基本应用

3.1.1 情境导入

小张是某旅游公司的职员，为做好本职工作，也为了把有文化古迹的景点推荐给客户，计划制作正定古城的宣传海报。设想如下：①宣传正定的古建筑；②介绍正定的美食。

3.1.2 相关知识

1. 手写输入

输入板模仿成一支笔进行书写，主要用来解决两个问题：一是输入生僻字或不认识的字；一是对电子文档进行手写签名。微软拼音输入法（2010 版）通过“输入板”提供了手写输入方式，如图 3–1 所示。单击它，将出现图 3–2 所示的窗口，在左边框输入手写字后，右边框就会显示相似的汉字供用户选择。

图 3–1　微软拼音输入法状态栏

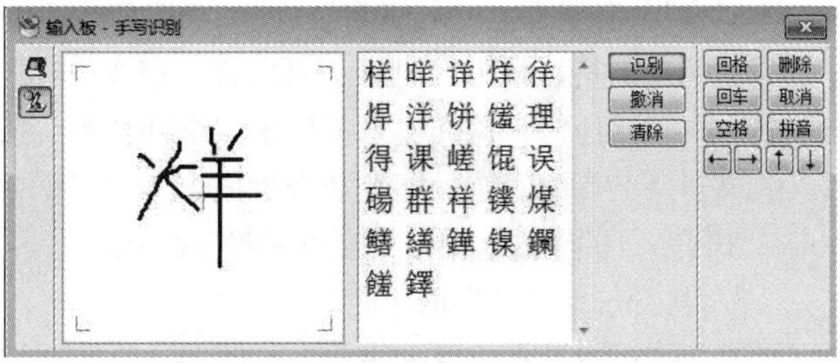

图 3–2　“输入板 – 手写识别”窗口

注意：文本输入有两种状态，即插入和改写。插入状态是输入的文字插入到插入点处。改写状态是输入的文字覆盖光标右面的现有内容。在 Word 2010 中，可以单击状态栏中的“改写”按钮或按键盘上的【Insert】键切换为“插入”或者“改写”。

2. 符号输入

（1）常用的标点符号

在中文标点输入状态下，可直接用键盘输入常用的标点符号，如按下英文句号【.】键，则输入为中文句号“。”；按下【\】键，则输入为顿号“、”；按下【Shift+<】或【Shift+ >】键，则输入为书名号“《”或“》”。

（2）特殊符号、数学符号、单位符号、希腊字母等

可以利用输入法状态栏中的软键盘。方法是：右击软键盘，在弹出的快捷菜单中选择字符类别，再选中需要的字符。

（3）图形符号输入

在 Word 2010 中，单击“插入”选项卡“符号”组中的“符号”按钮，选择其中的“其他符号”命令，在打开的“符号”对话框中进行操作，如图 3-3 所示。特别是 Wingdings、 Wingdings2、Wingdings3、 Webdings 等字体包含了多种图形符号。

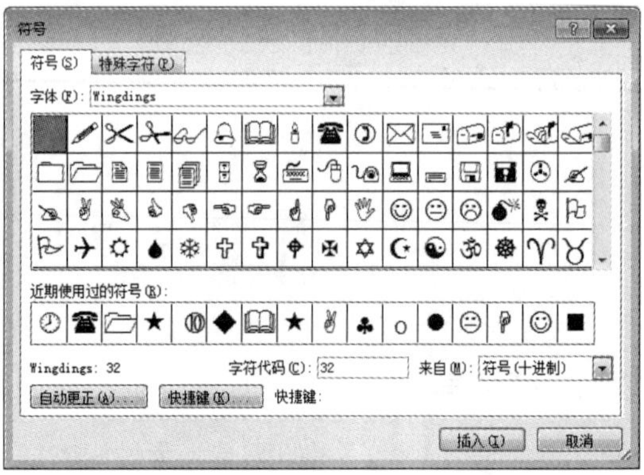

图 3-3 插入特殊符号、图形符号

3. 查找和替换

查找和替换功能使文档编辑效率更高。系统可以根据用户输入的查找或替换内容，在规定的范围内进行查找或替换，实现批量文字更换、删除、提取等功能。

（1）软回车、硬回车的替换

从网上获取的文字，由于网页制作软件功能的局限，文档中会出现一些非打印字符。软回车即手动换行符，硬回车即段落结束符。在 Word 2010 中，可以选择“开始”选项卡“编辑”组中的“替换”命令，弹出“查找和替换”对话框。在“查找内容”文本框中通过“特殊格式”列表选择“手动换行符”（^l），在“替换为”文本框中选择特殊格式“段落标记（^P）”，再单击“全部替换”按钮实现。

（2）多余空格、空行的删除

当文档中空格比较多的时候，可以在“查找内容”文本框中输入空格符号，在“替换为”文本框中不进行任何字符的输入，单击“全部替换”按钮将多余的空格删除；利用同样的方法可以解决多余空行的问题。即在“查找内容”文本框中输入段落符号，在“替换为”文本框中不进行任何字符的输入，单击“全部替换”按钮，将多余的空行删除。

（3）从身份证号中提取出生日期

以表 3-1 所示基本信息表为例，如图 3-4 所示在“查找内容”文本框中输入 ([0-9]{6})([0-9]{4})([0-9]{2})([0-9]{2})([0-9{3})([0-9, X]{1})，在“搜索选项”中选中“使用通配符”复选框，在“替换为”文本框中输入：\2 年 \3月 \4 日，单击“全部替换”按钮将完成批量从身份证号中

提取出生日期。效果见表 3-2。

表 3-1　基本信息表

日期	姓名	身份证号	出生日期	手机号
2022-5-1	王磊	930201200306052245	930201200306052245	12832565445
2022-5-1	王想	93263520010101004X	93263520010101004X	12832565487
2022-5-1	张良	930102200205050017	930102200205050017	12832565888

注：表中身份证号码、手机号已进行脱敏处理。

图 3-4　从身份证号中提取出生日期替换对话框

说明：“([0–9]{6})([0–9]{4})([0–9]{2})([0–9]{2})([0–9{3})([0–9，X]{4})”中，六对圆括号表示查找的内容可分成六段；在选中“使用通配符”复选框的情况下，[0–9] 表示该段字符是 0 ~ 9 之间的任意数字，[0–9,X] 表示该段字符是 0 ~ 9 之间的任意数字或是 X；{} 中的数字表示该段字符串的字符个数。“\2 年 \3 月 \4 日”表示提取所查找内容的第二段、第三段和第四段，并加上文字“年”“月”“日”。

（4）手机号码批量隐藏

以表 3-1 为例，选定“手机号”列，打开“查找和替换”对话框，如图 3–5 所示，在“查找内容”文本框中输入 ([0–9]{3})([0–9]{4})([0–9]{4})，在“搜索选项”中选中“使用通配符”复选框，在“替换为”文本框中输入：\1****\3，单击“全部替换”按钮将完成批量把手机号码中间 4 位数字用 * 代替。效果见表 3–2。

表 3-2　基本信息表（替换后效果）

日期	姓名	身份证号	出生日期	手机号
2022-5-1	王磊	930201200306052245	2003 年 06 月 05 日	128****5445
2022-5-1	王想	93263520010101004X	2001 年 01 月 01 日	128****5487
2022-5-1	张良	930102200205050017	2002 年 05 月 05 日	128****5888

图 3-5　隐藏部分手机号码

注：“\1****\3”表示提取所查找内容的第一段和第三段，并用“****”相连。

（5）带格式的查找替换

如把文中所有的“软工”替换为红色带有双下画线的“软件工程”。

在“替换为”文本框中输入目标文字“软件工程”，单击“更多”按钮（此时按钮标题变为“更少”），再单击“格式”按钮，选择“字体”，在“字体”对话框中设置字体颜色为红色，下画线线型为双下画线，单击“确定”按钮，如图 3-6 所示。

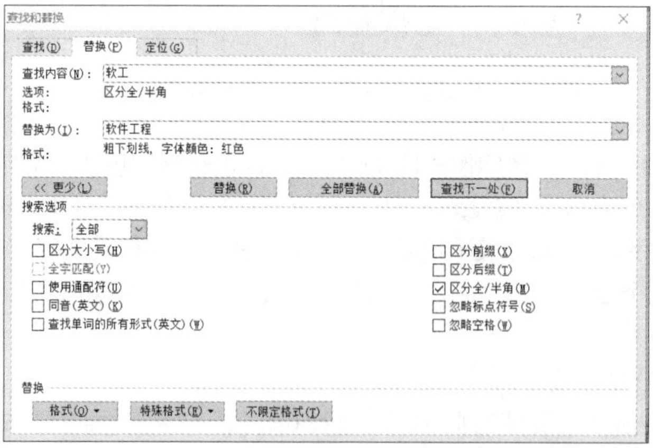

图 3-6　带格式的查找替换

单击“全部替换”按钮，则文档中所有满足条件的文字均被替换成目标文字。

提示：在单击“格式”按钮进行设置前，光标应定位在“替换为”文本框中，如果不小心把“查找内容”文本框中的文字进行了格式设置，可以单击“不限定格式”按钮来取消该格式，重新操作。

（6）使用查找替换方法使文档中所有图片居中

首先将光标定位在“查找”文本框里，单击“特殊格式”按钮，从快捷菜单中选择“图形”命令。然后将光标定位在替换框里，单击“格式”按钮，从快捷菜单中选择“段落”命令，在“查找段落”对话框中选择“居中”，单击“全部替换”按钮即可，如图 3-7 所示。

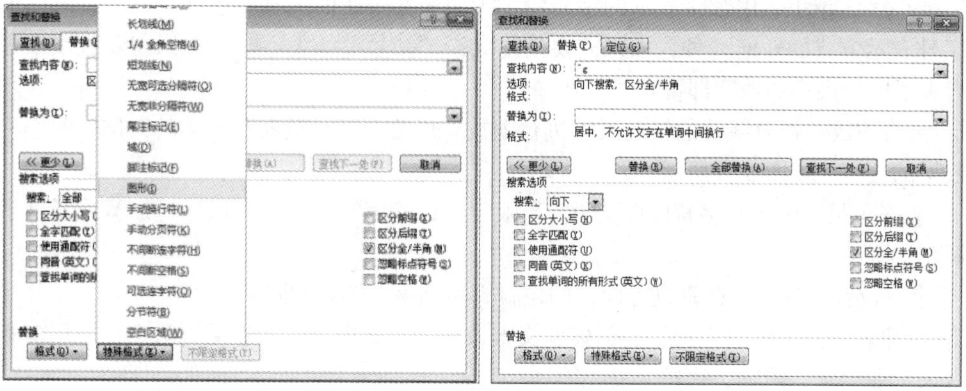

图 3-7 图片替换对话框

（7）通配符

常用的通配符见表 3-3。

表 3-3 常用的通配符

通 配 符	含 义	示 例
?	任意一个字符	s?t：可查找“sit”和“set”等。 河？省：可以查找“河北省”“河南省”等
*	任意字符串	s*d：可查找“sad”和“stand”等。 河 * 省：可以查找“河的南岸隶属湖南省”“河道的南边有两省”等
<	单词的开头	<(inter)：查找“interesting”和“internet”等
>	单词的结尾	(at)>：查找“sat”和“that”等
[]	指定字符之一	s[ie]t：可查找“sit”和“set”等。 [大中小]学：可查找“大学”、“中学”或“小学”，查找不到“求学”“开学”等
[-]	指定范围内任意单个字符	[0–9]：表示 0–9 中任意一个数字。 [r–t]ight：可查找“right”“sight”“tight”。[] 中必须用升序表示
[!x-z]	中括号内指定字符范围以外的任意单个字符	[!0–9]：表示除了 0–9 数字之外的任意一个字符。[!c–f]ay：可找到“bay”“gay”“lay”等，找不到“cay”“day”“eay”“fay”

4. 拼写和语法

Word 提供了自动拼写和语法检查功能，由拼写检查器和语法检查器来实现。用红色波形下画线表示可能的拼写问题，用绿色波形下画线表示可能的语法问题。

拼写检查的工作原理是读取文档中的每一个单词，与词典中已有的所有单词比较，若相同，就认为该单词是正确的；若不相同，屏幕显示词典中相似的单词，供用户选择；若是新单词，可添加到词典中；若是人名、地名、缩写，可忽略。

Word 对英文的拼写和语法检查的正确率较高，对中文校对作用不大；对语法检查也是针对英文有作用，如单复数、大小写等问题。

5. 字体设置

字体设置包括改变字符的字体、字号、颜色，以及设置粗体、斜体、下画线等修饰效果。在 Word 中，中文字体格式默认为宋体、五号字；西文字体为 Times New Roman、五号字等。

① 字号：字号有汉字数码表示和阿拉伯数字表示两种，其中汉字数码越小字体越大，阿拉伯数字越小字体越小，用数字表示的字号要多于用中文表示的字号。选择字号时，可以选择这两种字号表示方式的任何一种，如果需要使用大于“初号”的大字时，根据需要直接在字号框内输入表示字号大小的数字即可。

② 字符缩放：指对字符的横向尺寸进行缩放，以改变字符横向和纵向的比例，制作出具有特殊效果的文字，如图 3–8 所示。

③ 字符间距：标准的字符间距为 0。当限定一行的字符数时，可以通过加宽或紧缩字符间距来调整。

④ 字符位置：指字符在垂直方向上的位置，包括字符提升和降低。

⑤ 特殊效果：包括删除线、上下标、文本效果等。其中，文本效果可为文本应用多彩的艺术字效果，如轮廓、阴影、映像、发光等。

⑥ 认识汉字：如有不认识的汉字或词组，如“厍”、“靦”和“黄芪”等，可以选中汉字，单击“字体”组中的“拼音指南”按钮，打开“拼音指南”对话框，显示标注的拼音，如图 3–9 所示。

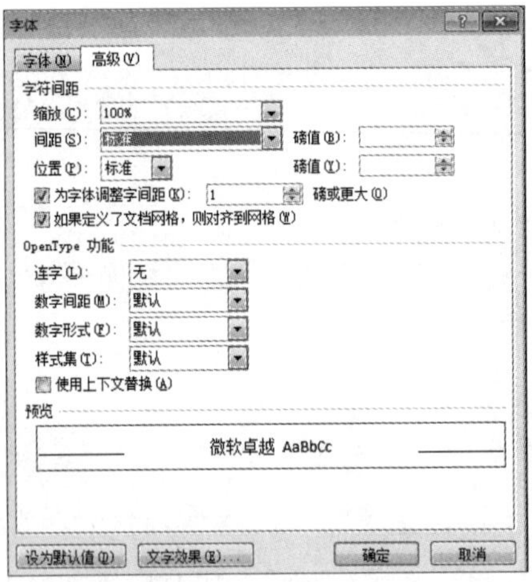

图 3–8 “字体”对话框

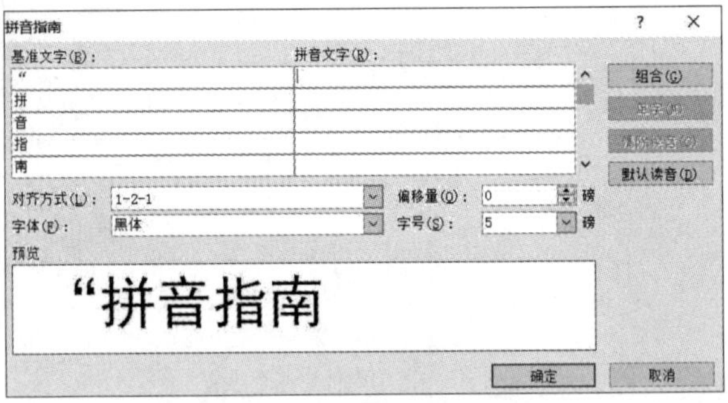

图 3–9 “拼音指南”对话框

6. 段落设置

首先将鼠标指针移到页面左侧页边距处，选定一行（单击）、一段（双击）、全部（三击或按【Ctrl+A】组合键）和任意内容（拖动鼠标）。当选定内容很长或跨页时，可以先单击欲选内容的开头，按住【Shift】键，再单击欲选内容的结尾。Word 2010 支持间隔选定文本块，方法是：按住【Ctrl】键，用鼠标分别拖动所选内容。也可以按住【Alt】键，拖出一块矩形区域，这一点对操作制表位数据尤为重要。

段落包括缩进、对齐、行间距、段间距等格式属性。段落缩进包括 4 种类型，如图 3–10 所示。

① 首行缩进，设置段落第一行的缩进量，默认为 2 个字符。

② 悬挂缩进，设置除第一行以外，其他各行的缩进量。

③ 左缩进，设置段落整体与页面左边的距离。

④ 右缩进，设置段落整体与页面右边的距离。

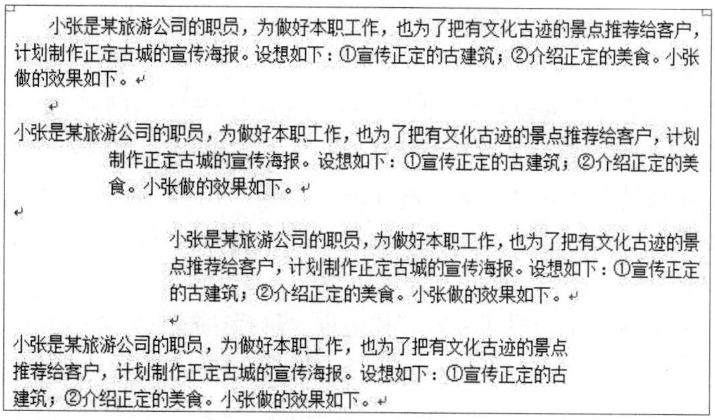
小张是某旅游公司的职员，为做好本职工作，也为了把有文化古迹的景点推荐给客户，计划制作正定古城的宣传海报。设想如下：①宣传正定的古建筑；②介绍正定的美食。小张做的效果如下。

小张是某旅游公司的职员，为做好本职工作，也为了把有文化古迹的景点推荐给客户，计划制作正定古城的宣传海报。设想如下：①宣传正定的古建筑；②介绍正定的美食。小张做的效果如下。

小张是某旅游公司的职员，为做好本职工作，也为了把有文化古迹的景点推荐给客户，计划制作正定古城的宣传海报。设想如下：①宣传正定的古建筑；②介绍正定的美食。小张做的效果如下。

小张是某旅游公司的职员，为做好本职工作，也为了把有文化古迹的景点推荐给客户，计划制作正定古城的宣传海报。设想如下：①宣传正定的古建筑；②介绍正定的美食。小张做的效果如下。

图 3-10　段落缩进示例

设置段落缩进，也可以通过水平标尺的缩进标记实现，如图 3-11 所示。

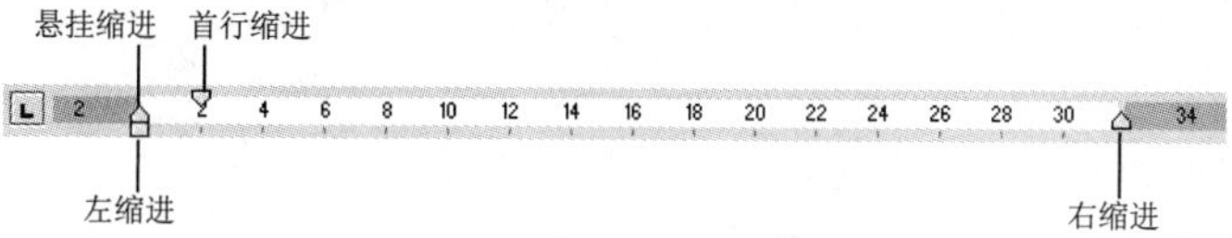

图 3-11　水平标尺缩进标记

7. 项目符号和编号

选择需要添加项目符号或编号的文字，单击“开始”选项卡“段落”组中的 3 个按钮。

（1）“项目符号”按钮

单击该按钮右边的下拉按钮，在弹出的“项目符号库”中选择预设的符号。单击“定义新项目符号”命令，打开“定义新项目符号”对话框，如图 3-12 所示，单击“符号”和“图片”按钮来选择符号的样式，可以自定义符号。如果是字符，可以通过单击“字体”按钮来进行格式化设置，如改变大小和颜色、加下画线等。

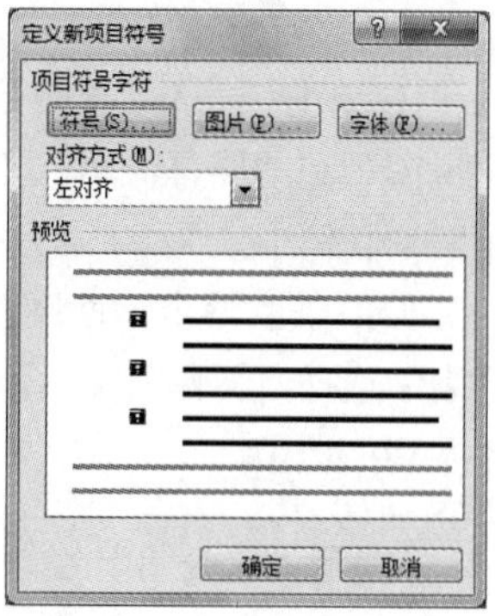

图 3-12　自定义项目符号

（2）“多级列表”按钮

多级列表可以清晰地表明各层次的关系。操作时选择要设置的文字，从列表库中选择样式，还可以通过“段落”组的“减少缩进量”按钮和“增加缩进量”按钮来确定层次关系。

要取消项目符号、编号和多级符号时，单击该按钮，在相应的库中单击“无”。

8. 强制分页

① 插入“分页符”，实现强行分页。选择“页面布局”选项卡“页面设置”组中的“分隔符”，从下拉列表中选择“分页符”命令。

② 插入“分节符”，是不同的内容分在不同的节里，不同的节可以有不用的排版效果。比如，不同的页眉页脚，不同的页面设置等。选择“页面布局”选项卡“页面设置”组中的“分隔符”，从下拉列表中选择“分节符”命令。

③ 显示 / 隐藏编辑标记。单击“开始”选项卡“段落”组中的“显示 / 隐藏编辑标记”按钮，可以看到段落标记、分节标记和分页标记等。删除分节标记或分页标记，可取消分节或

分页。需要说明的是，被删除分节符的节的页面格式将与前一节相同。

9. 边框和底纹

给文字、段落添加边框和底纹，也可以设置页面边框，起到强调和美观的作用。

选择“开始”选项卡“段落”组中的“底纹”和“框线”按钮，较复杂的则通过“边框和底纹”对话框来完成。选定段落，单击“开始”选项卡“段落”组下框线 ▾的下拉按钮，在下拉列表中选择“边框和底纹”命令，打开“边框和底纹”对话框，如图 3-13 所示，其中有“边框”、“页面边框”和“底纹”3 个选项卡。

①“边框”：用于对选定的段落或文字加边框。选择边框的类别、线型、颜色和线条宽度等。根据需要设置边框线，也可以通过“横线”按钮导入边框样式等。如果针对段落设置边框，可以在“边框和底纹”对话框中单击“选项”按钮改变边框与文字间的距离。

②“页面边框”：用于对页面或整个文档加边框。它的设置与“边框”选项卡类似，但增加了“艺术型”下拉列表框。

③“底纹”：用于对选定的段落或文字加底纹。其中，“填充”为底纹的背景色；“样式”为底纹的图案式样（如浅色上斜线）；“颜色”为底纹图案中点或线的颜色，如图 3-13 所示。

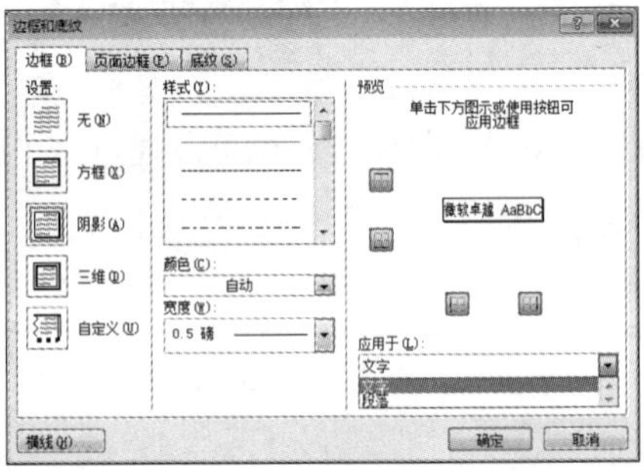

图 3-13 “边框和底纹”对话框

10. 插入插图

（1）插入屏幕截图

① 单击“插入”选项卡“插图”组中的“屏幕截图”按钮，在弹出的下拉列表中可以选择“可用视窗”和“屏幕剪辑”工具。也可以按【Alt+PrintScreen】组合键将当前窗口复制到剪贴板，粘贴到文档中。

如果获取整个桌面图像，单击“插入”选项卡“插图”组中的“屏幕截图”按钮，在下拉列表中选择“屏幕剪辑”命令，截取整个屏幕。也可以按【PrintScreen】键将桌面复制到剪贴板，粘贴到文档中。

> **提示：** 无论用什么截图工具截取的图片，或插入的图片，首先一定要改变图片的文字环绕方式，设成非嵌入式，否则对图片的位置、多张图片排版组合等无法操作。

② Windows 附件里自带的截取工具更方便，可以截取任意大小的图，并且能另存成不同类型的图片文件。

（2）设置图片格式

在 Word 2010 中，实现图文混排，使文章美观漂亮。对图片的操作主要用“图片工具”选项卡和右键快捷菜单中的对应命令来实现。“图片工具”选项卡如图 3-14 所示。

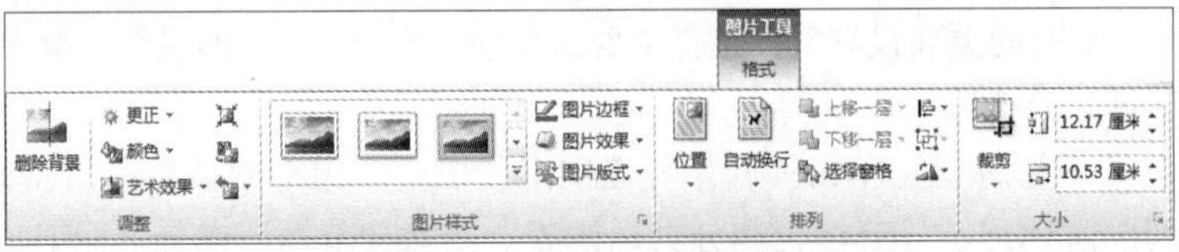

图 3-14 “图片工具”选项卡

若需要调整图片的大小，简单的方法是：单击图片，此时图片四周出现 8 个尺寸句柄，拖动可以实现图片缩放。也可以右击图片，从弹出的快捷菜单中选择“大小和位置”命令，打开“布局”对话框，在“大小”选项卡中操作，如图 3–15 所示。也可以在“图片工具”中“格式”选项卡“大小”组中进行设置、裁剪。

用同样的方法可以设置图片的位置，可以设置相对位置，也可以设置绝对位置。

插入图片后，文字和图片的关系可以通过文字环绕来改变。环绕方式分为 2 类：一类是将图片视为文字对象，与文档中的文字处于同一层次，占用实际位置，不能改变图片在文档页面中的位置，如“嵌入型”，这是默认的文字环绕方式；另一类是将图片与文字区别对待，如“四周型”“紧密型”“衬于文字下方”“浮于文字上方”“上下型”“穿越型”。

设置文字环绕方式有 2 种方法：一种是单击“图片工具”中“格式”选项卡“排列”组中的“自动换行”按钮，在下拉列表中选择需要的环绕方式；另一种是右击图片，在弹出的快捷菜单中选择“自动换行”或“大小与位置”命令，如图 3–16 所示。

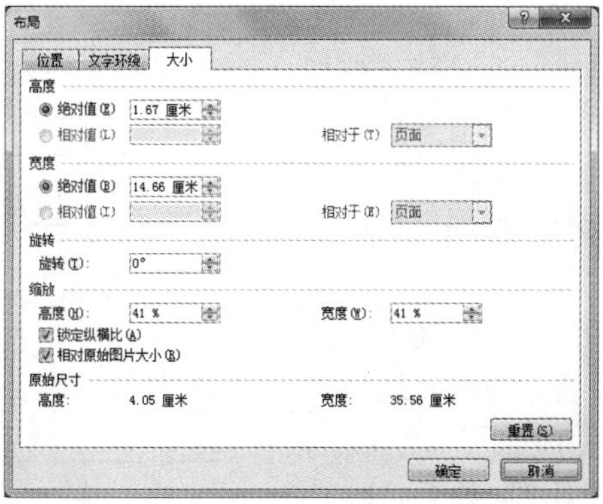

图 3–15　“布局”对话框设置图片大小

图 3–16　“自动换行”下拉列表

> **提示：** 如果文档中图片显示不全，只要将文字环绕方式由“嵌入型”改为其他任何一种方式即可。

11. 插入图形对象

Word 的“插入”选项卡“插图”组中可以插入形状、SmartArt 图形、公式等。

（1）形状

单击“插入”选项卡“插图”组中的“形状”按钮。在形状库中单击选择图标，然后将鼠标在文本区拖动。编辑形状格式时，选中形状，在“绘图工具”选项卡（见图 3–17）或右键快捷菜单中操作。

图 3–17　“绘图工具”选项卡

对形状最常用的操作有：缩放、旋转、添加文字、组合与取消组合、叠放次序、设置形状格式等。

① 缩放和旋转。单击图形，在图形四周会出现 8 个白色点和 1 个绿色圆点，拖动白色点可

以进行图形缩放，拖动绿色圆点可以进行图形旋转。

② 添加文字。右击选中图形，在弹出的快捷菜单中选择“添加文字”命令。这时光标就出现在选定的图形中，输入要添加的文字即可。这样输入的文字会变成图形的一部分，当移动图形时，图形中的文字也跟随移动。

③ 组合与取消组合。画出的多个图形如果要构成一个整体，以便同时编辑和移动，可以用先按住【Shift】键，再分别单击其他图形的方法来选定所有图形，然后移动鼠标至指针呈十字形箭头状时右击，在弹出的快捷菜单中选择“组合”命令。若要取消组合，右击图形，在弹出的快捷菜单中指向“组合”命令，在其级联菜单中选择“取消组合”命令即可。

④ 叠放次序。文档中的图形或图片有多种叠放的次序，有置于底层、置于顶层等，比如可以把图形或图片置于底层做文字背景。可以利用右键快捷菜单中的“叠放次序”命令改变图形的叠放次序。

绘制一个如图 3-18 所示的流程图，要求流程图各个部分组合为一个整体。

在 Word 2010 中，操作步骤如下：

新建一个空白文档，单击“插入”选项卡“插图”组中的“形状”下拉按钮，在形状库中选择“流程图”中的相应图形。第 1 个是“矩形”区的圆角矩形，画到文档中合适位置，并适当调整大小。右击图形，在弹出的快捷菜单中选择“添加文字”命令，在图形中输入文字“开始”。

然后单击“线条”区的单向箭头按钮↘，画出向下的箭头。单击“线条”区的直线按钮↘，画出向上、下、左、右的直线。

重复上面的操作，继续插入其他形状直至完成。

为了使做成的流程图更好，可以先调整显示比例，单击“视图”选项卡“显示比例”，打开“显示比例”对话框，调整“百分比”为 150 或 200 或合适的数值。

按住【Shift】键，依次单击所有图形，全部选中后，在图形中间右击，在弹出的快捷菜单中选择“组合”命令，将多个图形组合在一起。

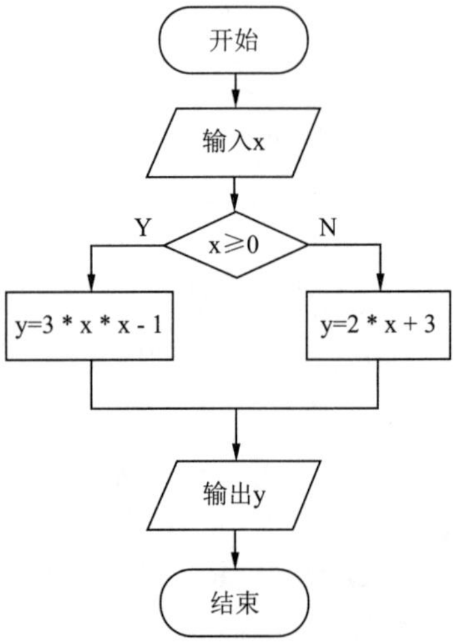

图 3-18 绘制流程图

注意：基本形状中包括横排和竖排文本框。这些工具可以方便地将文字放置到文档中的任意位置。设置格式时，右击对象的框，在弹出的快捷菜单中选择“设置形状格式”命令，在“设置形状格式”对话框“填充”选项卡和“线条颜色”选项卡中分别选择“无填充”和“无线条”等。当文本框中文字不可见时，可以调大文本框。

（2）SmartArt 图形

SmartArt 图形是 Word 中用来表示列表、流程、循环、层次、结构、关系、矩阵、棱锥图和图片等，每种类型下又有多个图形样式。

如用 SmartArt 图形绘制一个组织结构图，如图 3-19 所示。

① 在文档的相应位置，单击“插入”选项卡“插图”组中的 SmartArt 按钮，打开“选择 SmartArt 图形”对话框，在“层次结构”选项卡中选择“层次关系”。

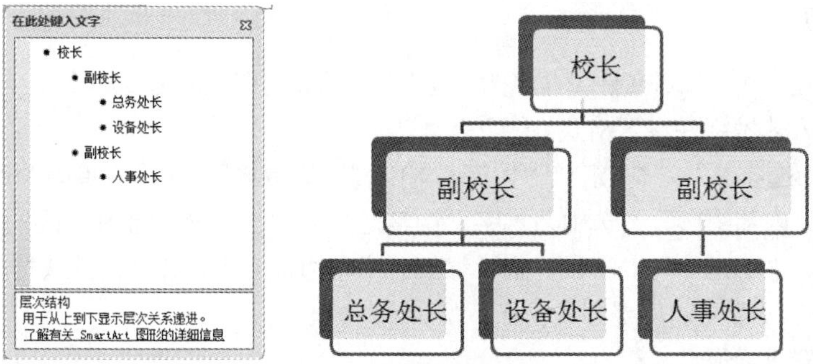

图 3–19　绘制 smart 图

② 单击各个“文本框”，直接输入“校长”“副校长”等，也可以用“创建图形”组中的“文本窗格”来输入文字。

③ 单击 SmartArt 图形可以用其“SmartArt 工具”选项卡完成设计和格式的编辑。比如添加形状、升级、降级，改变布局、设置样式、改变颜色。

提示：插入的 SmartArt 图形默认版式是嵌入式，若需改变位置或显示不全，需要改成非嵌入式。

12. 样式设置

对于论文等长文档，可以用“样式”工具统一段落的风格，并提高排版的效率。有系统提供的样式，也可以定义样式。

（1）建立样式

单击“开始”选项卡“样式”组右下角的对话框启动按钮，弹出“样式”任务窗格。单击左下角的“新建样式”按钮，打开“根据格式设置创建新样式”对话框。

（2）修改样式

在“样式”组里右击欲修改的样式，在弹出的快捷菜单中选择“修改”命令。

（3）应用样式

样式建立完成后，选择“开始”选项卡的“样式”组，在列表中可以看到新建的几种样式名称。将光标定位在应用样式处，单击所需的样式即可。

提示：当“样式”组中没有想用的样式时，可以打开“样式”对话框，单击“选项”，在“选择要显示的样式”下拉列表中选择“所有样式”命令。

13. 分栏

选择需要分栏的段落，选择“页面布局”选项卡的“页面设置”组中的“分栏”，在打开的“分栏”对话框中设置。

分栏排版不满一页时，会出现分栏长度不一致的情况，采用等长栏排版可使栏长一致。操作如下：首先将光标移到分栏文本的结尾处，然后单击“页面布局”选项卡“页面设置”组“分隔符”的下拉按钮，在下拉列表“分节符”区中选择“连续”。

提示：分栏操作只有在页面视图状态下才能看到效果；当分栏的段落是文档的最后一段时，为使分栏有效，必须在分栏前，在文档最后添加一个空段落（按【Enter】键产生）。

3.1.3 任务实现

步骤 1 新建一个 Word 文件，命名为“学号 + 姓名 + 正定古城 .docx”。

步骤 2 插入艺术字并设置格式。

单击“插入”选项卡“文本”组“艺术字”，输入“正定古城”，文字效果为“渐变填充 – 橙色，强调文字颜色 6，内部阴影”，选中艺术字，调整适当大小，单击“绘图工具”选项卡“排列”组“对齐”选择“左右居中”，将鼠标指针移到艺术字边框右击，在弹出的快捷菜单中选择“其他布局选项”命令设置文字环绕方式为上下型。

步骤 3 设置页面属性。

纸张大小：A4；纸张方向：纵向；页边距：左、右均为 3 厘米；上、下均为 2.5 厘米。左边装订线。

步骤 4 打开素材——正定古城 .docx 文件，把正文复制，粘贴到刚建的文件中。

步骤 5 新建“古城正文”样式。

单击“开始”选项卡“样式”组，右下角的对话框启动器按钮，打开“样式”对话框，单击左下角的“新建样式”，打开“根据格式设置创建新样式”对话框，输入样式名称“古城正文”，设置字体为仿宋，小四。单击右下角“格式”，将第 1 ~ 5 段首行缩进 2 个字符，段前段后 0 行，1.5 倍行距。

步骤 6 应用样式。

将光标定位在第一段，单击“开始”选项卡“样式”组的“古城正文”样式，再双击“开始”选项卡“剪贴板”组的“格式刷”，然后拖动鼠标将“古城正文”样式应用到文档中的正文文字部分。

步骤 7 设置段落格式。

选中第 2 ~ 5 段（“三山不见 ~ 木铎万事等”），单击“插入”选项卡“文本”组的“首字下沉”下按钮，选择“首字下沉选项”命令，打开“首字下沉”对话框，设置悬挂缩进 0.74 厘米。单击“开始”选项卡“段落”组的“项目符号”的下三角按钮，在首字前添加项目符号➢。样张效果如图 3–20 所示。

步骤 8 设置字体格式。

选中“阳和楼”，单击“开始”选项卡，在“字体”组设置文字为华文行楷，小二，文字效果为“渐变填充 – 灰色，轮廓灰色”，文字颜色改为蓝色。

步骤 9 格式刷的使用。

选中“阳和楼”，双击“格式刷”按钮，设置文字“隆兴寺”、“广惠寺华塔”、“开元寺须弥塔”、“天宁寺凌霄塔”、“临济寺澄灵塔”、“正定美食”和“游客信息”格式同“阳和楼”。

步骤 10 插入文本框并设置格式。

单击“插入”选项卡“文本”组“文本框”下三角按钮，在下拉菜单中选择“绘制竖排文本框”，在相应的位置拖动鼠标，绘出文本框，在文本框里输入

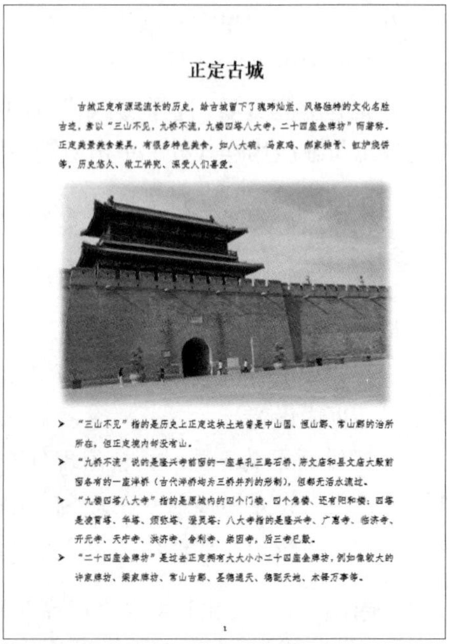

正定古城

古城正定有源远流长的历史，给古城留下了瑰玮灿烂、风格独特的文化名胜古迹，素以“三山不见，九桥不流，九楼四塔八大寺，二十四座金牌坊”而著称。正定美景美食兼具，有很多特色美食，如八大碗、马家鸡、郝家排骨、缸炉烧饼等，历史悠久、做工讲究、深受人们喜爱。

- ➢ “三山不见”指的是历史上正定这块土地曾是中山国、恒山郡、常山郡的治所所在，但正定境内却没有山。
- ➢ “九桥不流”说的是隆兴寺前面的一座单孔三路石桥、府文庙和县文庙大殿前面各有的一座泮桥（古代泮桥均为三桥并列的形制），但都无活水流过。
- ➢ “九楼四塔八大寺”指的是原城内的四个门楼、四个角楼、还有阳和楼；四塔是凌霄塔、华塔、须弥塔、澄灵塔；八大寺指的是隆兴寺、广惠寺、临济寺、开元寺、天宁寺、洪济寺、舍利寺、崇因寺，后三寺已毁。
- ➢ “二十四座金牌坊”是过去正定拥有大大小小二十四座金牌坊，例如像较大的许家牌坊、梁家牌坊、常山古郡、圣德通天、德配天地、木铎万事等。

1

图 3–20 样张第 1 页

文字“正定阳和楼”，用“格式刷”设置字体格式同“阳和楼”。右击文本框的边，在弹出的快捷菜单中选择“设置形状格式”命令，设置文本框无填充，轮廓无颜色，文本框内部间距左右上下均为 0 厘米，在“其他布局选项”设置四周型环绕，调整位置。在“字体”对话框的“高级”选项中设置字符间距加宽 5 磅。

步骤 11　插入图片并设置格式。

依次插入“图片素材”文件夹中的“正定南门.jpg”、“阳和楼.jpg”、“隆兴寺.jpg”、“广惠寺华塔.jpg”、“开元寺须弥塔.jpg”、“天宁寺凌霄塔.jpg”和“临济寺澄灵塔.jpg”，设置环绕方式为四周型、图片样式，调整大小及位置，可参见样例。

步骤 12　插入分隔符。

将光标定位在“《营造法式》里的一种做法。”后，单击“页面布局”选项卡“页面设置”组的“分隔符”下三角按钮，在下拉菜单中选择“分节符”中的“下一页”，插入分节符，将“隆兴寺”至正定美食前置于第 3、4 页。样张效果如图 3-21 所示。

步骤 13　设置分栏。

选择“页面布局”选项卡“页面设置”组的“分栏”下拉列表的“更多分栏”命令，打开“分栏”对话框，分 2 栏显示，显示分隔线。设置页边距上下 2.5 厘米，左右 2 厘米。

阳和楼

阳和楼位于河北省正定县城中心至南城门的中段，横跨正定城南门内南大街上。它始建于金末元初，元、明、清均有修葺。楼七楹、建立在高敞的砖台上，南面为正面，正中悬挂写有"阳和楼"的楷书大字牌匾。台下有圆拱洞门，左右各一，行人车马可以通行，其布局略似北京天安门端门。

阳和楼高 10 米，面阔 33 米，进进深 13.5 米，单檐琉璃瓦宫室建筑。平面呈长方形，共七间，中间五间敞开桁，两头各有好似钟鼓楼的单间，楼外东西各有碑亭一间。梁架结构最为精巧，椽间替木皆运用自如。当心间及次梢间梁柱间之接合，各个不同；在作风上着眼，值得注意的第一点是四角角柱之生起，非常显著，角柱头比平柱头高出约 23 厘米。第二点是阑额上之斫作假月梁形；月梁的做法在北方极不多见。屋脊两端微微的翘起也是《营造法式》里的一种做法。

正定阳和楼

2

图 3-21　样张第 2 页

步骤 14　设置首字下称。

将“隆兴寺”第一段去除首行缩进，单击“插入”选项卡“文本”组的“首字下沉”按钮，选择“首字下沉选项”命令，设置首字下沉 3 行。样张效果如图 3-22 所示。

隆兴寺

广惠寺华塔

开元寺须弥塔

天宁寺凌霄塔

临济寺澄灵塔

图 3-22　样张第 3、4 页

步骤 15 插入“分节符”。

将“正定美食”和“游客信息”等放在第 5 页。

步骤 16 插入 SmartArt 图形并设置格式。

单击“插入”选项卡“文本”组“SmartArt”，选择“图片”中的“垂直图片列表”，将“图片素材”文件夹中的美食图片插入其中，并复制粘贴相应文字。选中 SmartArt 图形，从“SmartArt 工具”的“设计”中选择更改图形颜色为“彩色范围 – 强调文字颜色 2 至 3”。设置为“细微效果”。

步骤 17 插入表格并设置格式。

选中“游客信息”的内容，选择“插入”选项卡“表格”下拉列表中的“文字转换成表格”命令，将“游客信息”内容自动转换成 6 列 5 行的表格，单击表格左上角的 ⊞，选中表格，从“表格工具”的“设计”和“布局”选项卡，设置居中显示，设置表格样式为“中等深浅底纹 1- 强调文字颜色 1”。表格字体为华文行楷，小四，姓名列加粗显示。

步骤 18 查找替换的应用。

单击“开始”选项卡“样式”组的“替换”按钮，利用查找替换功能，将第 3 列（出生年月）的身份证号改为出生年月。将手机号的中间 4 位隐藏为 *。

步骤 19 插入页码。

双击页脚，在页面底部插入格式为“普通数字 2”的页码。

步骤 20 插入超链接。

选中“走进正定”。右击从快捷菜单中选择“超链接”，链接地址 http://www.zd.gov.cn，样张效果如图 3-23 所示。

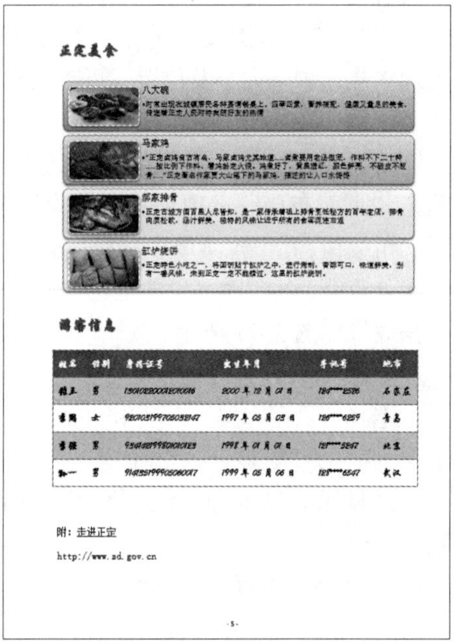

图 3-23 样张第 5 页

3.2 表格制作

3.2.1 情境导入

生活中常常需要处理诸如简历表、课程表、通讯录等数据信息，可以使用 Word 表格来完成。Word 表格主要用来实现对文字的布局，可以有条理地表达信息之间的互相关联，清晰、明了地进行信息的表示和比较，也可以进行简单的计算和排序，但对数据进行分析统计还是用 Excel 更方便。下面请你制作一个漂亮的成绩表吧。

3.2.2 相关知识

1. 插入表格

（1）插入规则表格

在 Word 2010 中，插入规则表格有 2 种方法：

① 选择“插入”选项卡的“表格”组，单击“表格”按钮，在虚拟表格中拖动鼠标，选择所需行数和列数，这种方法只能制作不超过 8 行 10 列的规则表格，如图 3–24 所示。

② 如果表格比较大，超过了 8 行 10 列，在图 3–24 中，选择“插入表格”命令，打开“插入表格”对话框，如图 3–25 所示，可以自定义表格大小。

图 3–24　插入表格

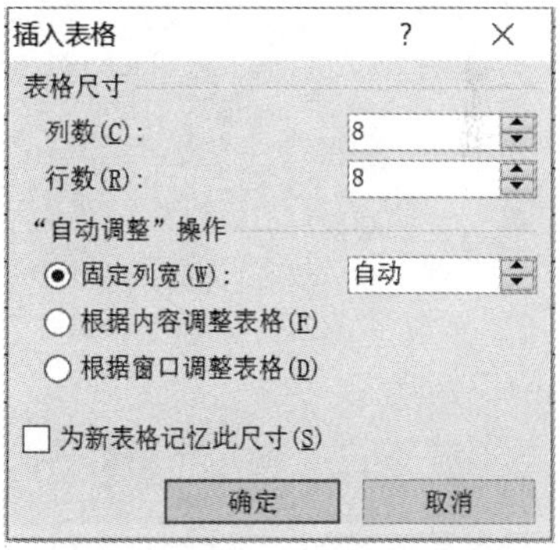

图 3–25　“插入表格”对话框

（2）建立不规则表格

在图 3–24 中，选择“绘制表格”命令，鼠标指针呈笔形状，可以绘制任意复杂的表格。也可以单击“插入”选项卡“表格”组中的“表格”按钮，在下拉列表中选择“绘制表格”命令。鼠标指针呈笔形状后，可直接绘制表格外框、行列线和斜线，完成后再单击“绘制表格”按钮，取消选定状态。绘制时，可根据需要选择表格线的线型、宽度和颜色等。对多余的线可利用“擦除”按钮，单击要擦除的线即可。

创建表格时，有时需要绘制斜线表头，即将表格中第 1 行第 1 个单元格用斜线分成几部分，每一部分对应于表格中行列的内容。对于表格中的斜线表头，可以利用“插入”选项卡“插图”组“形状”按钮下拉列表“线条”区中的直线和“基本形状”区中的“文本框”共同绘制完成，如图 3–26 所示。

科目 姓名	语文	数学	计算机
张丹	90	76	90
王凯	89	87	97

科目 成绩 姓名	语文	数学
张丹	87	97

图 3–26　斜线表头样例

（3）将文本转换成表格

有规律分隔的文本可以转换成表格，分隔符可以是空格、制表符、逗号或其他符号等。分隔符必须是英文或半角状态的。选定文本，单击“插入”选项卡“表格”组中的“表格”下三角按钮，在下拉列表中选择“文本转换成表格”命令，Word 自动匹配行列。

2. 表格内容

可以在表格的任意单元格中输入文字，也可以插入图片、图形、图表等内容。

输入时，按【Tab】键使光标往下一个单元格移动，按【Shift+Tab】键将光标移动到前一个单元格，也可以将鼠标直接指向所需的单元格后单击。

要设置表格单元格中文字的对齐方式，在 Word 2010 中，可选定文字，右击，在弹出的快捷菜单中指向“单元格对齐方式”，再选择需要的对齐方式，如图 3–27 所示。也可以分别设置文字在单元格中的水平对齐方式和垂直对齐方式。其中水平对齐方式可以利用“开始”选项卡“段落”组中的对齐按钮操作，垂直对齐方式则需要单击“表格工具”中“布局”选项卡“表”组中的“属性”按钮，打开“表格属性”对话框，在“单元格”选项卡中进行操作，如图 3–28 所示。其他设置，如字体、缩进等与前面介绍的文档排版操作方法相同。

图 3–27 单元格中文字的对齐方式

图 3–28 “单元格”选项卡

3. 编辑表格

在 Word 2010 中，主要使用“表格工具”中“布局”选项卡中的相应按钮（见图 3–29）或在右键快捷菜单中选择相应命令来完成。

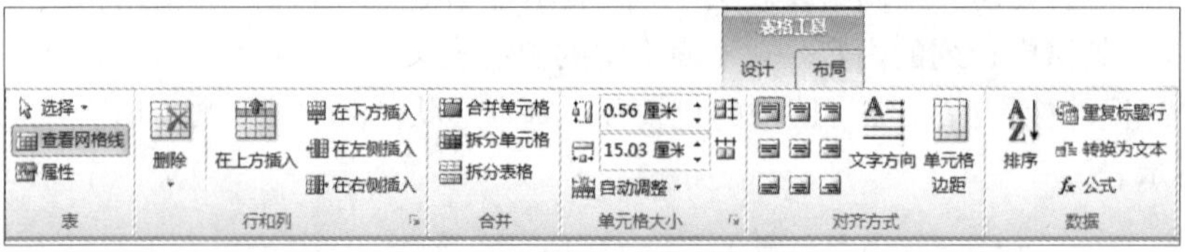

图 3–29 “表格工具”中“布局”选项卡中的按钮

（1）缩放表格

当光标位于表格中时，在表格的右下角会出现符号“□”句柄。当光标位于句柄上，变成箭头“↘”时，拖动句柄可以缩放表格。

（2）调整行高和列宽

根据不同情况有 3 种调整方法：

① 局部调整：可以采用拖动标尺或表格线的方法。

② 精确调整：在 Word 2010 中，选定表格，在“表格工具”中“布局”选项卡“单元格大小”组中的“高度”数值框和“宽度”数值框中设置具体的行高和列宽。或单击“表”组中的“属性”

按钮或在右键快捷菜单中选择“表格属性”命令，打开“表格属性”对话框，在“行”和“列”选项卡中进行相应设置。

③ 自动调整列宽和均匀分布：选定表格，单击“表格工具”中“布局”选项卡“单元格大小”组中“自动调整”的下拉按钮，在下拉列表中选择相应的调整方式。或在右键快捷菜单中选择“自动调整”中的相应命令。

（3）增加或删除行、列和单元格

增加或删除行、列和单元格可利用“表格工具”中“布局”选项卡“行和列”组中的相应按钮或在右键快捷菜单中选择相应命令。如果选定的是多行或多列，那么增加或删除的也是多行或多列。

可以选中要删除的表格，右击，在弹出的快捷菜单中选择“删除表格”命令或剪切完成。

注意：选定表格按【Delete】键，只能删除表格中的数据，不能删除表格。

（4）拆分和合并表格、单元格

在文字处理过程中，有时需要将一个表格拆分为两个表格，或者需要将单元格拆分、合并的情况。在 Word 2010 中，拆分表格的操作方法是，首先将光标移到表格将要拆分的位置，即第 2 个表格的第 1 行，然后单击“表格工具”中“布局”选项卡“合并”组中的“拆分表格”按钮，此时在两个表格中产生一个空行。删除这个空行，两个表格又合并成一个表格。

拆分单元格是指将一个单元格分为多个单元格，合并单元格则恰恰相反。在 Word 2010 中，拆分和合并单元格可以利用“表格工具”中“布局”选项卡“合并”组中的“拆分单元格”按钮和“合并单元格”按钮来完成。

（5）表格跨页操作

当表格比较大，需要 2 页及以上，即出现跨页的情况。可通过单击“表格工具”的“布局”选项卡“表”组中“属性”按钮，打开“表格属性”对话框，在“行”选项卡中选中“允许跨页断行”复选框，同时选中“在各页顶端以标题行形式重复出现”复选框来完成，如图 3-30 所示。

图 3-30　“行”选项卡

（6）自动套用表格格式

文字处理软件为用户提供了各种各样的表格样式，这些样式包括表格边框、底纹、字体、颜色的设置等，使用它们可以快速格式化表格。在 Word 2010 中，通过“表格工具”中“设计”选项卡“表格样式”组中的相应按钮来实现。

（7）边框与底纹

自定义表格外观，最常见的是为表格添加边框和底纹。使用边框和底纹可以使每个单元格或每行每列呈现出不同的风格，使表格更加清晰明了。文字处理软件提供了为表格添加边框和底纹的功能。

在 Word 2010 中，通过单击“表格工具”中“设计”选项卡“表格样式”组“边框”的下三角按钮，在下拉列表中选择“边框和底纹”命令，打开“边框和底纹”对话框进行操作，其设置方法与段落的边框和底纹设置类似，只是在“应用于”下拉列表框中选择“表格”选项。

（8）表格计算

在表格中可以通过 Word 提供的函数快速实现简单的计算，如求和、求平均值、统计等。常见的函数包括求和（SUM）、平均值（AVERAGE）、最大值（MAX）、最小值（MIN）、条件统计（IF）等。但是，与 Excel 电子表格处理软件相比，Word 表格计算的智能性比较差，当不同单元格进行同种操作时，必须重复编辑公式或调用函数，操作不简捷，效率低。最不方便的是当单元格的内容发生变化时，结果不能自动更新，还需要重复计算。

Word 2010 的表格计算是通过“表格工具”中“布局”选项卡“数据”组中的“公式”按钮 *fx* 来使用函数或直接输入计算公式来完成的。在计算过程中，要用到表格的单元格地址，它用字母加数字的方式来表示，其中字母表示单元格所在列号，每一列号依次用字母 A、B、C……表示，数字表示行号，每一行号依次用数字 1、2、3……表示，如 B3 表示第 2 列第 3 行的单元格。

单元格的引用有 2 种方式：

① 单元格 1: 单元格 2，表示从单元格 1 到单元格 2 矩形区域内的所有单元格。例如，a1:b3 表示 a1,b1,a2,b2,a3,b3 共 6 个单元格。

② 单元格 1, 单元格 2，表示所有列出来的单元格 1，单元格 2，如 a1,b3 表示 a1,b3 共 2 个单元格。

注意：“:”和“,”必须是英文的标点符号，否则会出现计算错误。

（9）表格排序

Word 可以根据数值、笔画、拼音、日期等方式对表格内容按升序或降序排列，也可以选择多列进行排序，即选择的第 1 列（称为主关键字）内容有多个相同的值时，可根据另一列（称为次要关键字）排序，依此类推，最多可选择 3 个关键字进行排序。

3.2.3 任务实现

步骤 1 创建一个带斜线表头的成绩表，表格中文字对齐方式为中部居中。

① 新建一个文档，输入“学生成绩表”作为标题，居中，四号字。单击“插入”选项卡“表格”组中的“表格”按钮，在下拉列表中的虚拟表格里移动光标，经过 4 行 4 列时，单击鼠标左键。在表格中任意一个单元格中单击，将光标移至表格右下角的符号“□”，当光标变成箭头 ⤡ 时，适当调整表格大小。

② 鼠标在第 1 个单元格中单击，单击“插入”选项卡“插图”组“形状”按钮，在“线条”区单击直线图标 ＼，在第 1 个单元格左上角按住鼠标左键拖动至右下角，绘制出表头斜线；然后单击“基本形状”区的横排文本框按钮，在单元格的适当位置绘制一个文本框，输入“科”字，然后右击该文本框，在弹出的快捷菜单中选择“设置形状格式”命令，打开“设置形状格式”对话框，在“填充”与“线条颜色”选项卡中分别选择“无填充”和“无线条”单选按钮，如图 3-31、图 3-32 所示。同样的方法制作出斜线表头中的“目”“姓”“名”等字。或选中已做好的文本框，按【Ctrl+C】键，将光标移动到合适位置按【Ctrl+V】键即可。

③ 在表格的单元格中输入相应内容，选定整个表格中，右击，在弹出的快捷菜单中指向“单元格对齐方式”命令，再选择“水平居中”命令，使表格中的文字中部居中。

步骤 2 设置学生成绩表的行高为 2 厘米，列宽为 3 厘米；在表格的底部添加“平均分”行，在表格的最右边添加“总分”列。

学生成绩表

科目 姓名	计算机	高数	物理
甲	90	89	86
乙	78	79	98
丙	94	90	91

图 3-31　斜线表头表格

图 3-32　斜线表头中文本框的处理

① 选定整个表格。单击“表格工具”中“布局”选项卡“单元格大小”组中的“高度”，调整为“2 厘米”或者直接输入“2 厘米”，同样，在“宽度”中设置“3 厘米”，按【Enter】键。调整一下斜线表头大小和位置。

② 选中最后一行，单击“表格工具”中“布局”选项卡“行和列”组中的“在下方插入”按钮（或者将光标置于最后一个单元格按【Tab】键，或者将光标到最后一行段落标记前按【Enter】键），在插入行的第 1 个单元格中输入“平均分”。

③ 选中最后一列，单击“表格工具”中“布局”选项卡“行和列”组中的“在右侧插入”按钮，在插入列的第 1 个单元格中输入“总分”。设置新增加的行和列中文字的对齐方式为水平居中。

步骤 3　计算每位学生的“总分”、每门课程的“平均分”（要求平均分保留 2 位小数），对表格进行排序（不包括“平均分”行）：先按总分降序排列，如果总分相同，再按计算机成绩降序排列。结果如图 3-33 所示。

① 计算总分。用鼠标单击存放第 1 个学生总分的单元格，单击“表格工具”中“布局”选项卡“数据”组中的“公式”按钮 *fx*，出现“公式”对话框，如图 3-34 所示。若公式是正确的，可以直接单击“确定”按钮；继续用鼠标单击第 2 位学生总分的单元格，重复相同的步骤。将公式括号中的内容进行更改，直接输入“LEFT”替换“ABOVE”，也可以选择用“B3,C3,D3”或“B3:D3”替换“ABOVE”，还可直接在公式框中输入“= B3+C3+D3”，公式框中的字母大小写均可；用同样的方法计算出第 3 位学生的总分。

学生成绩表

科目 姓名	计算机	高数	物理	总分
甲	94	90	91	275
乙	90	89	86	265
丙	78	79	98	255
平均分	87.33	86	91.67	265

图 3-33　表格计算和排序结果

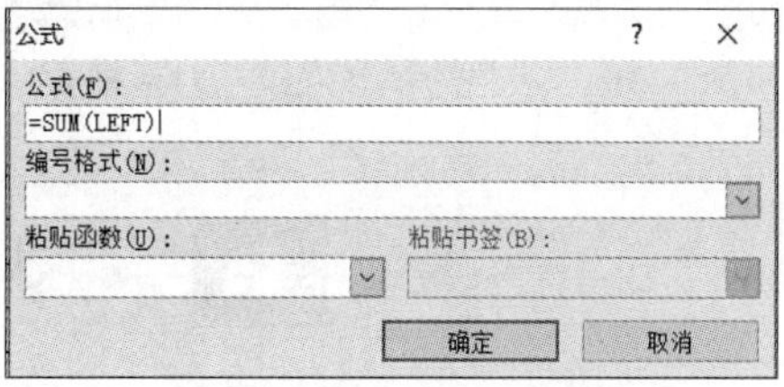

图 3-34　“公式”对话框

② 计算平均分与总分类似，选择的函数是“AVERAGE”。也可以在弹出的公式对话框的相应位置直接输入函数名。

③ 表格排序。选定表格前 4 行，单击“表格工具”中“布局”选项卡“数据”组中的“排序”按钮。在“排序”对话框中选择“主要关键字”和“次要关键字”以及相应的排序方式，如图 3–35 所示。

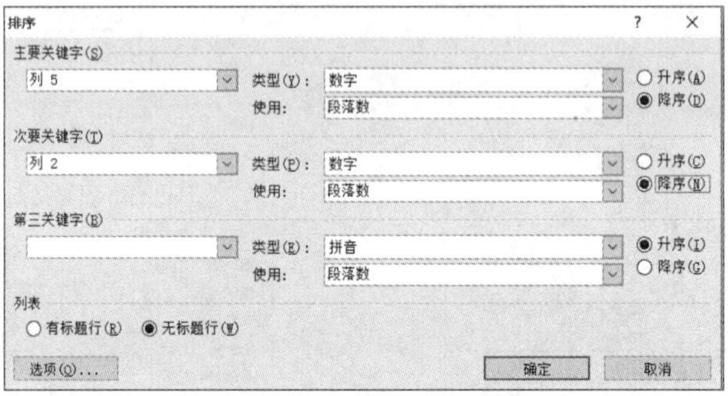

图 3–35 “排序”对话框

步骤 4 设置边框和底纹。

设置表格外框为 1.5 磅实单线，内框为 1.0 磅实单线。

① 选定表格，单击“表格工具”中“设计”选项卡“表格样式”组中“边框”的下三角按钮，在下拉列表中选择“边框和底纹”命令，在打开的“边框和底纹”对话框中单击“边框”选项卡，在“样式”列表框中选择实单线，“宽度”下拉列表框中选择“1.5 磅”，在预览区中单击示意图的 4 条外边框；再在“宽度”下拉列表框中选择“1.0 磅”，在预览区中单击示意图的中心点，生成十字形的两个内框，如图 3–36 所示。设置边框时除单击示意图外，也可以使用其周边的按钮。

② 选定平均分这一行，单击“表格工具”中“设计”选项卡“表格样式”组中“边框”下三角按钮，在下拉列表中选择“边框和底纹”命令，在“边框和底纹”对话框中单击“底纹”选项卡，在“填充”下拉列表框“标准色”区中选择红色，“应用于”下拉列表框中选择“文字”选项，然后单击“确定”按钮。效果如图 3–37 所示。

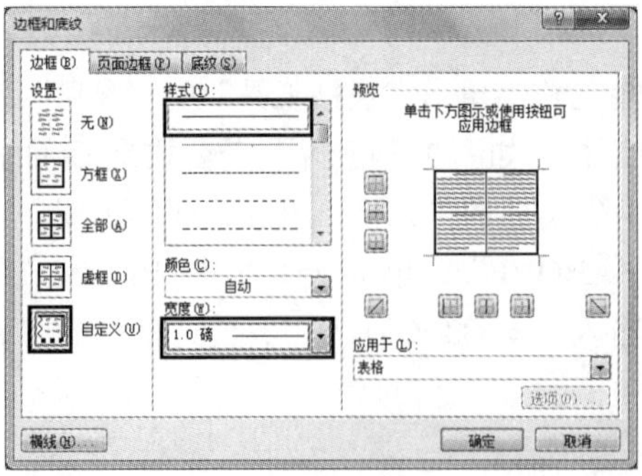

图 3–36 “表格边框和底纹”对话框

学生成绩表

科目 姓名	计算机	高数	物理	总分
甲	94	90	91	275
乙	90	89	86	265
丙	78	79	98	255
平均分	87.33	86	91.67	265

图 3–37 表格加边框和底纹的效果

3.3 邮 件 合 并

3.3.1 情境导入

学校图书馆的王老师主管行政事务，每年新生入学等需要制作大量的借阅证。请你用 Word

提供的邮件合并功能，帮王老师完成“借阅证”的制作。要求制作的借阅证大小合适，有本校的明显特征、内容简明、版式美观，完成效果如图 3–38 所示。

图 3–38　学校借阅证效果图

3.3.2　相关知识

1. Word 的邮件合并功能

“邮件合并”是将一组变化的信息（如每位学生的姓名、学号、院系等）逐条插入一个包含有模板内容的 Word 文档中，从而批量生成需要的文档，大大提高工作效率。

包含有模板内容的 Word 文档称为邮件文档（又称主文档），而包含变化信息的文件称为数据源（又称收件人），数据源可以是 Word 及 Excel 表格、Access 数据表等。

在进行带有图片的邮件合并时还需要注意以下几点：

① 创建主文档时一定要考虑如何写才能与数据源更完美地结合，满足用户的要求（最基本的一点，就是在合适的位置留下数据填充的空间）。

② 数据源表格中一定不要有标题行。

③ 图片插入时使用【Alt+F9】组合键可以实现图片与源代码之间的切换，而按【F9】键可以实现图片刷新，在更改图片源代码时，一定要添加图片文件的扩展名。

④ 主文档建好后，一定要与图片保存在一个文件夹中，才能顺利刷新出图片。

⑤ 如果将图片作为合并域插入邮件文档中，需要注意的是，图片需要存放在与邮件合并主文档的同一个文件夹或下一级文件夹中。

2. Word 的邮件合并操作步骤

实现邮件合并有 2 种方式：采用“邮件合并分步向导”或者使用“邮件”功能区来执行邮件合并。

邮件合并分步向导是 Word 中提供的一个向导式邮件合并工具，通过采用交互方式，引导用户按系统设计好的步骤分步完成信函、电子邮件、信封、标签或目录的邮件合并工作。选择“邮件”选项卡“开始邮件合并”组的“开始邮件合并”下拉列表中的“邮件合并分步向导”命令，在文档窗口的右边将出现“邮件合并”任务窗格，可根据提示完成选择数据源文件、插入合并域、预览信函和完成合并等操作，最终生成邮件合并文件。

3. Excel 的名称定义

在 Excel 中，工作表中可能有些区域的数据使用频率比较高，在这种情形下，可以将这些数据定义为名称（如“邮件合并成绩区域”），由相应的名称（“邮件合并成绩区域”）来代替这些数据，这样可以让操作更加便捷，提高工作效率。

4. Word 域

Word 域的含义：Word 域的英文意思是范围，类似数据库中的字段，实际上，它就是 Word 文档中的一些字段。每个 Word 域都有一个唯一的名字，有不同的取值。使用 Word 排版时，若能熟练使用 Word 域，可增强排版的灵活性，减少许多烦琐的重复操作，提高工作效率。

3.3.3 任务实现

步骤 1 素材准备。

① 借阅证主文档（借阅证模板 .docx）。这是在邮件合并的过程中信息不发生改变的部分，它决定着整个借阅证最终的外观和其中所包含的内容，完成效果可参照图 3–39。

② Excel 数据源。这是在邮件合并过程中需要的数据来源，比如姓名、学号、班级、院系等具体数据，一般放在 Excel 工作簿“学生基本信息 .xlsx”的“Sheet1”工作表中，方便后期操作。

注意： Excel 工作表中第 1 行必须是字段名，不要有标题，否则“邮件合并”时容易出现错误，造成不便。

步骤 2 邮件合并。

（1）建立借阅证主文档与“学生基本信息”的链接

注意： 一定要让借阅证主文档和照片在同一个文件夹中，比如都在 d:\yjhb 下。

选择“邮件”选项卡“开始邮件合并”组“开始邮件合并”下拉列表中的“邮件合并分布向导”命令，如图 3–40 所示。

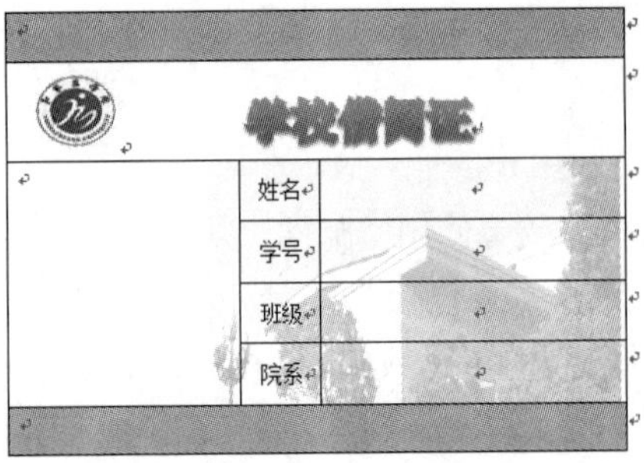

图 3–39 借阅证主文档

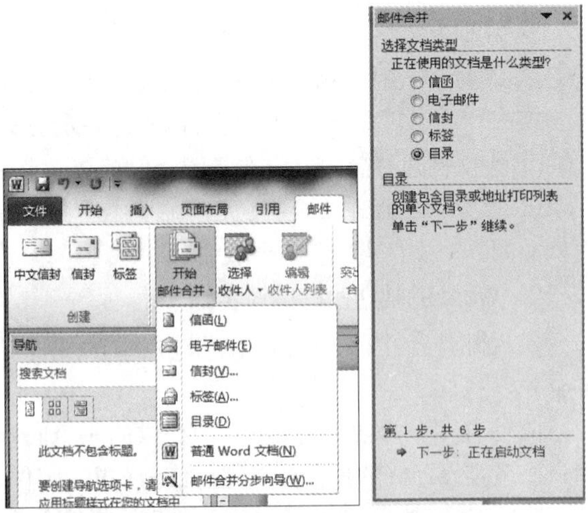

图 3–40 “邮件合并分布向导”对话框

在弹出的“邮件合并”对话框中“选择文档类型”选项组中选中“目录”单选按钮，单击“下一步：开始文档”命令。选择开始文档：“使用当前文档”，单击“下一步：选择收件人”命令；选择收件人：“使用现有列表”；使用现有人列表：单击“浏览”；在弹出的“选择数据源”对话框中，打开“学生信息表. xlsx”文件中的“Sheet1”工作表，主文档与数据源文件链接完成（数据源一定要处于关闭状态）。

（2）插入合并域与嵌套域

① 插入合并域。将插入点光标定位至“姓名”右侧单元格，在“邮件”选项卡“编写和插入域”组“插入合并域”下拉列表中依次单击插入“姓名”“学号”“班级”“院系”。

② 插入照片嵌套域。将光标定位在照片单元格。选择“插入”选项卡“文本”组“文档部件”下拉列表中“域”命令，打开“域”对话框，在“类别”下拉列表框中选择“链接和引用”命令，在“域名”列表框中选择“IncludePicture”选项，选中“更新时保留原格式”复选框，单击“确定”按钮，在“文件名或 URL”文本框中输入任意占位文本，例如“X”，单击“确定”按钮完成域的插入，如图 3–41 所示。

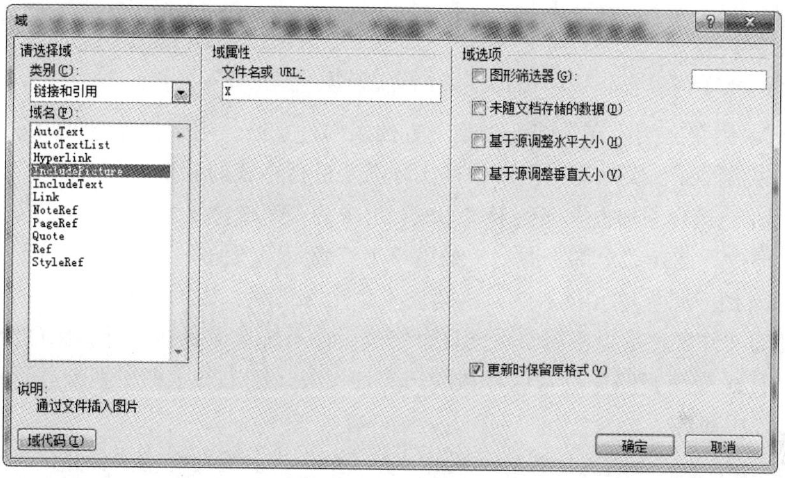

图 3–41　插入“域”

因为还没有完成域的照片文件名输入，所以域结果显示如图 3–42 所示（或显示无法显示连接的图像）。

③ 切换域代码。按【Alt+F9】组合键切换到代码状态。

选中整个主文档，按【Shift+F9】组合键可以实现域和代码之间的切换。

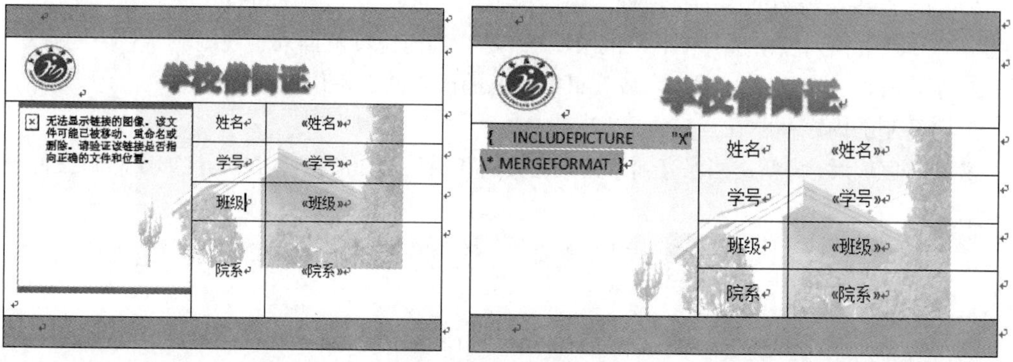

图 3–42　域切换

④ 插入嵌套合并域“照片名”。选择域名中的“X”，选择“邮件”选项卡“编写和插入域”组“插入合并域”下拉列表中的“照片”命令，即插入数据源的“照片”域，域代码如图 3–43 所示。

完成了照片嵌套域代码的编辑后，此时照片单元格显示的域结果仍然是图 3–43。因为 IncludePicture 域要求指定完全路径的照片名，而“照片”是合并域，还不是照片的名称。

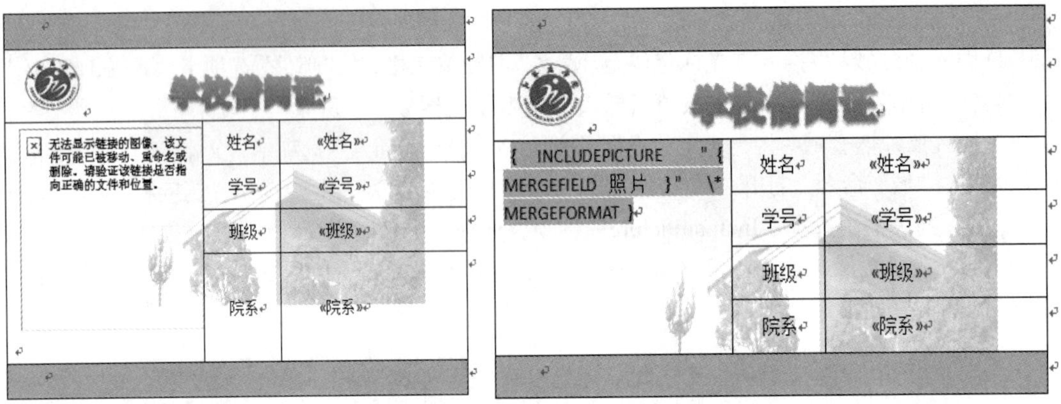

图 3-43 插入嵌套合并域“照片名”

⑤ 合并记录到新文档。在借阅证表格下方插入两行空格，用于合并记录的分割。本例中单页将会存储 3 张借阅证，实际应用中可根据实际需要进行格式的调整。

⑥ 合并记录。选择“邮件”选项卡“完成”组中的“完成合并”，在弹出的菜单中选择“编辑单个文档”命令，选择“全部”命令，最后单击“确定”按钮。

合并记录文档的照片单元格依然显示错误未指定文件名，因为合并记录中的照片名称依然不是完全路径的文件名，这里不需要手动逐个修改，让系统自动更新即可。保存合并文档。

如果合并记录文档与照片没有保存在同一文件夹中，按【F9】键更新合并记录文档的照片域时仍然不会显示照片。

⑦ 更新合并记录文档的照片域显示照片。按【Ctrl+A】组合键选中合并记录文档的全部内容（即选中文档中的全部照片域），按【F9】键更新域，显示的所有照片域的效果如图 3-34 所示。保存更新域显示照片的合并记录档，将此文档复制到其他任何地方都会显示照片。

步骤 3 调整页面。

1 页放置 2 张“借阅证”。建好主文档后，进行如下操作：

① 选择并复制“借阅证”的所有内容。

② 插入点放在表格下面的空白处，单击“邮件”选项卡“编写和插入域”组“规则”下拉按钮 规则 ，在下拉列表中选择“下一记录”命令，在当前位置就插入了规则域“《下一记录》”。

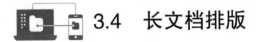

③ 按【Enter】键 3 次，插入点放在最后插入的段落的起始位置。

④ 将复制的内容粘贴在当前位置。

⑤ 合并完成后，将新文档保存到借阅证主文档和照片所在的文件夹中。比如 d:\yjhb 文件夹中。

3.4 长文档排版

3.4.1 情境导入

王洋已是大四学生，正在做毕业设计，设计的作品是虚拟导航系统，该系统完成得很漂亮，现在写作品报告（毕业论文）。设想有封面、摘要、目录、正文、参考文献等；要求各部分在独立的一节里（使用分节符实现），并且设置奇偶页页眉和页脚都不同，封面、摘要无页眉页脚；参考文献要有引用。

3.4.2　相关知识

1. 文档合并

① 同时打开 2 个文件，将第 2 个文件的内容全部选中，复制到剪贴板，最后粘贴到第 1 个文件的指定地方。

② 打开第 1 个文件，移动光标（即插入点）到第 1 个文件的指定插入位置，选择“插入”选项卡功能区中右侧的“文本”组，单击“对象”右侧的小三角按钮，选择“文件中的文字”命令，在弹出的对话框中选择合适的盘符、路径、文件类型，选择欲插入的第 2 个文件，单击“插入”按钮。

③ 如果要打开非 Word 标准类型的文件，必须在打开（或插入）的文件对话框中选择“文件类型”，比如选择“文本文件 (*.txt)”或选择“Word 97–2003 文档 (*.doc)”，如图 3–44 所示。

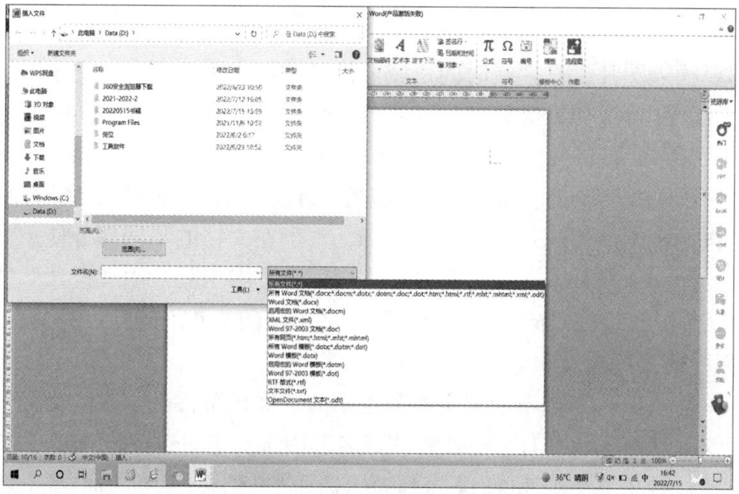

图 3–44　“插入文件”对话框

2. 文件属性

单击“文件”菜单中“信息”功能区的“属性”按钮，从下拉列表中选择“高级属性”命令，打开“高级属性”对话框，选择“摘要”选项卡，修改文件的“标题”“主题”“作者”“单位”等。单击“文件”菜单中“信息”功能区的“保护文档”按钮，从下拉列表中“用密码进行加密”命令来设置打开密码，也可以单击“文件”菜单的“另存为”命令，在打开的“另存为”对话框中单击“工具”按钮，再选择下拉列表中的“常规选项”命令，在打开的“常规选项”对话框中的“打开文件时的密码”文本框中设置打开密码，也可以通过“修改文件时的密码”文本框设置修改密码。

3. 页面背景

文字处理软件为用户提供了丰富的页面背景设置功能，用户可以通过以下 3 种方法实现。

① 通过选择“页面布局”选项卡“页面背景”组“页面颜色”下拉列表的“填充效果”命令来实现。

② 通过单击“页面布局”选项卡“页面背景”组中的“水印”按钮，选择“自定义水印”命令，弹出“水印”对话框。选中“图片水印”单选按钮，再单击“选择图片”按钮，打开“插入图片”对话框，从中选择需要的图片来实现。

③ 通过单击“插入”选项卡“插图”组中的“图片”按钮，在打开的“插入图片”对话框中选择图片素材，然后将图片版式设置为“衬于文字下方”，再调整“颜色”，设置艺术效果“纹理化”来实现。

4. 页眉和页脚

在 Word 2010 中，设置页眉 / 页脚是通过单击“插入”选项卡“页眉和页脚”组中的相应按钮，或者双击页眉 / 页脚，窗口出现“页眉和页脚工具”选项卡，如图 3-45 所示。

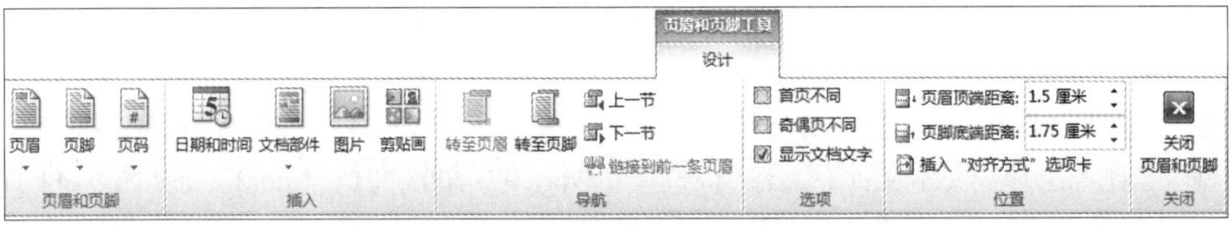

图 3-45 “页眉和页脚工具”选项卡

可以根据需要插入图片、日期或时间、域（位于“插入”选项卡“文本”组“文档部件”按钮的下拉列表中）等内容。如果要关闭页眉页脚编辑状态回到正文，直接单击“关闭”组中的“关闭”按钮；如果要删除页眉和页脚，先双击页眉或页脚，选定要删除的内容，按【Delete】键；或者选择“页眉”“页脚”按钮下拉列表中相应的“删除页眉”“删除页脚”命令。

在文档中可自始至终使用同一个页眉或页脚，也可在文档的不同部分使用不同的页眉和页脚。例如，首页不同、奇偶页不同，这需要在“页眉和页脚工具”中“设计”选项卡“选项”组中勾选相应的复选框。也可以插入分节符，可以使不同的节有不同的页眉页脚。

（1）在页眉中插入标题号和标题

双击页眉，单击“插入”选项卡“文本”组中的“文档部件”，在“文档部件”下拉列表中选择“域”命令，打开“域”对话框，在“域名”中选择 StyleRef, 再勾选“插入段落编号”复选框。用同样的方法，在“文档部件”下拉列表中选择“文档属性”的“标题”（需要先在“文件”下拉列表的“信息”组中的“标题”文本框中输入标题内容）。或者选择“插入”选项卡“文本”组的“文档部件”下拉列表的“域”命令，打开“域”对话框，在“域名”中选择 StyleRef，选择“章标题”，如图 3-46、图 3-47 所示。

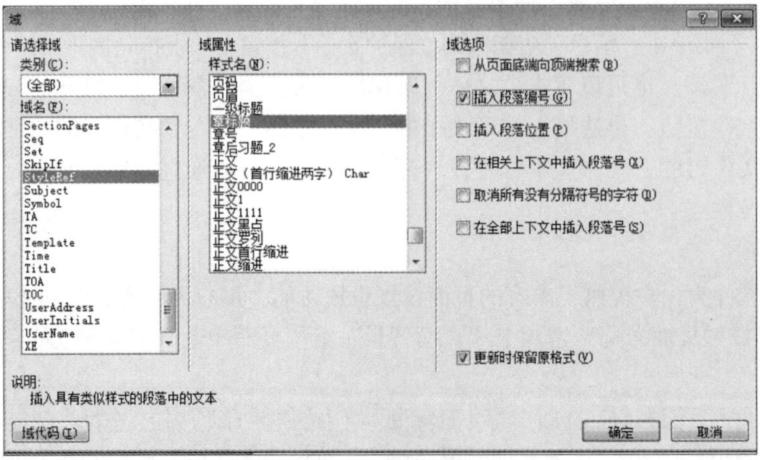

图 3-46 “域”对话框

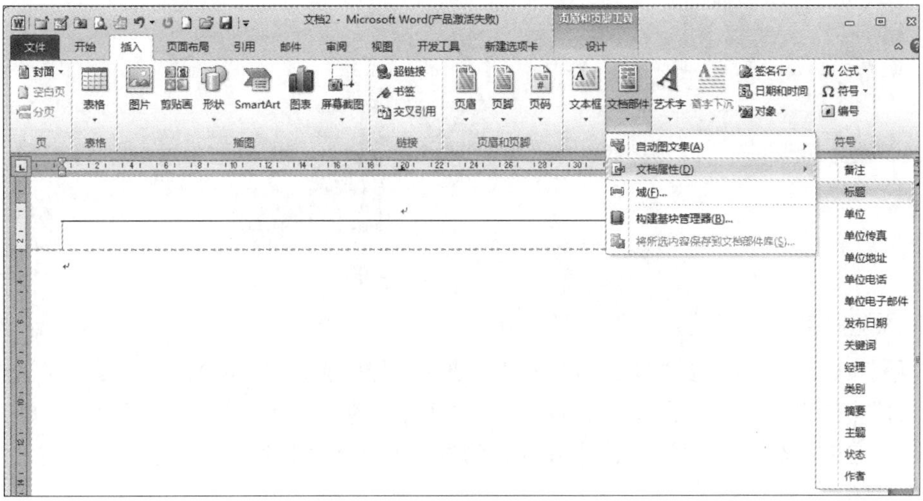

图 3-47　“文档部件”中“文档属性”

（2）插入“第几页共几页”页码

双击页脚，输入“第页”，“共页”，居中，把光标放在“第页”两字之间，单击“插入”选项卡“文本”组中的“文档部件”，在“文档部件”下拉列表中选择“域”命令，打开“域”对话框，在“域名”中选择 Page。然后，把光标放在“共页”两字之间，用同样的方法，在“域名”中选择 NumPages。

5. 脚注和尾注

脚注和尾注用于给文档中的文本加注释、引用。脚注对文档某处内容进行注释说明，一般放在页面底端；尾注用于引用参考文献，放在文档末尾。同一个文档可以同时包括脚注和尾注。

在 Word 2010 中，将光标定位在插入脚注或尾注的位置，单击“引用”选项卡“脚注”组中相应按钮或单击“脚注”组右下角的对话框启动器按钮，“脚注和尾注”对话框，如图 3-48 所示。

要删除脚注和尾注，只要定位在脚注和尾注引用标记前，按【Delete】键，则引用标记和注释文本同时被删除。

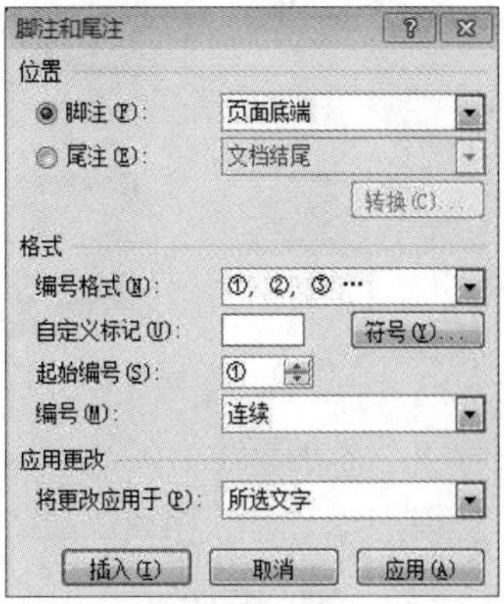

图 3-48　“脚注和尾注”对话框

6. 修订文档

用户在修订状态下编辑文档，Word 将跟踪文档所有内容的变化，同时把在当前文档中修改、删除、插入的每一项都标记下来。

在 Word 2010 中，修订是通过单击“审阅”选项卡“修订”组中的“修订”按钮来实现的。在修订状态下插入的内容将通过颜色和下画线标记下来，删除的内容在右侧的页边空白处显示出来。如果多个用户对同一文档进行修订，将通过不同的颜色区分不同用户的修订内容，如图 3-49 所示。

修订结束后，可以通过“审阅”选项卡“更改”组中的“接受”按钮来接受修订，或通过“拒绝”按钮来恢复原样。

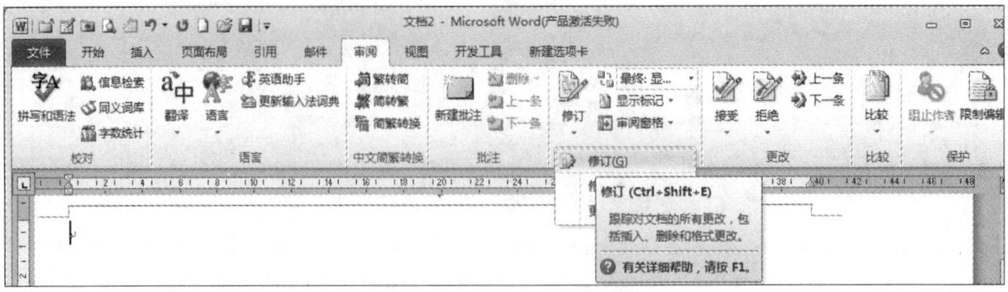

图 3–49 “修订”菜单

7. 添加批注

在审阅文档时，往往需要对文档内容的变更进行解释说明，或者向文档作者提出问题或建议，可以在文档中插入“批注”信息。“批注”与“修订”的不同是“批注”是不修改原文，而是在文档相应的位置添加的注释信息，并用颜色的方框突出显示出来。“批注”不但可以用文本，还可以用音频、视频信息。

在 Word 2010 中，单击“审阅”选项卡“批注”组中的“新建批注”按钮，然后直接输入批注信息即可。删除批注的方法是右击批注，在弹出的快捷菜单中选择“删除批注”命令。

8. 快速比较文档

文档经过审阅后，可以通过对比方式查看修订前后两个文档的变化。在 Word 2010 中，提供了“精确比较”的功能。单击“审阅”选项卡“比较”组中的“比较”按钮，在下拉列表中选择“比较”命令，打开“比较文档”对话框，在其中通过浏览找到原文档和修订的文档，如图 3–50 所示。单击“确定”按钮后，两个文档之间的不同之处将突出显示在“比较结果”文档中。

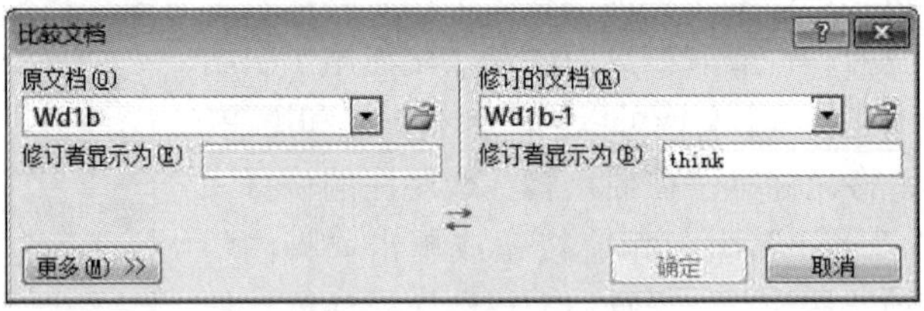

图 3–50 “比较文档”对话框

9. 添加题注

表注、图注、图表注都用插入题注的方法解决，以图片为例，有关题注的操作方法如下：

（1）插入题注

① 右击需要添加题注的图片，在弹出的快捷菜单中选择“插入题注”命令。或者以单击选中图片，然后在“引用”选项卡的“题注”组中单击“插入题注”按钮。系统将打开“题注”对话框。若是新建题注，并且目录使用了“多级列表”，可先设定编号，单击“编号”按钮，在打开的“题注编号”对话框中选择“包含章节号”复选框，再选择分隔符，再单击“新建标签”按钮，输入图或表，分别建图注或表注，如图 3-51 所示。

② 在“题注”对话框中，先在“标签”下拉列表中选择可用标签。

③ 单击“确定”按钮，就在图片的底部插入了自动编号的题注。

④ 添加了图片题注后，可以单击题注右边，把插入点放于此处，然后输入对图片的描述文字。

（2）说明

① 在“题注”对话框中，系统提供了“图表”、“表格”和“公式”等类型的标签，以供

用户直接选用。

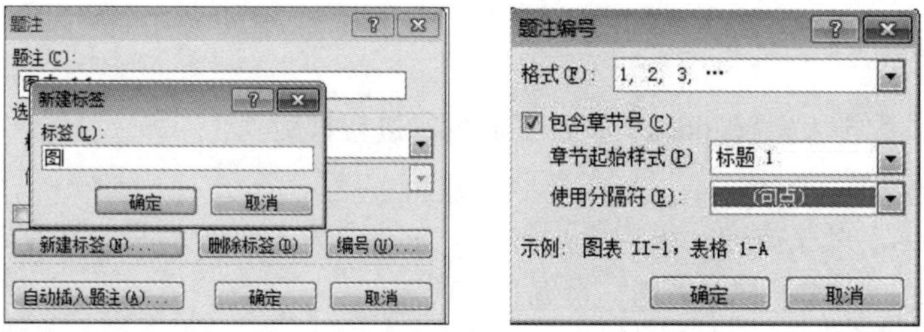

图 3–51　“题注”对话框和图片的题注

② 若要使用自定义的标签，单击“新建标签”按钮。在打开的“新建标签”对话框中自定义标签；然后，在“标签”列表中选择自定义的标签。

③ 目录使用了“多级列表”，可在“题注”对话框中单击“编号”按钮，打开“题注编号”对话框。单击“格式”下拉按钮，选择合适的编号。若要在题注中包含文档章节号，选中“包含章节号”复选框，单击“确定”按钮。

④ 在“题注”对话框中，单击“位置”的下三角按钮，从列表中选择题注的摆放位置。表格的题注要放在表格的上方，图片的题注要放在图片的下方。

（3）更新题注编号

① 插入新的题注时 Word 将自动更新题注编号。但删除或移动了题注，必须手动更新题注。

② 选择要更新的一个或多个题注。右击其中的一个题注，在弹出的快捷菜单中选择“更新域”命令。

③ 若要更新所有题注，按【Ctrl+A】组合键选择整个文档后，按【F9】键，更新所有的题注。

④ 若要删除文档中的某个题注，选中该题注，按【Delete】键。

注意：删除题注后，必须手工更新其后的题注。

10. 交叉引用

若对正文中出现“如下表所示”的“下表”，使用交叉引用，改为“如表 X.Y 所示”，其中“X.Y”为表题注的编号。单击“插入”选项卡“链接”组中的“交叉引用”按钮，打开“交叉引用”对话框，从“引用类型”下拉列表中选择相应对象，“引用内容”可以选择“只有标签和编号”，也可以选择“整项题注”等，单击“插入”按钮。同样，图也可以使用交叉引用，如图 3–52 所示。

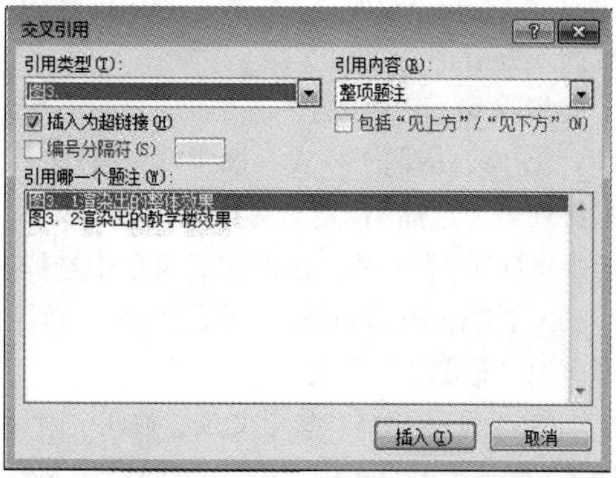

图 3–52　“交叉引用”对话框

11. 插入目录

定位光标到需要插入目录的位置。单击“引用”选项卡的“目录”组中的“目录”按钮，在下拉列表中选择相应的目录样式。也可以选择“插入目录”命令，打开“目录”对话框，设置目录的模板格式、显示级别、页码的对齐方式以及制表符前导符等。

插入目录后，可以设置目录格式，比如字体、字号、行距等。

提示：如果对文档进行了更改，则可以通过选择目录，按【F9】键来更新目录。

3.4.3 任务实现

打开“毕业设计排版素材.docx”，按下面要求进行排版。

步骤1 页面设置。

纸张大小：A4。纸张方向：纵向。页边距：左、右为3厘米，上、下为2.5厘米。装订线位置为左侧1厘米。版式：首页不同，奇偶页不同。

步骤2 文档属性设置。

标题：虚拟导航系统。作者：学号+姓名。

步骤3 封面设置。

“毕业设计报告”格式：字体楷体，小初号，居中。设置“题目”为黑体、四号、加粗，内容为宋体、四号、左对齐。“学院”、“专业”、“姓名”、“学号”和“指导教师”为黑体、四号、加粗，内容为仿宋、四号、左对齐。末尾插入分节符（下一页），独立在一页，删除多余的空行，无页眉页脚。

步骤4 摘要设置。

“摘要”两个字：黑体、小三，段前40磅，段后20磅，行距20磅。“摘要”两个字中间空2个汉字字符宽度。“摘要”内容：宋体、小四，首行缩进2个字符，行距用固定值20磅，段前段后0磅。“关键词”：顶格、黑体、小四。“关键词”内容：关键词3 ~ 5个，每个关键词用分号分隔，宋体、小四。末尾插入分节符（下一页），独立在一页，删除多余的空行，无页眉、页脚。

步骤5 英文摘要设置。

“ABSTRACT”：Arial、小三，段前40磅，段后20磅，行距20磅。“ABSTRACT”（包括关键词）内容：Times New Roman、小四，首行缩进2个字符，行距用固定值20磅，段前段后0磅。两端对齐，标点符号全是英文标点符号。“Key Words”：顶格，Times New Roman、加黑、小四。“Key Words””内容：与中文摘要部分的关键词对应，每个关键词之间用分号分隔。末尾插入分节符（下一页），独立在一页，删除多余的空行，无页眉页脚。

步骤6 正文设置。

① 修改标题1样式。选中“引言”，单击“开始”选项卡“编辑”组中“选择”按钮，从下拉列表中选择“选定所有格式相似的文本（无数据）”命令。再单击“开始”选项卡，右击“样式”组中“标题1”，从弹出的快捷菜单中选择“修改”命令，打开“修改样式”对话框，设置黑体、小三、居中，段前40磅，段后20磅，行距固定值20磅。再单击“样式”组中“标题1”样式，即应用“标题1”样式。

② 论文的总结、参考文献、致谢、附录等部分的标题与“引言”属于同一等级，也使用“标题1”格式（可以选中“引言”，双击“格式刷”，依次选择总结、参考文献、致谢、附录等）。

③ 修改标题2样式。选中“本课题研究的背景和意义”（绿色字），单击“开始”选项卡，在“编辑”组中，单击“选择”，从下拉列表中选择“选定所有格式相似的文本（无数据）”命令。再单击“开始”选项卡，右击“样式”组中“标题2”，从弹出的快捷菜单中选择“修改”命令，打开“修改样式”对话框，设置黑体、四号。居左，行距为固定值20磅，段前24磅，段后6磅。

④ 修改标题3样式。选中“3D Studio Max简介”（蓝色字），采用相同的方法，设置黑体、

13 磅、居左，行距为固定值 20 磅，段前 12 磅，段后 6 磅。

提示：若“样式”组中没有“标题 2”等，可单击“样式”组右下角对话框启动器按钮，打开“样式”对话框，再单击对话框右下角的“选项”，在“选择要显示的样式”下拉列表中选择“所有样式”命令。

步骤 7　插入目录。

每章标题：标题序号采用阿拉伯数字（下同），序号与标题名称之间空一个汉字字符宽度，如“第 1 章 引言”。每章下面的节、小节标题：标题序号与标题名称之间空一个汉字字符宽度（下同），如“1.1”“1.1.1”。目录必须与正文标题一致。目录层次一般采用 3 级。

步骤 8　图、表及题注的应用。

① 插入表格。把“Action~ BACK”转换为表格，分隔位置 *。表格按章编号，单击“引用”选项卡“题注”组的“插入题注”，打开“插入题注”对话框，单击“编号”按钮，在“题注编号”对话框中选择“编号”样式，勾选“包含章节号”复选框，选择“章节起始样式”“分隔符”，单击“确定”按钮，再单击“新建标签”，在“标签”文本框中输入“表”，再单击“确定”按钮，在“标签”下拉列表中选择“表”，输入一个空格（表序和表名空一个汉字字符宽度），再单击“确定”按钮。在表注后面输入内容，设置黑体、11 磅，表题在表格上方正中。

② 表格内容：采用三线表（必要时可加辅助线，三线表无法清晰表达时可采用其他格式），即表的上、下边线为单直线，线粗为 1.5 磅；第三条线为单直线，线粗为 1 磅。表单元格中的文字居中，采用 11 磅宋体，单倍行距，段前 3 磅，段后 3 磅。若有表注用 10.5 磅宋体，与表格单倍行间距。

③ 选中黄色突出显示的“下表”两个字，单击“插入”选项卡“链接”组中的“交叉引用”按钮，打开“交叉引用”对话框，从“引用类型”下拉列表中选择相应对象，“引用内容”可以选择“只有标签和编号”。

④ 正文中的图。在文中相应位置插入图。调整图片“大小”，比如缩放 60%，保持纵横比。

⑤ 用编辑“表注”的方式，插入“图注”。图按章编号，图序与图名置于图的下方，采用黑体、11 磅字，居中，段前 6 磅，段后 12 磅，单倍行距，图序与图名文字之间空一个汉字字符宽度。图中标注的文字采用 9 ~ 10.5 磅，以能够清晰阅读为标准。

⑥ 选中黄色突出显示的“下图”两个字，单击“插入”选项卡“链接”组中的“交叉引用”按钮，打开“交叉引用”对话框，从“引用类型”下拉列表中选择相应对象，“引用内容”可以选择“只有标签和编号”，也可以选择“整项题注”等，单击“插入”按钮。

⑦ 删除所有“深红、加粗”的字。

⑧ 使用“查找替换”的方法把文中所有表、表注、图、图注居中。

步骤 9　新建“论文正文”样式。

设置小四字，汉字用宋体，英文用 Times New Roman，两端对齐，段落首行左缩进 2 个字符。行距为固定值 20 磅（段落中有数学表达式时，可根据表达需要设置该段的行距），段前 0 磅，段后 0 磅。

步骤 10　论文正文样式应用。

选中正文文字，单击“样式”中的“论文正文”样式，将“论文正文”样式应用到文档中的所有正文部分。

步骤 11 设置参考文献。

“参考文献”黑体、小三，居中，段前 40 磅，段后 20 磅，行距 20 磅。“参考文献”四个字之间不需要空格。“参考文献”的内容：五号、宋体，英文字体为 Times New Roman，行距用固定值 16 磅，段前 3 磅，段后 0 磅。单独在一页。删除多余空行。

步骤 12 设置正文奇数页页眉。

双击页眉处，录入文字“学士学位论文”，宋体、五号、居中。

正文偶数页页眉：左侧为“标题 1 编号 + 标题 1”，右侧为文档属性“标题”域。双击页眉，单击“插入”选项卡“文本”组中的“文档部件”，在“文档部件”下拉列表中选择“域”命令，打开“域”对话框，在“域名”中选择“StyleRef”，在“样式名”下拉列表中选择“标题 1”命令，再勾选“插入段落编号”复选框。重复上面的操作，这次不勾选“插入段落编号”复选框。用同样的方法，在“文档部件”下拉列表中选择“文档属性”的“标题”。

步骤 13 删除总结、参考文献前面的章节号。

步骤 14 目录设置。

“目录”格式：黑体、小三，段前 40 磅，段后 20 磅，行距 20 磅。“目录”内容：每章标题用黑体、小四，行距为 20 磅，段前 6 磅，段后 0 磅。其他节标题用宋体、小四，行距为 20 磅。无页眉，页脚是阿拉伯数字（起始页为 1）。

步骤 15 保存。

文件名“学号姓名毕业论文 .docx”，再另存为 PDF 文件。

巩固与练习

一、利用 SmartArt 图形创建某公司的组织结构图

SmartArt 图形实例结构图如图 3-53 所示。

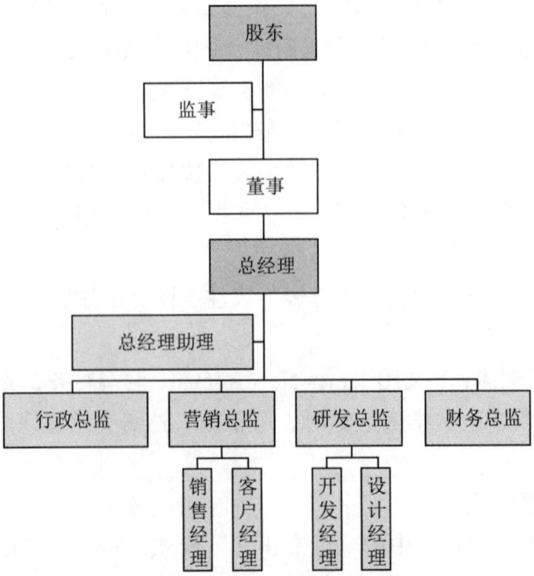

图 3-53 SmartArt 图形实例结构图

按以下要求进行操作：

① 选定“董事”文本块，在“SmartArt 工具”的“设计”选项卡“创建图形”组中“添加形状”下拉列表中选择“在下方添加形状”，即在“董事”文本块下方添加了一个文本块。对新文本块输入文字“总经理”。

② 选定“总经理”文本块，在“SmartArt 工具”的“设计”选项卡“创建图形”组中“添加形状”下拉列表中选择“添加助理”，对新文本块输入文字“总经理助理”。

③ 选定“总经理”文本块，在“SmartArt 工具”的“设计”选项卡“创建图形”组中“添加形状”下拉列表中选择“在下方添加形状”。重复此操作 4 次。对这 5 个新文本块分别输入文字“行政总监”、“财务总监”、“研发总监”和“营销总监”。

④ 选定“营销总监”文本块，在“SmartArt 工具”的“设计”选项卡“创建图形”组中“添加形状”下拉列表中选择“在下方添加形状”。重复此操作 2 次。对这 2 个新文本块分别输入文字“销售经理”和“客户经理”。同样为“研发总监”增加 2 位下属“开发经理”和“设计经理”。

⑤ 在“SmartArt 工具”的“设计”选项卡“SmartArt 样式”中选择“细微效果”样式。

二、表格制作

按以下要求完成表格的制作：

① 假如即将毕业的王洋同学就是 3 年之后的你，个人简历表中的内容就是你期望自己的样子，如图 3-54 所示，表格内容仅供参考。

② 参照样表，表内文字对齐方式为“水平居中”，插入表格标题并居中。字体、字号选择自己喜欢的样式。

③ 表格外框线为单实线、3 磅、紫色，内部框线为单实线、1 磅、黑色，底纹为“白色，背景 1，15%”。

④ 在“照片”处插入剪贴画替换照片文字，文字环绕方式为“嵌入型”。

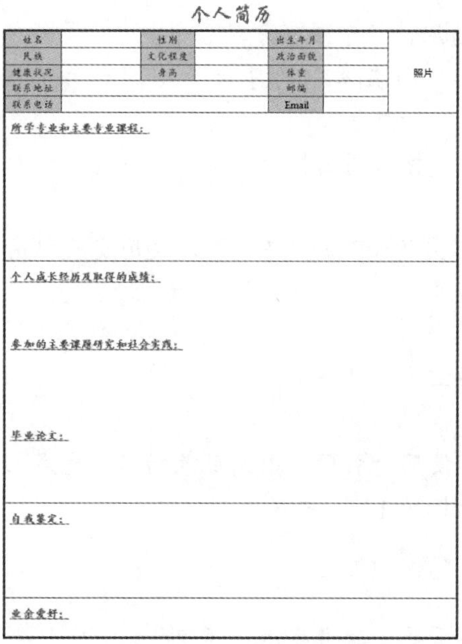
个人简历

姓名		性别		出生年月		照片
民族		文化程度		政治面貌		
健康状况		身高		体重		
联系地址				邮编		
联系电话				Email		
所学专业和主要专业课程：						
个人成长经历及取得的成绩： 参加的主要课题研究和社会实践： 毕业论文：						
自我鉴定：						
业余爱好：						

图 3-54　个人简历参考样表

三、综合练习

打开“写作要求素材.docx”，按要求完成下面的操作。

1. 对正文进行排版

① 将红色文字用“标题 1”样式，并居中；编号格式为：第 X 章，其中 X 为自动排序，标号与标题文字有一个空格。

② 将绿色文字用“标题 2”样式，左对齐；编号格式为：多级符号，X.Y。X 为章数字序号，Y 为节数字序号（例：1.1），标号与标题文字有一个空格。

③ 新建“写作样式”样式。

a. 字体：中文字体为“楷体”，西文字体为 Times New Roman，字号小四。

b. 段落：首行缩进 2 字符，段前 0.5 行，段后 0.5 行，行距 1.5 倍。

c. 其余格式：样式基准为正文，两端对齐，其他默认设置。

并将样式应用到正文中无编号的文字（注意：不包括章名、节名、表文字、表和图的题注）。有编号的文字设置为：中文字体为“楷体”，西文字体为 Times New Roman，字号小四。首行缩进 2 字符，段前 0.5 行，段后 0.5 行，行距 1.5 倍。

④ 为正文文字（不包括标题）中首次出现“摘要”的地方插入脚注，添加文字“摘要是对文章主要内容的概括总结，请认真推敲”。

⑤ 对正文中的表添加题注，表的名称：章节序号说明表、毕业设计答辩评分标准，位于表上方，居中。

a. 表编号为“章序号”–“表在章中的序号”（例如第 1 章中第 1 张表，题注编号为 1–1）。

b. 表的说明使用表上一行的文字，格式同表标号。

c. 表居中。

⑥ 把正文中出现“如下表所示”的“下表”，使用交叉引用，改为“如表 X–Y 所示”，其中“X–Y”为表题注的编号。

⑦ 给正文中的图添加题注，位于图下方，居中。

a. 编号为“章序号”–“图在章中的序号”（例如第 1 章中第 2 幅图，题注编号为 1–2）。

b. 图的说明在图下一行，格式同图标号。

c. 图居中。

⑧ 对正文中出现“如下图所示”的“下图”，使用交叉引用，改为“如图 X–Y 所示”，其中“X–Y”为图题注的编号。

2. 分节处理

对正文做分节处理，每章为单独一节。

3. 生成目录

在正文前按序插入节，使用“引用”中的目录功能，生成第 1 节：目录。其中：

①“目录”使用样式“标题 1”，并居中；

②“目录”下为目录项。

4. 添加页脚

使用域，在页脚中插入页码，居中显示。其中：

① 正文前的节，页码采用“i,ii,iii,…”格式，页码连续，居中对齐。

② 正文中的节，页码采用“1,2,3,…”格式，页码连续，居中对齐。

③ 更新目录、表索引和图索引。

5. 添加正文的页眉

使用域，按以下要求添加内容，居中显示。其中：

① 对于奇数页，页眉中的文字为“章序号”+“章名”。

② 对于偶数页，页眉中的文字为“节序号”+“节名”。

操作提示：

（1）设置章名、小节名使用的编号

将光标置于第一章标题文字前，单击“开始”选项卡“段落”组“多级列表”的下三角按钮，在下拉列表中选择“定义新的多级列表”命令，打开“定义新多级列表”对话框，单击左下角的“更多”按钮。

在“定义新多级列表”对话框中进行相应设置。选择级别：1，编号格式：第 1 章（“1”编号样式确定后，在“1”前输入“第”，在“1”后输入“章”）；在“将级别连接到样式”下拉列表中选择“标题 1”，如图 3-55 所示。标题 1 编号设置完毕。

继续在“定义新多级列表”对话框中操作，选择级别：2，编号格式：1.1，在“将级别连接到样式”下拉列表中选择“标题 2”；在“要在库中显示的级别”下拉列表中选择“级别 2”，如图 3-56 所示。标题 2 编号设置完毕。最后单击“确定”按钮。

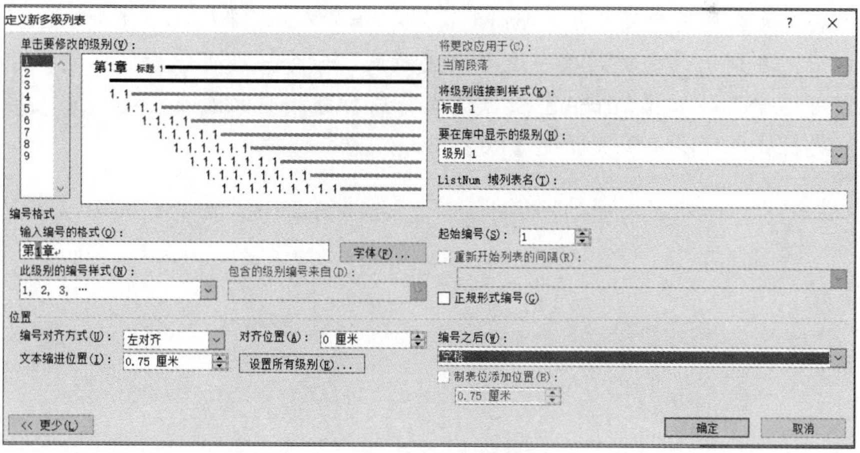

图 3-55　设置章名编号

（2）设置各章标题格式

首先选中各章标题（按【Ctrl】键+单击各章标题）；单击“开始”选项卡“样式”组快速样式中的“第 1 章 标题 1”，再单击“段落”组中的“居中”按钮，各章标题设置完毕（注意删除各章标题中的原有编号“第二章、第三章……”）。

（3）设置各小节标题格式

首先选中各小节标题（按【Ctrl】键+单击各小节标题）；单击“开始”选项卡“样式”组快速样式中的“1.1 标题 2”，再单击“段落”组的“编号”按钮，直到设置成所需格式，各小节标题设置完毕，如图 3-56 所示。

注意：为表格设置自动插入题注后，当再次插入或粘贴表格时，都会在表格上方自动生成表格题注编号，用户只需要输入表格的注释文字即可。当不再需要自动插入题注功能时，只需要再次打开“题注”对话框，清除不需要进行自动编号的对象的复选框。如果用户增删或移动了其中的某个图表，其他图表的标签也会相应自动改变。如果没有自动改变，可以选中所有文档，然后在右键快捷菜单中选择“更新域”命令。要注意删除或移动图表时，应删除原标签。

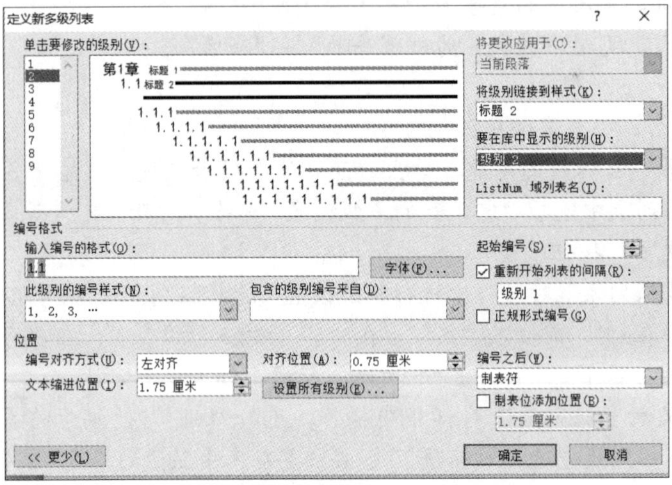

图 3-56　设置小节名编号

当题注的交叉引用发生变化后，Word 不会自动调整，需要选择“更新域”。鼠标指向该“域”右击，在弹出的快捷菜单中选择“更新域”命令，即可更新域中的编号；若有多处或正文，可以全选（按【Ctrl+A】组合键或将鼠标移到页面最左端连续三次单击鼠标）后再更新；更新域也可以使用快捷键【F9】。

第 4 章 数据统计和分析软件 Excel

目前，信息化已深刻地影响了人们的日常生活和工作，学习、工作和生活中会遇到大量的数据。人们面对大量的、可能是杂乱无章的、难以理解的数据，需要对数据进行整理、排序、筛选、汇总、统计、分析等处理，并通过各种数据展示技术直观展示出来，只有借助这些技术和方法，才能最大化地开发数据的功能，发挥数据的作用。

Microsoft Excel 是 Microsoft 为使用 Windows 和 Apple Macintosh 操作系统的计算机编写的一款电子表格软件。其直观的界面、出色的计算功能和图表工具，是目前最流行的个人计算机数据处理软件。

本章将介绍 Microsoft Excel 的界面、基本操作、数据输入、数据格式、图表应用、数据分析与应用、基础函数等内容，为日后学习、生活、工作中的数据处理打下扎实基础。

4.1 Excel 基本操作

4.1.1 情境导入

老师在讲授完一门课程后，需要对学生进行考核，考核成绩包括学生听课出勤情况，老师要根据学生出勤情况，制作如图 4–1 所示的上课考勤登记表，样式如下：

① 新建 Excel 文档，名称为“计算思维成绩”，Sheet1 重命名为“上课考勤登记”保存，上课时间依次 9 月 13 日到 11 月 5 日之间（每周同一时间上课），使用填充句柄进行填充。

② 标题字体为仿宋、16 磅、蓝色、加粗，位于 A 列至 O 列的中间。

③ 学期及课程信息字体为宋体、10 磅、蓝色、加粗。课程信息为文本右对齐。

④ 表格区域（A3:O40）字体为宋体、10 磅、自动颜色，单元格文本水平居中和垂直居中对齐。

⑤ 表头区域（A3:O4）字体加粗。

⑥ A3:A4、B3:B4 以及 C3:L3 分别合并后居中，并设置为垂直居中。

⑦ M3:M4、N3:N4、O3:O4 分别合并后居中，并设置为垂直居中及自动换行。

⑧ 表格外边框为黑色细实线，内边框为黑色虚线。

⑨ 调整单元格为合适的行高和列宽。

上课考勤登记表														
学期：2021-2022第一学期											课程：计算思维			
学号	姓名	出勤情况										缺勤次数	计算出勤成绩	实际出勤成绩
		9/13	9/20	9/27	10/4	10/11	10/18	10/25	11/1	11/8	11/15			

图 4–1　上课考勤登记表

4.1.2　相关知识

电子表格处理软件可以输入、输出、显示数据，帮助用户制作各种复杂的表格文档，进行烦琐的数据计算，将枯燥无味的数据及其计算结果显示为可视性极佳的表格，变为各种各样的统计报告和漂亮的彩色统计图表呈现出来，使数据的各种情况和变化趋势更加直观、一目了然。

目前常用的电子表格处理软件有 Microsoft Office 办公集成软件中的 Excel、WPS Office 金山办公组合软件中的金山电子表格等。

电子表格常用的术语有：

工作簿：一个工作簿就是一个电子表格文件，用来存储并处理工作数据。它由若干张工作表组成。

工作表：工作表是一张规整的表格，由若干行和列构成，行号自上而下为 1 ~ 65 536，列标从左到右为 A、B、C、…、X、Y、Z；AA、AB、AC、…、AZ；BA、BB、BC、…、BZ…。每一个工作表都有一个工作表标签，单击它可以实现工作表间的切换。

工作表标签：一般位于工作表的下方，用于显示工作表名称。单击工作表标签，可以在不同的工作表间切换。当前可以编辑的工作表称为活动工作表。

行号：每一行左侧的阿拉伯数字为行号，表示该行的行数，对应称为第 1 行、第 2 行……

列标：每一列上方的大写英文字母为列标，代表该列的列名，对应称为 A 列、B 列、C 列……

单元格、单元格地址与活动单元格：每一行和每一列交叉处的长方形区域称为单元格，单元格为电子表格处理的最小对象。单元格所在行列的列标和行号形成单元格地址，犹如单元格名称，如 A1 单元格、B2 单元格……当前可以操作的单元格称为活动单元格。

名称框：一般位于工作表的左上方，其中显示活动单元格的地址或已命名单元格区域的名称。

编辑栏：一般位于名称框的右侧，用于显示、输入、编辑、修改当前单元格中的数据或公式。

以电子表格处理软件 Excel 2010 为例，这些术语的实际意义如图 4–2 所示。

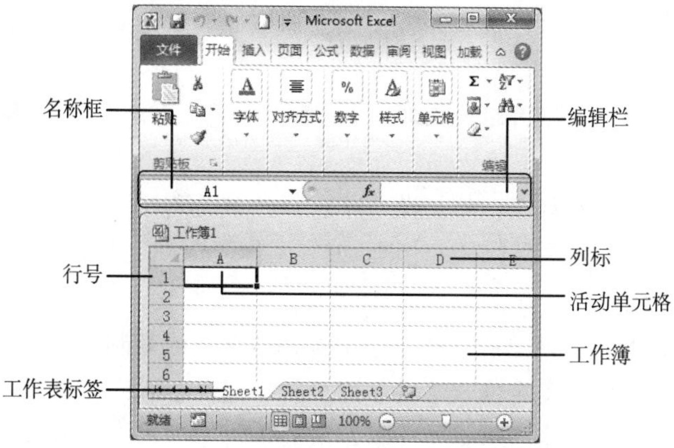

图 4–2　Excel 2010 中电子表格常用术语

1. 创建工作簿

工作簿是电子表格的载体，创建工作簿是用户使用电子表格的第一步。创建工作簿主要有以下 2 种方法：

（1）自动创建

启动电子表格处理软件时，系统会自动创建一个空白工作簿。

以 Excel 2010 为例，创建一个空白工作簿的操作步骤如下：

① 单击 Windows 任务栏中的“开始”按钮，选择“所有程序”命令。

② 在展开的程序列表中，单击选择 Microsoft Office Excel 2010，启动 Excel 2010 应用程序。此时，系统自动创建一个命名为“Book1.xlsx”的空白工作簿。

（2）手动创建

以 Excel 2010 为例，手动创建一个空白工作簿的操作步骤如下：

① 单击 Excel 工作界面中的“文件”按钮，在下拉列表中选择“新建”命令。

② 在“可用模板”选项区中选择“空白工作簿”，然后在右边预览窗口下单击“创建”按钮，即可创建出一个空白工作簿。

如果创建的工作簿具有统一的格式，如“销售报表”，则可以手动创建一个基于模板的工作簿。模板也是一种文档类型，它根据日常工作和生活的需要已事先添加了一些常用的文本或数据，并进行了适当的格式化，还可以包含公式和宏，以一定的文件类型保存在特定的位置。当需要创建类似的文件时，就可以在其基础上进行简单的修改，以快速完成常用文档的创建，而不必从空白页面开始，从而节省了大量时间。

以 Excel 2010 为例，利用模板创建工作簿的操作步骤与创建空白工作簿的操作相似，不同的是在“可用模板”选项区中选择“样本模板”选项，打开在计算机中已经安装的 Excel 模板类型，选择需要的模板即可。当连接到 Internet 上时，还可以访问 Office.com 网站上提供的模板，此外，还可以自行创建模板并使用。只需要将用作模板的工作簿另存为“Excel 模板”（如果工作簿中包含宏，另存为“Excel 启用宏的模板”）保存类型的文件。新建模板将会自动存放在 Excel 的模板文件夹中以供调用。

工作簿由一张张工作表构成，如果把工作簿比作一本书，那么工作表就是书中的每一页。

2. 插入工作表

工作表由多个单元格基本元素构成，数据的存储、显示、计算都在单元格中进行。创建工作表的过程实际上就是在工作表中输入原始数据，并使用公式或函数计算数据的过程。

3. 删除工作表

选定工作表后，右击，在弹出的快捷菜单中选择“删除”命令，可以删除当前工作表。

4. 工作表重命名

选定工作表后，右击，在弹出的快捷菜单中选择“重命名”命令，当前工作表的标签处于可编辑状态，修改工作表名称后按【Enter】键，或在工作表标签之外单击，即可确认修改结果。

5. 移动 / 复制工作表

选定工作表后，右击，在弹出的快捷菜单中选择“移动或复制”命令，显示“移动或复制工作表”对话框。在“下列选定工作表之前”列表框中选择一张工作表，可将当前工作表移动或复制到选定工作表的前面，也可选择“（移至最后）”选项，直接将选定的工作表移动或复制到所有工作表之后。选中“建立副本”复选框，完成复制操作，取消选中“建立副本”复选框，完成移动操作。

6. 在不同工作簿间移动或复制工作表

Excel 不仅可以在同一工作簿内移动或复制工作表，还可以在不同工作簿之间移动或复制工作表。在不同工作簿之间移动或复制工作表要先打开相关工作簿，可能是 2 个工作簿，也可能是多个工作簿，选中要复制或移动的工作表，打开“移动或复制工作表”对话框，在“工作簿”下拉列表中选择指定的工作簿，其他操作与在同一工作簿内进行移动或复制的操作相同。

7. 设置工作表标签颜色

工作表标签的颜色可以自行设定，通过设置工作表标签的颜色可突出显示指定的工作表。操作方法是：选定工作表后，右击，在弹出的快捷菜单中选择“工作表标签颜色”命令，显示颜色列表，单击选中指定颜色，即可修改当前工作表标签的背景颜色。

8. 页面设置

单击“页面布局”选项卡“页面设置”组的扩展按钮，可以打开“页面设置”对话框，可以分别对页面、页边距、页眉 / 页脚、工作表进行打印设置。

4.1.3 任务实现

步骤 1 新建并保存工作簿。

① 单击 Windows 任务栏中的“开始”按钮，选择“所有程序”命令。

② 在展开的程序列表中，选择 Microsoft Office Excel 2010，启动 Excel 2010 应用程序。

③ 双击工作表名称 Sheet1，将工作表重命名为“上课考勤登记”。

④ 保存当前工作簿为“计算思维成绩 .xlsx”。

步骤 2 输入表格信息。

在“上课考勤登记”工作表中输入如图 4-1 所示的表格信息。

步骤 3 通过填充句柄快速填充考勤序列。

在 C4 单元格中首先输入内容，然后选择 C4:L10 单元格，选择“开始”选项卡“编辑”组“填充”按钮下拉列表中的“系列”命令，在“序列”对话框中选择“类型”为“日期”，并设置合适的步长值（即比值，例如“7”）来实现，如图 4-3 所示。

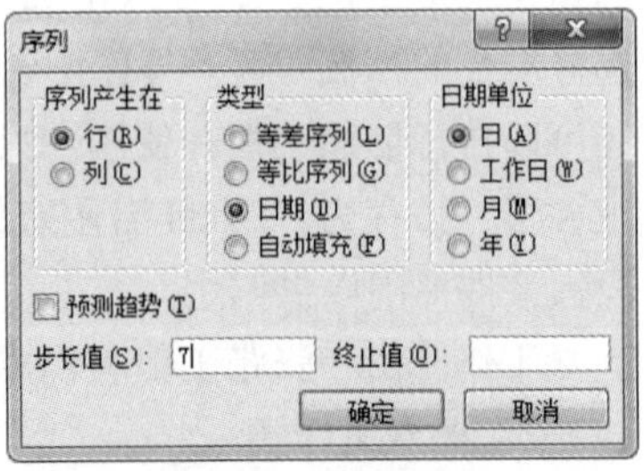

图 4-3 序列填充

步骤 4　格式化单元格。

要设置数据格式，在 Excel 2010 中，简单的可以通过“开始”选项卡“数字”组中的相应按钮完成，复杂的则单击其右下角的对话框启动器按钮，打开“设置单元格格式”对话框，在“数字”选项卡中完成，如图 4–4 所示。该对话框也可以通过右击，在弹出的快捷菜单选择“设置单元格格式”命令打开。

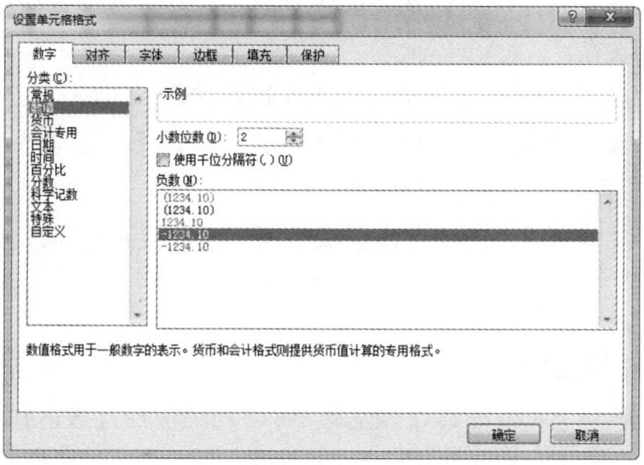

图 4–4　“设置单元格格式”对话框“数字”选项卡

步骤 5　设置表格边框。

将表格的外边框设置为细实线，内边框为细虚线。

首先选定相应区域，然后右击，在弹出的快捷菜单中选择“设置单元格格式”命令，在“设置单元格格式”对话框“边框”选项卡中进行设置，如图 4–5 所示。

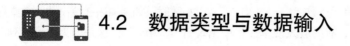

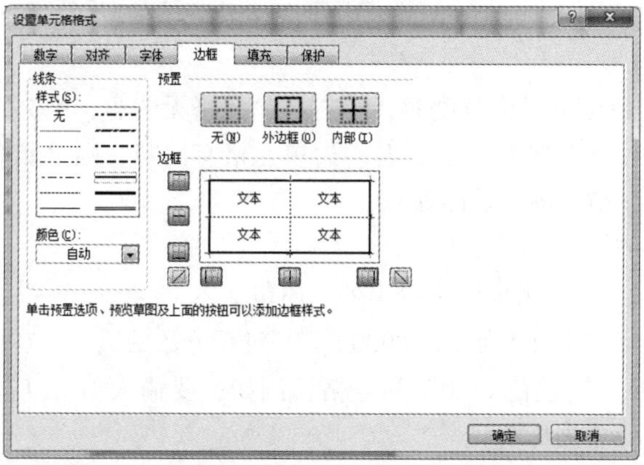

图 4–5　“设置单元格格式”对话框“边框”选项卡

4.2　数据类型与数据输入

4.2.1　情境导入

数据处理的基础是准备好数据。首先需要将数据输入 Excel 工作表中，在 Excel 的单元格中可以输入多种类型的数据，如文本、数值、日期、时间等。输入数据有多种方法，常用的方法有利用已有数据、获取外部数据、直接输入等。

老师在要求完成考勤表制作后，需要进行数据的填写及统计。出勤区域的数据输入只允许为迟到、请假、旷课；还需要将出勤成绩低于 80 分的特别标注出来。具体要求如下：

① 将所有学生名单复制到“上课考勤登记”工作表中，将学号和姓名列数据进行分列处理，将姓名内容填写到对应的列中，并不得改变工作表的格式。

② 出勤区域的数据输入只允许为迟到、请假或旷课，并将考勤数据复制到工作表中。

③ 计算学生的缺勤次数。

④ 计算学生的出勤成绩。计算出勤成绩 =100– 缺勤次数 ×10。

⑤ 计算学生的实际出勤成绩。如果学生缺勤达到 5 次以上（不含 5 次），实际出勤成绩计为 0 分，否则实际出勤成绩等于计算出勤成绩。

⑥ 将 80 分（不含 80 分）以下的实际出勤成绩用“浅红填充色深红色文本”特别标注出来。

4.2.2 相关知识

1. 在工作表中输入原始数据

输入数据是制作一张电子表格的起点和基础，可以利用多种方法达到快速输入数据的目的。

在电子表格中，可以输入文本、数值、日期和时间等各种类型的数据。

输入数据的基本方法是：在需要输入数据的单元格中单击，输完数据后按【Enter】键、【Tab】键或方向键结束输入。

（1）文本型数据的输入

文本是指键盘上可输入的任何符号。

对于数字形式的文本型数据，如编号、学号、电话号码等，应在数字前加英文单引号（’），例如，输入编号 0101，应输入：’0101，此时电子表格处理软件以 0101 显示，把它当作字符沿单元格左对齐。

当输入的文本长度超出单元格宽度时，若右边单元格无内容，则文本内容会超出本单元格范围显示在右边单元格上（扩展显示）；若右边单元格有内容，则只能在本单元格中显示文本内容的一部分，其余文字被隐藏（截断显示）。

（2）数值型数据的输入

数值除了由数字（0 ~ 9）组成的字符串外，还包括＋、－、/、E、e、$、% 以及小数点（.）和千分位符号“，”等特殊字符（如 $150,000.5）。对于分数的输入，在电子表格处理软件中，为了与日期的输入区别，应先输入“0”和空格。例如：要输入 1/2，应输入“0　1/2”，如果直接输入，系统会自动处理为日期。

数值输入与数值显示并不总是相同，计算时以输入数值为准。当输入的数字太长（超过单元格的列宽或超过 15 位）时，自动以科学计数法表示，如输入 0.000000000005，则显示为 5E–12；当输入数字的单元格数字格式设置成带 2 位小数时，如果输入 3 位小数，末位将进行四舍五入。

在输入数值时，有时会发现单元格中出现符号“###”，这是因为单元格列宽不够，不足以显示全部数值的缘故，此时加大单元格列宽即可。

（3）输入日期时间

电子表格处理软件内置了一些日期、时间格式，当输入数据与这些格式相匹配时，系统将自动识别它们。常见的日期时间格式为“mm/dd/yy”“dd–mm–yy”“hh:mm(AM/PM)”，其中 AM/PM 与分钟之间应有空格，如“8:30 AM”，否则将被当作字符处理。图 4–6 给出了 Excel

2010 中 3 种类型数据输入的示例。

2. 向单元格中自动填充数据

用户有时会遇到需要输入大量有规律数据的情况，如相同数据，呈等差、等比的数据。这时，电子表格处理软件提供了自动填充功能，帮助用户提高工作效率。

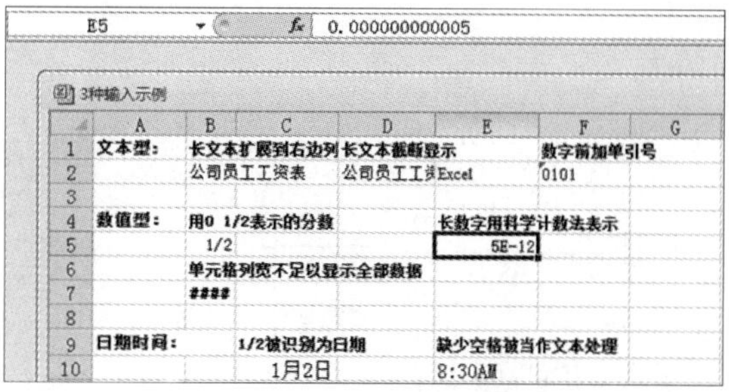

图 4–6　3 种类型数据输入的示例

自动填充根据初始值来决定以后的填充项。用鼠标指向初始值所在单元格右下角的小黑方块（称为填充句柄），此时鼠标指针形状变为黑十字，然后向右（行）或向下（列）拖动至填充的最后一个单元格，即可完成自动填充。图 4–7 给出了 Excel 2010 中使用自动填充柄的示例。

自动填充分 3 种情况：

（1）填充相同数据（复制数据）

单击该数据所在的单元格，沿水平或垂直方向拖动填充柄，便会产生相同数据。

（2）填充序列数据

如果是日期型序列，只需要输入一个初始值，然后直接拖动填充柄即可。如果是数值型序列，则必须输入前两个单元格的数据，然后选定这两个单元格，拖动填充柄，系统默认为等差关系，在拖动经过的单元格内依次填充等差序列数据。如果需要填充等比序列数据，则可以在拖动生成等差序列数据后，选定这些数据。在 Excel 2010 中，选择“开始”选项卡“编辑”组“填充”按钮下拉列表中的“系列”命令，在“序列”对话框中选择“类型”为“等比序列”，并设置合适的步长值（即比值，例如“3”）来实现，如图 4–8 所示。

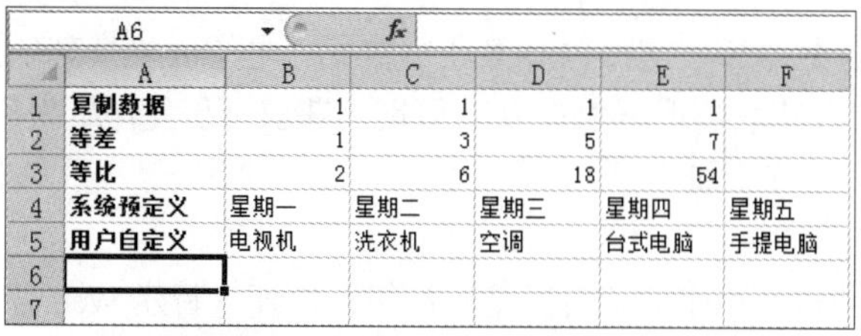

图 4–7　使用自动填充柄的示例

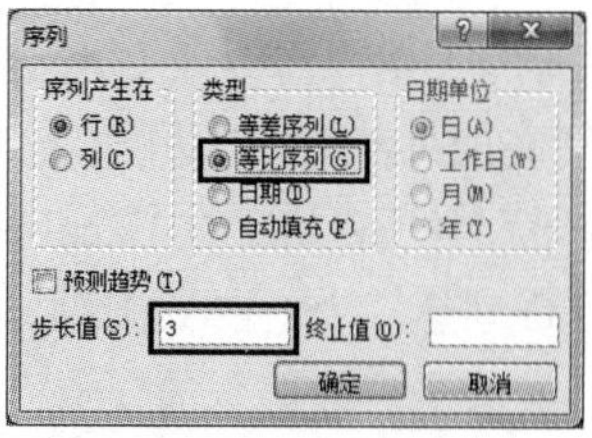

图 4–8　填充等比数据

（3）填充用户自定义序列数据

在实际工作中，经常需要输入单位部门设置、商品名称、课程科目、公司在各大城市的办事处名称等，可以将这些有序数据自定义为序列，节省输入工作量，提高效率。在 Excel 2010 中，选择“文件”按钮下拉列表中的“选项”命令，打开“Excel 选项”对话框，在左边选择“高级”选项卡，在右边“常规”区中单击“编辑自定义列表”按钮，打开“自定义序列”对话框，在其中添加新序列。有 2 种方法：一是在“输入序列”框中直接输入，每输入一个序列按一次【Enter】键，输入完毕后单击“添加”按钮；一是从工作表中直接导入，只需用鼠标选中工作表中的这一系列数据，在“自定义序列”选项卡（见图 4–9）中单击“导入”按钮即可。

（4）不规则合并单元格填充序号（见图 4–10）

合并单元格填充序号，必须选中所有单元格写入公式。因为公式实现填充的前提条件是单元格格式必须一致，而合并后的单元格往往格式不规则，是由不同数目的单元格合并而来的。

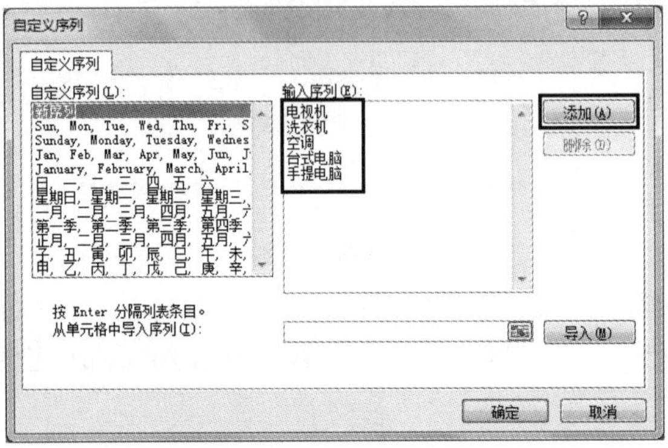

图 4-9　添加用户自定义新序列

序号	姓名	专业
1	廖墒心	计算机
	钱源	计算机
	廖墒心	计算机
	吴新婷	计算机
2	胡雁茹	教育系
	钱源	教育系
	廖墒心	教育系
3	胡雁茹	中文系
	袁永阳	中文系
	袁永阳	中文系
	吴新婷	中文系
	钱源	中文系
	廖墒心	中文系
4	胡雁茹	英语系
	钱源	英语系
	胡雁茹	英语系
5	袁永阳	历史系
	吴新婷	历史系

图 4-10　不规则合并单元格填充序号

这里用到的是 MAX 函数，MAX($A$1:A1)+1：

① MAX 函数是从一组数值中提取最大值。

② $A$1:A1，混合引用的一个区域，在将公式向下填充时，引用区域的范围总以 A1 单元格为起始单元格，结束单元格是公式所在单元格的上一个合并单元格。

③ A1 单元格是一个文本，所以 MAX($A$1:A1) 的返回值是 0，MAX($A$1:A1)+1 的返回值是 1，即第 1 个合并单元格内的序号。

④ 在写入 MAX($A$1:A1)+1 公式时，是选中了整个合并单元格区域，所以在公式结束的时候，要使用【Ctrl+Enter】组合键。

3. 获取外部数据

有时，用户需要从文本文件、Access 数据库、网站内容等获取数据，电子表格处理软件提供了“获取外部数据”功能，允许从其他来源获取数据。例如，从互联网上获取一份复印纸报价单，将其导入电子表格。在 Excel 2010 中，实现方法如下：

① 创建一个空白工作簿。

② 单击“数据”选项卡“获取外部数据”组中的“自网站”按钮，打开“新建 Web 查询”窗口。

③ 在“地址”栏输入网址 http://www.officebay.com.cn/product/price_list_10.html，也可以通过百度等搜索引擎查找所需的网址。然后单击地址栏右侧的“转到”按钮，进入相应的网页。

④ 每个可选表格左上角均显示一个黄色箭头➡，单击它使其变成绿色的选中状态☑；然后单击窗口右下方的“导入”按钮，打开“导入数据”对话框，确定数据放置位置，比如从 A1 单元格开始放置；然后单击“确定”按钮，将网上数据自动导入工作表。

4. 数据输入技巧

（1）输入人民币大写

在中文拼音输入法下，先输入字母 V，再输入数字。

（2）输入与上一行相同内容

输入与上一行相同的内容可按【Ctrl+D】组合键。

（3）输入已有内容

按住【Alt+ ↓】组合键，单元格上方已经输入的内容会自动出现，再用上下箭头或鼠标选取要重复输入的内容。

（4）输入工作日

选中第一个日期，右击，在弹出的快捷菜单中选择粘贴选项中的“以工作日填充”命令。

设置日期与星期几在同一个单元格显示的方法：打开“设置单元格格式”对话框，在“数字”选项卡的“分类”中选择“自定义”选项，然后在“类型”文本框后面加上 4 个“AAAA”，如图 4-11 所示。

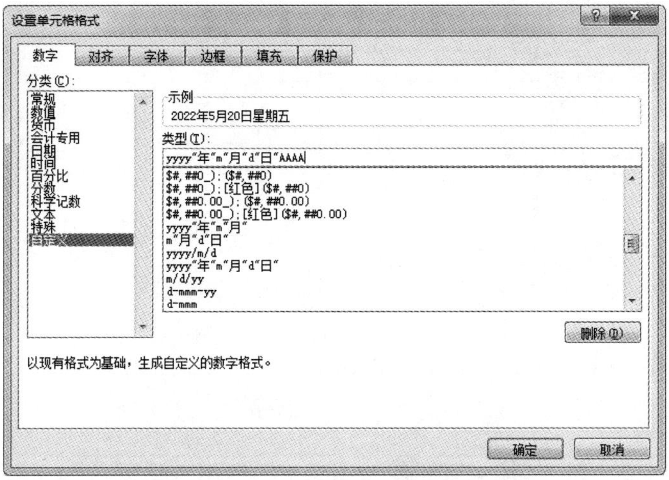

图 4-11　设置单元格格式

（5）定位单元格

按住【Ctrl+G】组合键，打开“定位”对话框，如图 4-12 所示。单击“定位条件”按钮，打开“定位条件”对话框，如图 4-13 所示。

图 4-12　“定位”对话框

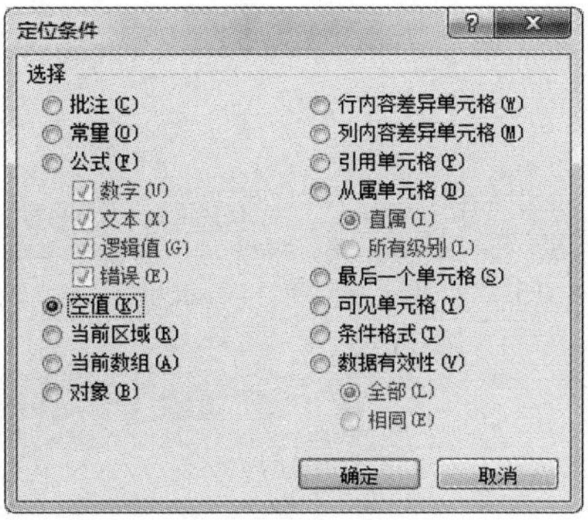

图 4-13　“定位条件”对话框

（6）批量输入成片一致数据

输入前选中一片区域，输入后按【Ctrl+Enter】组合键结束。

（7）多个工作表输入相同内容

同时选择多个工作表名称，输入内容，然后在选中的工作表名称处右击，在弹出的快捷菜单中选择“取消成组工作表”命令，这时就完成了多个工作表输入相同内容。

选择多个工作表的方法：如果是连续工作表，选了第一个，按住【Shift】键，再选最后一个；如果是不连续工作表，选择了第一个，按住【Ctrl】键，逐个单击工作表名称。

5. 数字与文本分离

选中要进行分离的数字与文本区域，单击“数据”选项卡中“分列”按钮，在“文本分列向导”对话框第 1 步中选择“固定列宽”，然后单击“下一步”按钮，如图 4-14 ~ 图 4-17 所示。

	学号 姓名	姓名	语文	数学	英语	物理	化学	地理	历史
4	0150101申志凡		99	98	101	95	91	95	78
5	0150102冯默风		78	95	94	82	90	93	94
6	0150103石双英		84	100	97	87	78	89	93
7	0150104史伯威		101	110	102	93	95	92	88
8	0150105王家骏		91.5	89	94	92	91	86	86
9	0150106朱元璋		105	102	102.5	90	87	95	93
10	0150107叶长青		82	78	72	98	58	90	72
11	0150108米横野		89	87	96	98	65	71	78
12	0150109冯 辉		100	112	92.5	66	93	64	60
13	0150110尼摩星		106	102	85	79	70	93	88
14	0150111吕正平		115	83	99	90	89	80	94
15	0150112白龟寿		77	97	105	85	76	94	84
16	0150113史仲猛		73	78	84	58	97	66	85
17	0150114孙三观		105	81	81	62	68	83	84
18	0150115吴冲虚		52	108	82	77	91	78	71
19	0150116杨景亭		105	84	63	81	93	68	90
20	0150117张三洋		96	65	99	86	68	60	71
21	0150118朱安国		62	90	105	70	92	62	87
22	0150119李万山		107	97	54	96	59	75	62
23	0150120方有德		71	94	111	99	75	63	71
24	0150121凌霜华		87	52	97	83	73	80	75
25	0150122贝人龙		104	102	93	93	78	78	79
26	0150123倪天虹		110	116	107	98	95	90	98
27	0150124沙通天		89	88	85	56	67	57	79
28	0150125司徒横		106	103	92	55	91	85	82
29	0150126石中玉		105	119	110	97	96	93	94
30	0150127皮清云		117	96	84	64	91	73	95
31	0150128王保保		104	91	82	87	84	65	60
32	0150129方东白		117	58	97	82	62	78	62
33	0150130石清		102	83	111	76	74	72	72

图 4-14 原始数据

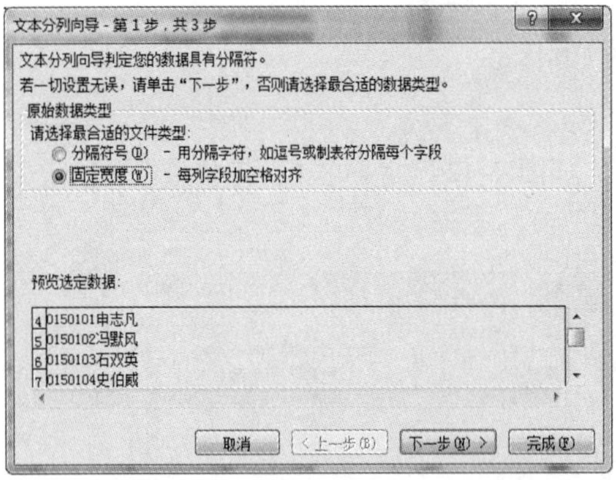

图 4-15 文本分列向导 - 第 1 步

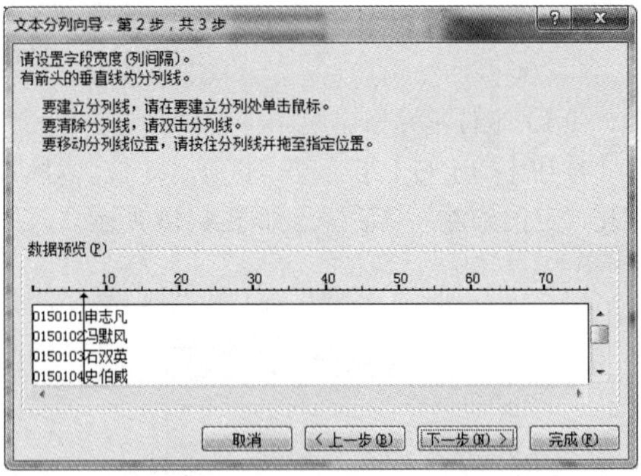

图 4-16 文本分列向导 - 第 2 步

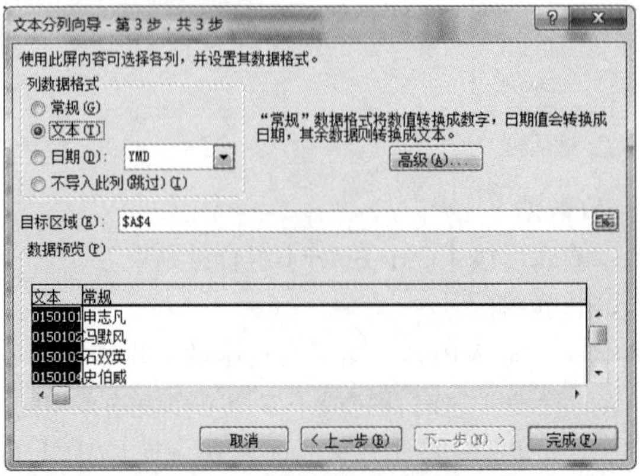

图 4-17 文本分列向导 - 第 3 步

注意：列数据格式的选择一定和显示格式一致。

6. 数据有效性设置

在向工作表输入数据的过程中，用户可能会输入一些不合要求的数据，即无效数据。为避免这个问题，可以通过在单元格中设置数据有效性进行相关的控制。设置数据有效性，就是定义可以在单元格中输入或应该在单元格中输入的数据类型、范围、格式等。它具有以下作用：

① 将数据输入限制为指定序列的值，以实现大量数据的快速输入。

② 将数据输入限制为指定的数值范围，如指定最大 / 最小值、指定整数、指定小数、限制为某时段的日期、限制为某时段的时间等。

③ 将数据输入限制为指定长度的文本，如身份证号只能是 18 位文本等。

④ 限制重复数据的出现，如学生的学号不能相同等。

⑤ 规范数据录入：不能隔行隔列填写（可解决输入数据时少填写某项数据）。

电子表格处理软件提供了数据有效性功能。在 Excel 2010 中，选择“数据”选项卡“数据工具”组中“数据有效性”按钮下拉列表中的“数据有效性”命令设置数据的有效性规则。

例如，在输入学生成绩时，数据应该为 0 ~ 100 之间的整数，这就有必要设置数据的有效性。在 Excel 2010 中，先选定需要进行有效性检验的单元格区域，选择“数据”选项卡“数据工具”组中“数据有效性”按钮下拉列表中的“数据有效性”命令，在“数据有效性”对话框“设置”选项卡中进行相应设置，如图 4–18 所示，其中选中“忽略空值”复选框表示在设置数据有效性的单元格中允许出现空值。设置输入提示信息和输入错误提示信息分别在该对话框中的“输入信息”和“出错警告”选项卡中进行。数据有效性设置好后，Excel 就可以监督数据的输入是否正确。

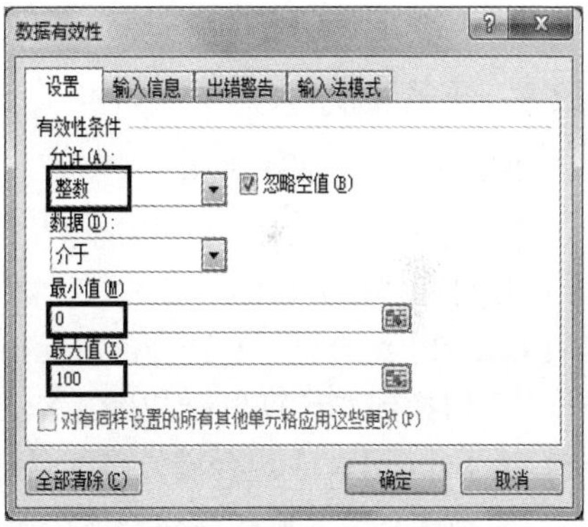

图 4–18　数据有效性设置

7. 条件格式

“条件格式”中最常用的是“突出显示单元格规格”与“项目选取规则”。“突出显示单元格规格”用于突出一些固定格式的单元格，而“项目选取规则”则用于统计数据，如突出显示高于 / 低于平均值的数据，或按百分比来找出数据。

Excel 2010 中，每个工作表最多可以设置 64 个条件格式。对同一个单元格（或单元格区域），如果应用两个或两个以上的不同条件格式，这些条件可能冲突，也可能不冲突：

① 规则不冲突。例如，如果一个规则将单元格格式设置为字体加粗，而另一个规则将同一个单元格的格式设置为红色，则该单元格格式设置为字体加粗且为红色。因为这两种格式间没有冲突，所以两个规则都得到应用。

② 规则冲突。例如，如果一个规则将单元格字体颜色设置为红色，而另一个规则将单元格字体颜色设置为绿色。因为这两个规则冲突，所以只应用一个规则，应用优先级较高的规则。

因此，在设置多条件的条件格式时，要充分考虑各条件之间的设置顺序。若要调整条件格式的先后顺序或编辑条件格式，可以通过“条件格式”的“管理规则”来实现。如果想删除单元格或工作表的所有条件格式，可以通过“条件格式”的“清除规则”来实现。

此外，也可以通过公式来设定单元格条件格式。例如，希望将计算考勤成绩在 80 分以下（不含 80 分）的学生姓名用红色标识出来，操作步骤如下：

① 选择“上课考勤登记”工作表的姓名单元格区域 B5:B34，选择“开始”选项卡“样式”组“条件格式”下拉列表中的“新建规则”命令。

② 在弹出的图 4-19 所示的“新建格式规则”对话框中，选择规则类型为“使用公式确定要置格式的单元格”，在编辑规则说明中输入公式“＝ N5 ＜ 80”（表示条件为“计算考勤成绩＜ 80”），单击“格式”按钮，在对话框中设置为“红色、加粗”，单击“确定”按钮。可以看到，计算考勤成绩在 80 分以下的姓名就以“红色、加粗”突出显示了。

图 4-19　新建格式规则

其中，公式“N5<80”的条件格式为：如果 N5 中的内容小于 80，那么 B5 单元的内容以“红色、加粗”突出显示。

4.2.3　任务实现

步骤 1　复制学生名单。

将“相关素材 .XLSX”中的学生名单复制到“上课考勤登记”工作表中。操作步骤如下：

① 打开“相关素材. XLSX”工作簿，选择“学生名单”工作表的 A2:A31 单元格区域，按下【Ctrl+C】组合键，对选择的单元格区域进行复制。

② 切换到“计算思维成绩. XLSX”工作簿的“上课考勤登记”工作表，定位到单元格 A5，按下【Ctrl+C】组合键，将姓名粘贴到“上课考勤登记”工作表中。

③ 单击粘贴区域的粘贴选项按钮，选择粘贴值按钮，则在未改变工作表的现有格式的前提下，实现了学生名单的复制。

④ 选中 A5:A34，单击“数据”选项卡中“分列”按钮，在“文本分列向导”对话框第 1 步中选择“固定列宽”单选按钮，然后单击“下一步”按钮。

步骤 2　设置出勤数据验证。

设置出勤区域的数据输入只允许为迟到、旷课或请假，可以通过设置数据有效性来实现。操作步骤如下：

① 选择 C5:L34 单元格区域。

② 单击“数据”选项卡“数据工具”组的“数据有效性”按钮，弹出如图 4-20 所示的对话框。

③ 在“设置”选项卡中，“允许”选择“序列”，“来源”中输入“迟到，旷课，请假”，注意分隔符为英文逗号。

④ 单击“确定”按钮。这样，对 C5:L34 单元格区域，就只允许选择性输入迟到、旷课或请假。

⑤ 将“相关素材. XLSX”中的考勤数据按“步骤 1　复制学生名单”的操作方式复制到“上课考勤

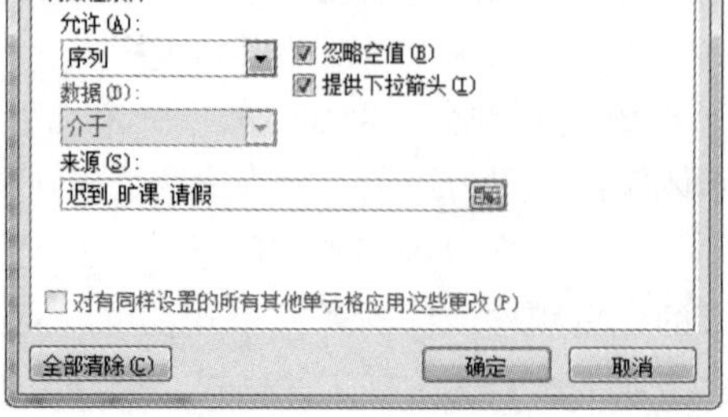

图 4-20　数据有效性

登记”工作表中（不改变工作表的格式）。

步骤 3　计算缺勤次数。

学生如果有缺勤的情况，就会在对应的单元格标记上“迟到”、“旷课”或“请假”，因此，可以通过 COUNTA 函数来统计学生所对应的缺勤区域中非空值的单元格个数，从而得到学生的缺勤次数。操作步骤如下：

① 选择 M5 单元格，单击 M5 单元格编辑栏区域的“插入函数”按钮 *fx*，弹出图 4–21 所示的“插入函数”对话框，选择“统计”类别及 COUNTA 函数，单击“确定”按钮。

② 在“函数参数”对话框中，将光标定位到 Value1 区域，选择 C5:L5 单元格区域，Value1 区域中显示“C5:L34”，单击“确定”按钮。

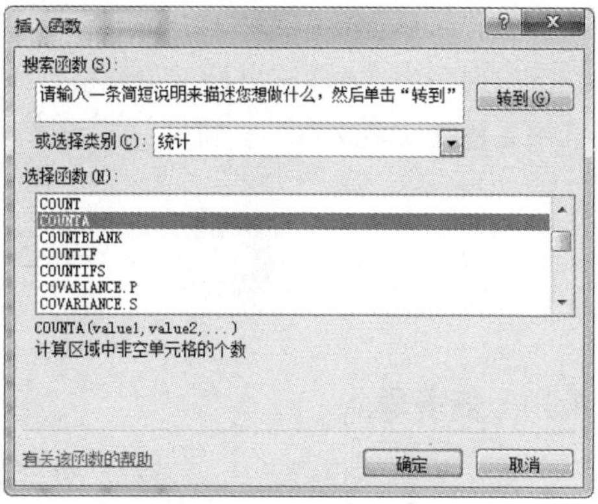

图 4–21　“插入函数”对话框

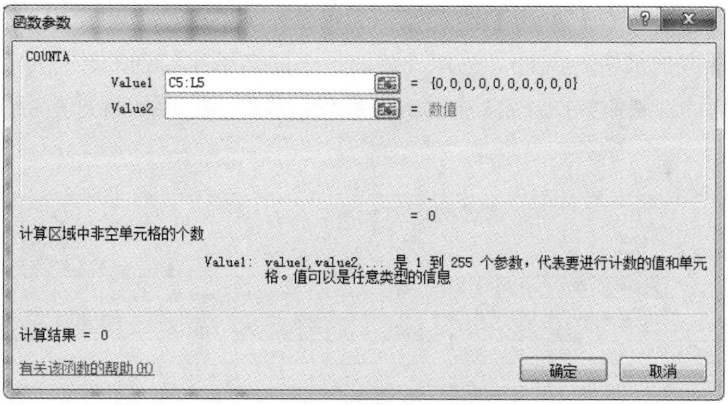

图 4–22　“函数参数”对话框中

③ 选择 M5 单元格，鼠标指针指向 M5 单元格的填充柄，双击，完成自动复制填充。

④ 单击“自动填充选项”下拉列表中的“不带格式填充”按钮。

步骤 4　计算出勤成绩。

由于学生的计算出勤成绩＝ 100– 缺勤次数 ×10，因此可以用公式来实现。操作步骤如下：

① 选择 N5 单元格，输入“＝ 100–M5*10”，按【Enter】键确认。这时，N5 单元格的值为 70，N5 单元格编辑栏的内容为“＝ 100–M5*10”。

② 选择 N5 单元格，鼠标指针指向 N5 单元格的填充柄，双击，完成自动复制填充。

③ 单击“自动填充选项”，扩展开选项菜单，选择“不带格式填充”命令，完成公式复制。

步骤 5　计算实际出勤成绩。

由于学生的实际出勤成绩与缺勤次数有关，如果学生缺勤达到 5 次以上（不含 5 次），实际出勤成绩计为 0 分，否则实际出勤成绩等于计算出勤成绩。因此可以用 IF 函数进行判断实现。操作步骤如下：

选择 O5 单元格，输入 =IF(M5>=5,0,N5) 或者 =IF(N5>=50,N5,0)

步骤 6 实际出勤成绩特别标注。

将 80 分（不含 80 分）以下的实际出勤成绩用“浅红填充色深红色文本”特别标注出来。

操作步骤如下：选中 O5:O34 单元格，单击“开始”选项卡“样式”组中的“条件格式”按钮，在下拉列表中选择“突出显示单元格规则”中的“小于”命令，第 1 个框填写 80，第 2 个框选择“浅红填充色深红色文本”，特别标注出来。

4.3 公式与函数的使用

4.3.1 情境导入

电子表格不仅能输入、显示、存储数据，更重要的是可以通过公式和函数方便地进行统计计算，如求和、求平均值、计数、求最大 / 最小值以及其他更为复杂的运算。电子表格处理软件提供了大量的、类型丰富的实用函数，可以通过各种运算符及函数构造出各种公式以满足各类计算的需要。通过公式和函数计算出的结果不但正确，而且在原始数据发生改变后，计算结果也会自动更新，这是手工计算无法比拟的。

现在需要对课程成绩进行统计，总评成绩前 5 名的名单用特别的颜色标识出来。对期末成绩总评成绩进行统计，制作如图 4-23 所示的课程登记表样式，要实现这些功能可以通过公式来完成：

课程成绩登记表

学期：2013至2014第2学期　　课程名称：大学计算机

课程学分：4　　平时成绩比重：30%

学号	姓名	出勤成绩 0.2	课堂表现 0.2	课后实训 0.2	大作业 0.4	平时成绩	期末成绩	总评成绩	成绩绩点	总评等级	总评排名
0150101	申志凡	14	19	18	38	89	91	90	3.3	A	2
0150102	冯默风	16	16	18	37	88	89	89	3.1	B	6
0150103	石双英	20	17	16	36	89	80	83	2.7	B	10
0150104	史伯威	18	19	19	37	92	64	73	1.9	C	23
0150105	王家骏	20	18	18	34	91	68	75	2.1	C	19
0150106	朱元璋	20	18	17	38	93	61	71	1.8	C	25
0150107	叶长青	20	20	12	36	87	82	84	2.8	B	9
0150108	米横野	0	20	13	28	61	45	50	0.2	F	30
0150109	冯 辉	18	13	19	26	75	75	75	2.1	C	16
0150110	尼摩星	18	16	14	37	85	92	90	3.2	B	4
0150111	吕正平	20	18	18	32	88	77	80	2.5	B	12
0150112	白龟寿	20	17	15	38	90	76	80	2.5	B	13
0150113	史仲猛	20	12	19	26	77	87	84	2.8	B	8
0150114	孙三观	14	12	14	33	73	97	90	3.2	B	5
0150115	吴冲虚	20	15	18	31	85	87	86	3.0	B	7
0150116	杨景亭	20	16	19	27	82	94	90	3.3	A	3
0150117	张三泮	18	17	14	24	73	67	69	1.7	D	26
0150118	朱安国	20	14	18	25	77	77	77	2.3	C	15
0150119	李万山	20	19	12	30	81	63	68	1.6	D	27
0150120	方有德	12	20	15	25	72	74	73	2.0	C	21
0150121	凌霜华	20	17	15	32	83	50	60	1.0	F	29
0150122	贝人龙	14	19	16	31	79	73	75	2.1	C	18
0150123	倪天虹	20	20	19	36	95	64	73	2.0	C	22
0150124	沙通天	20	11	13	23	67	60	62	1.2	D	28
0150125	司徒横	18	11	18	34	81	71	74	2.1	C	20
0150126	石中玉	18	19	19	37	94	67	75	2.1	C	17
0150127	皮清云	20	13	18	29	80	99	93	3.5	A	1
0150128	王保保	18	17	17	26	78	84	82	2.7	B	11
0150129	方东白	20	16	12	31	80	68	72	1.9	C	24
0150130	石清	18	15	15	29	77	79	78	2.4	C	14

图 4-23　课程登记表样式

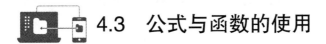

① 将“相关素材 .xlsx”工作簿中的成绩空白表复制到“计算思维成绩 .xlsx”工作簿中的“上课考勤登记”工作表之后，将其命名为“课程成绩”工作表，并设置出勤成绩、课堂表现、课后实训以及大作业的比重分别为 20%、20%、20%、40%。并将学生的出勤成绩、课堂表现、课后实训、大作业以及期末考试成绩复制到相应位置。

② 使用数组公式，计算学生的平时成绩及总评成绩（平时成绩和总评成绩四舍五入为整数）。平时成绩 = 出勤成绩 × 出勤成绩比重 + 课堂表现 × 课堂表现比重 + 课后实训 × 课后实训比重 + 大作业 × 大作业比重，总评成绩 = 平时成绩 × 平时成绩比重 + 期末成绩 ×（1– 平时成绩比重）。

③ 计算学生的课程绩点。课程总评成绩为 100 分的课程绩点为 4.0，60 分的课程绩点为 1.0，60 分以下课程绩点为 0，课程绩点带 1 位小数。60 分 ~ 100 分间对应的绩点计算公式如下：

$$r_k = 1 + (X - 60) \times \frac{3}{40} (60 \leqslant X \leqslant 100，X\text{为课程总评成绩})$$

④ 计算学生的总评等级。总评成绩 ⩾ 90 分计为 A，总评成绩 ⩾ 80 分计为 B，总评成绩 ⩾ 70 分计为 C，总评成绩 ⩾ 60 分计为 D，其他计为 F。

⑤ 根据学生的总评成绩进行排名。

⑥ 将班级前 5 名的数据用灰色底纹进行标注。

⑦ 锁定平时成绩、总评成绩、课程绩点、总评等级、总评排名区域，防止误输入。

4.3.2 相关知识

1. 公式和函数中的单元格引用

使用公式和函数计算数据其实非常简单，只要计算出第 1 个数据，其他的都可以利用公式的自动填充功能完成。公式的自动填充操作实际上就是复制公式，为什么同一个公式复制到不同单元格会有不同的结果呢？究其原因是单元格引用的相对引用在起作用。

在公式和函数中很少输入常量，最常用到的就是单元格引用。可以引用一个单元格、一个单元格区域、引用另一个工作表或工作簿中的单元格或区域。单元格引用方式有 3 种。

（1）相对引用

与包含公式的单元格位置相关，引用的单元格地址不是固定地址，而是相对于公式所在单元格的相对位置。相对引用地址表示为“列标行号”，如 B1、C2 等，是 Excel 默认的引用方式。它的特点是公式复制时，该地址会根据移动的位置自动调节。例如，在学生成绩表中 G3 单元格输入公式“= D3+E3+F3”，表示的是在 G3 中引用紧邻它左侧的连续 3 个单元格中的值。当沿 G 列向下拖动复制该公式到单元格 G4 时，那么紧邻它左侧的连续 3 个单元格变成了 D4、E4、F4，于是 G4 中的公式也就变成了“= D4+E4+F4”。假如公式从 G3 复制到 I4，那么紧邻它左侧的连续 3 个单元格变成了 F4、G4、H4，公式将变为“= F4+G4+H4”，相对引用常用来快速实现大量数据的同类运算。

（2）绝对引用

与包含公式的单元格位置无关。在复制公式时，如果不希望所引用的位置发生变化，那么就要用到绝对引用。绝对引用是在引用的地址前加上符号，表示为“$ 列标 $ 行号”，如 $B$1。它的特点是公式复制时，该地址始终保持不变。例如，学生成绩表中将 G3 单元格公式改为“= $D$3+$E$3+$F$3”，再将公式复制到 G4 单元格，会发现 G4 的结果值仍为 221，公式也仍为“= $D$3+$E$3+$F$3”。符号“$”就好像一个“钉子”，钉住了参加运算的单元格，使它们不会随着公式位置的变化而变化。

（3）混合引用

当需要固定引用行而允许列发生变化时，在行号前加符号“$”，如 B$1；当需要固定引用列而允许行发生变化时，在列标前加符号“$”，如 $B1。

2. 算术与统计函数

（1）MOD 函数

功能：返回两数相除的余数。

格式：MOD(number,divisor)。

说明：number 为被除数，divisor 为除数。

（2）MAX 函数

功能：返回一组值中的最大值。忽略逻辑值和文本。

格式：MAX(number1,number2,…)。

说明：number1,number2,…是要从中找出最大值的 1 ～ 30 个数字参数。

如图 4-24 所示，在 E34 单元格中显示了计算机的最高分。

使用 MAX 函数可以填充不规则合并单元格的序号，如图 4-25 所示。

E34 =MAX(E2:E33)

学号	姓名	性别	系别	计算机
20211001	毛莉	女	理学院	75
20211002	杨青	女	化工学院	68
20211003	陈小鹰	女	理学院	58
20211004	陆东兵	女	经管学院	94
20211005	闻亚东	男	教育学院	84
20211006	曹吉武	女	化工学院	72
20211007	彭晓玲	女	经管学院	85
20211008	傅珊珊	女	理学院	88
20211009	钟争秀	男	化工学院	78
20211010	周旻璐	女	教育学院	94
20211011	柴安琪	男	化工学院	60
20211012	吕秀杰	女	经管学院	81
20211013	陈华	男	理学院	71
20211014	姚小玮	女	化工学院	68
20211015	刘晓瑞	女	教育学院	75
20211016	肖凌云	男	化工学院	68
20211017	徐小君	女	经管学院	58
20211018	程俊	男	理学院	94
20211020	钟华	女	教育学院	72
20211022	谷金力	男	理学院	87
20211025	贾丽娜	男	经管学院	60
20211027	吴冬玉	男	外语学院	75
20211029	徐华	男	外语学院	75
20211030	罗金梅	女	化工学院	67
20211031	齐明	女	外语学院	58
20211032	赵援	女	化工学院	94
20211033	罗颖	男	化工学院	84
20211034	张永和	女	化工学院	72
20211035	陈平	女	外语学院	80
20211036	谢彦	男	化工学院	84
20211037	明小莉	男	化工学院	78
20211038	张立娜	女	化工学院	94
			最高分	94

图 4-24 求最大值

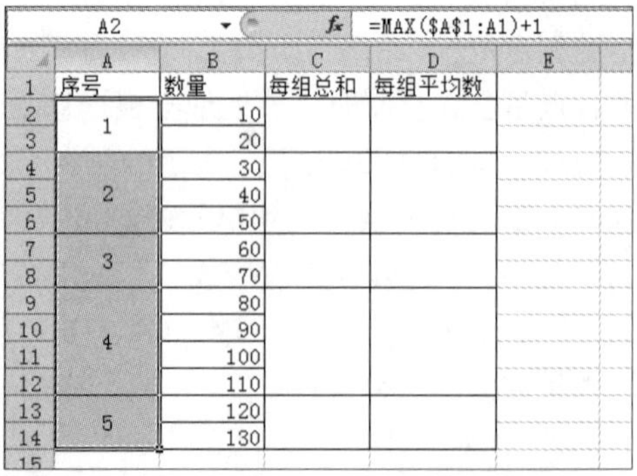

A2 =MAX($A$1:A1)+1

	A	B	C	D
1	序号	数量	每组总和	每组平均数
2	1	10		
3		20		
4	2	30		
5		40		
6		50		
7	3	60		
8		70		
9	4	80		
10		90		
11		100		
12		110		
13	5	120		
14		130		

图 4-25 不规则的合并单元格填充序号

操作方法：

选中所有需要填充序号单元格，然后输入写入公式 MAX($A$1:A1)+1。因为公式实现填充的前提条件是单元格格式必须一致，而合并后的单元格往往格式不规则，是由不同数目的单元格合并而来的。

（3）RANK.EQ 函数

功能：为指定单元的数据在其所在行或列数据区所处的位置排序。

格式：RANK.EQ(number,ref,[order])。

说明：number 必需。要找到其排位的数字。ref 必需，数字列表的数组，对数字列表的引用。ref 中的非数字值会被忽略。order 可选，其中 order 取 0 值按降序排列，order 取 1 值按升序排列。

【例 4–1】有大学计算机基础学生机试成绩表需要进行统计分析，如图 4–26 所示。

现在需要在右边增加一列，显示排名情况，操作方法如下：

① 单击工作表中 E2 单元格，输入“排名”。

② 单击 E3 单元格，输入公式“=RANK(D3,D3$:$D$10)”，D3 为第一位学生机试成绩，$D3:$D$10 为所有学生机试成绩所占的单元格区域，没有第 3 个参数则排名按降序排列，即分数高者名次靠前。绝对引用是为了保证公式复制的结果正确，按【Enter】键，得到第一位学生的名次是“2”。

③ 利用公式的自动填充功能得到其他学生的名次。结果如图 4–26 所示。

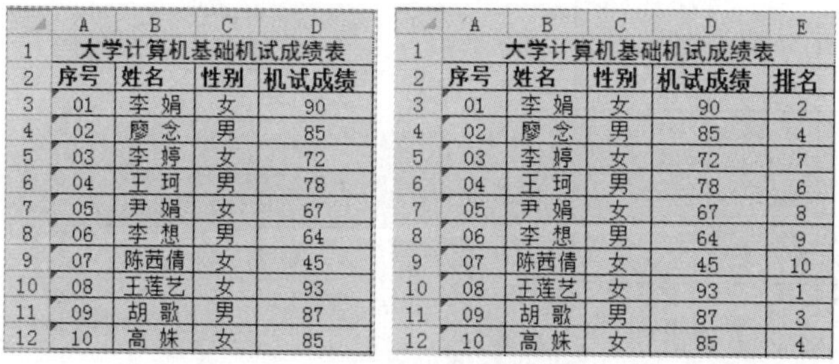

	A	B	C	D
1	大学计算机基础机试成绩表			
2	序号	姓名	性别	机试成绩
3	01	李 娟	女	90
4	02	廖 念	男	85
5	03	李 婷	女	72
6	04	王 珂	男	78
7	05	尹 娟	女	67
8	06	李 想	男	64
9	07	陈茜倩	女	45
10	08	王莲艺	女	93
11	09	胡 歌	男	87
12	10	高 姝	女	85

	A	B	C	D	E
1	大学计算机基础机试成绩表				
2	序号	姓名	性别	机试成绩	排名
3	01	李 娟	女	90	2
4	02	廖 念	男	85	4
5	03	李 婷	女	72	7
6	04	王 珂	男	78	6
7	05	尹 娟	女	67	8
8	06	李 想	男	64	9
9	07	陈茜倩	女	45	10
10	08	王莲艺	女	93	1
11	09	胡 歌	男	87	3
12	10	高 姝	女	85	4

图 4–26　学生机试成绩表

（4）ROUND 函数

功能：按指定的位数对数值进行四舍五入。

格式：ROUND(number,num_digits)。

说明：利用 INT 函数构造四舍五入的函数返回的结果精度有限，有时候满足不了实际需要。Excel 的 ROUND 函数可以解决这个问题。

ROUND 函数中：

如果 num_digits 大于 0，则将数字四舍五入到指定的小数位。

如果 num_digits 等于 0，则将数字四舍五入到最接近的整数。

如果 num_digits 小于 0，则在小数点左侧前几位进行四舍五入。

若要进行向上舍入（远离 0），请使用 ROUNDUP 函数。

若要进行向下舍入（朝向 0），请使用 ROUNDDOWN 函数。

表 4–1　ROUND 功能

=ROUND(2.15,1)	将 2.15 四舍五入到 1 个小数位	2.2
=ROUND(2.149,1)	将 2.149 四舍五入到 1 个小数位	2.1
=ROUND(–1.475,2)	将 -1.475 四舍五入到 2 个小数位	–1.48
=ROUND(21.5,0)	将 21.5 四舍五入到整数	22
=ROUND(21.5,–1)	将 21.5 左侧 1 位四舍五入	20
=ROUND((A1+A3)/C1,2)	计算 A1 与 A3 单元格之和，再除以 C1，结果保留 2 位小数	

（5）SUM 函数和 AVERAGE 函数

SUM 函数的功能是计算单元格区域内所有数值之和。

AVERAGE 函数的功能是计算单元格区域内所有数值算术平均值。

对于规则的单元和区域比较容易操作，主要是对于不规则的单元格区域如何去求，如图 4–27 所示。

求每组总和：选中需要计算总和的所有单元格 B2:B14，编辑栏中输入“=SUM(B2:B14)–SUM(C2:C14)”，按【Ctrl+Enter】组合键确定。

求平均值就需要在工作表的每组平均值右侧增加一列，首先计算数据个数列，选中 E2:E14 区域，输入 =COUNT(B2:B14)–SUM(E3:E14)，按【Ctrl+Enter】组合键确定，这样就计算出每组的数据个数，如图 4–28 所示。

	A	B	C	D
1	序号	数量	每组总和	每组平均数
2	1	10		
3		20		
4	2	30		
5		40		
6		50		
7	3	60		
8		70		
9	4	80		
10		90		
11		100		
12		110		
13	5	120		
14		130		
15				

图 4–27 不规则单元格求和

E2 =COUNT(B2:B14)-SUM(E3:E14)

	A	B	C	D	E	F
1	序号	数量	每组总和	每组平均数	数据个数	
2	1	10	30		2	
3		20				
4	2	30	120		3	
5		40				
6		50				
7	3	60	130		2	
8		70				
9	4	80	380		4	
10		90				
11		100				
12		110				
13	5	120	250		2	
14		130				
15						

图 4–28 不规则单元格求平均值

现在就可以计算每组平均数了，选中 D2:D14 区域，输入 =C2/E2，按【Ctrl+Enter】组合键确定。

（6）IF 函数

功能：执行真假值判断，根据逻辑计算的真假值，返回不同结果。

格式：IF(logical_test,value_if_true,value_if_false)。

说明：logical_test 表示计算结果为 TRUE 或 FALSE 的任意值或表达式，value_if_true 是 logical_test 为 TRUE 时返回的值，value_if_false 是 logical_test 为 FALSE 时返回的值。当要对多个条件进行判断时，需嵌套使用 IF() 函数，IF 最多可以嵌套 7 层，用 value_if_false 和 value_if_true 参数可以构造复杂的检测条件，一般直接在编辑栏输入函数表达式。

【例 4–2】 如图 4–29 所示成绩表中，在右边继续增加一列，将机试成绩百分制转换成等级制，转换规则为 90~100（优）、80~89（良）、70~79（中）、60~69（及格）、60 以下（不及格）。

	A	B	C	D	E	F
1	大学计算机基础机试成绩表					
2	序号	姓名	性别	机试成绩	排名	等级制
3	01	李 娟	女	90	2	优
4	02	廖 念	男	85	4	良
5	03	李 婷	女	72	7	中
6	04	王 珂	男	78	6	中
7	05	尹 娟	女	67	8	及格
8	06	李 想	男	64	9	及格
9	07	陈茜倩	女	45	10	不及格
10	08	王莲艺	女	93	1	优
11	09	胡 歌	男	87	3	良
12	10	高 妹	女	85	4	良

图 4–29 成绩表

操作方法如下：

① 单击工作表中 F2 单元格，输入“等级制”。

② 单击 F3 单元格，输入公式：“=IF(D3>=90,”优”,IF(D3>=80,”良”,IF(D3>=70,”中”,IF(D3>=60,”及格”,”不及格”))))”，然后按【Enter】键，得到第一位学生的成绩等级是“优”。

③ 利用公式的自动填充功能得到其他学生的成绩等级。结果如图 4–30 所示。

（7）COUNT 和 COUNTA 函数

功能：

COUNT 函数：用于 Excel 中对给定数据集合或者单元格区域中数据的个数进行计数。

COUNTA 函数：可对包含任何类型信息的单元格进行计数，这些信息包括错误值和空文本 ("")。

格式：

COUNT：语法结构为 COUNT(value1,value2,…)。COUNT 函数只能对数字数据进行统计，对于空单元格、逻辑值或者文本数据将被忽略。如果参数为数组或引用，则只计算数组或引用中数字的个数。不会计算数组或引用中的空单元格、逻辑值、文本或错误值。

COUNTA：语法结构为 COUNTA(value1,[value2],…)，value1 为必需的参数，表示要计数的值的第 1 个参数。如果参数为数字、日期或者代表数字的文本（例如，用引号引起的数字，如 "1"），则将被计算在内。

说明：

COUNT：可以利用该函数来判断给定的单元格区域中是否包含空单元格。

COUNTA：利用函数 COUNTA 可以计算单元格区域或数组中包含数据的单元格个数。

【例 4-3】表格中记录的是一些户籍信息，A 列是“与户主关系”，B 列是家庭每位成员姓名。要求：在户主所在行的 C 列统计出这一户的人数，如图 4-30 所示。

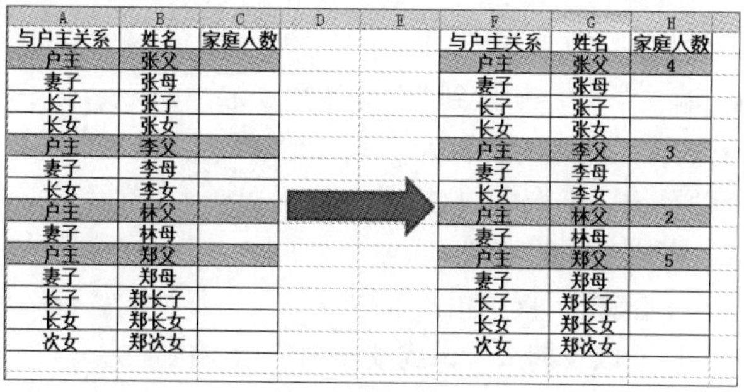

与户主关系	姓名	家庭人数
户主	张父	
妻子	张母	
长子	张子	
长女	张女	
户主	李父	
妻子	李母	
长女	李女	
户主	林父	
妻子	林母	
户主	郑父	
妻子	郑母	
长子	郑长子	
长女	郑长女	
次女	郑次女	

与户主关系	姓名	家庭人数
户主	张父	4
妻子	张母	
长子	张子	
长女	张女	
户主	李父	3
妻子	李母	
长女	李女	
户主	林父	2
妻子	林母	
户主	郑父	5
妻子	郑母	
长子	郑长子	
长女	郑长女	
次女	郑次女	

图 4-30　家庭人员

以公式实现，H2 单元格输入公式（见图 4-31）：

```
=IF(G2="户主",COUNTA(G2:G15)-SUM(H3:H15),"")
```

确定，即可计算出第一户家庭成员数，公式向下填充，可得所有家庭成员数。

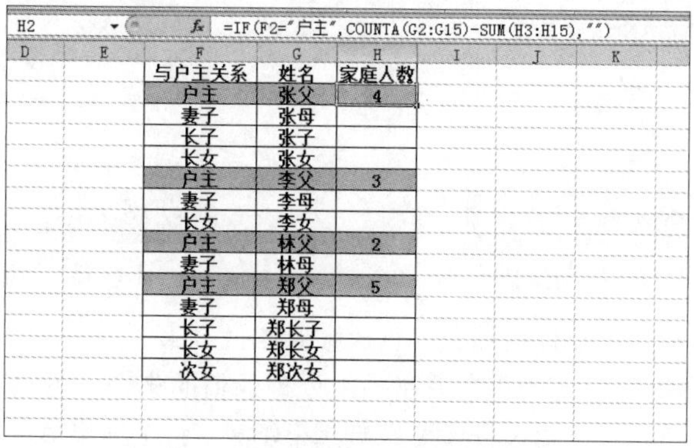

与户主关系	姓名	家庭人数
户主	张父	4
妻子	张母	
长子	张子	
长女	张女	
户主	李父	3
妻子	李母	
长女	李女	
户主	林父	2
妻子	林母	
户主	郑父	5
妻子	郑母	
长子	郑长子	
长女	郑长女	
次女	郑次女	

图 4-31　家庭人数计算结果

公式解析：

COUNTA(G2:G15)：当前行的 G 列不为空的单元格个数，也就是所有家庭成员数量。

SUM(H3:H15)：从公式所在 H2 单元格的下一行，即 H3 单元格开始，统计除当前行所在家庭，其他所有家庭成员数之和。

COUNTA(G2:G15)–SUM(H3:H15)：B 列所有人员，减去除当前行所在家庭，其他所有家庭成员数之和，即当年家庭成员数。

IF(G2=" 户主 ",COUNTA(G2:G15)–SUM(H3:H15),"")：如果当年行 A 列单元格为“户主”，则返回当前家庭成员数，否则返回空值。

这样就实现了家庭成员数量显示在户主所在行。

4.3.3 任务实现

步骤 1 按照要求完成计算和复制。

① 打开“相关素材 .xlsx”工作簿中的成绩空白表，右击，在弹出的快捷菜单中选择“移动或复制”命令，选择“计算思维成绩”的 Sheet2 工作表之前，选中“建立副本”复选框，如图 4–32 所示。

② 将“计算思维成绩 .xlsx”工作簿的“课程成绩空白表”工作表重命名为“课程成绩”工作表。

③ 选择“课程成绩”工作表的 C5:F5 单元格区域，将其数据格式设为“百分比”，通过“减少小数位数”按钮，设置小数位数为 0。

④ 选择 C6 单元格，输入“=”，切换到“上课考勤登记”工作表，选择 O5 单元格，按【Enter】键确认输入，C6 单元格编辑栏区域的内容为“=上课考勤成绩！ O5”，表示 C6 单元格中的出勤成绩引用自“上课考勤登记”工作表的 O5 单元格。选择 C6 单元格，移动鼠标，当鼠标指针变成黑色填充柄时双击，完成公式的复制。

⑤ 在不改变表格格式的前提下将“相关素材 .xlsx”工作簿的“成绩数据素材”工作表中的课堂表现、课后实训、大作业以及期末考试成绩复制到相应位置。

⑥ 使用选择性粘贴功能（见图 4–33），分别计算出勤成绩、课堂表现、课后实训、大作业比重后的成绩。

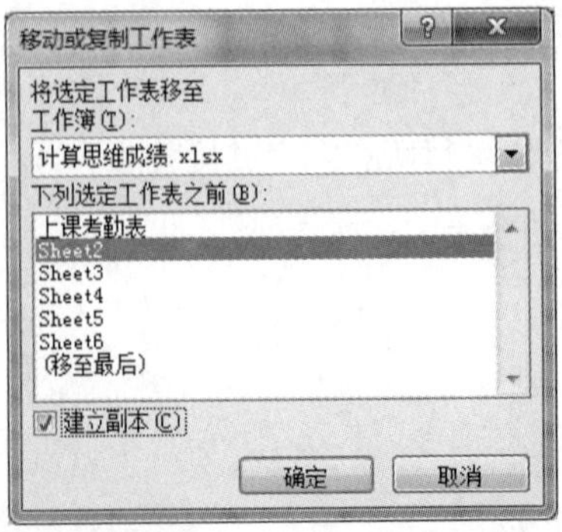

图 4–32 工作表的移动或复制

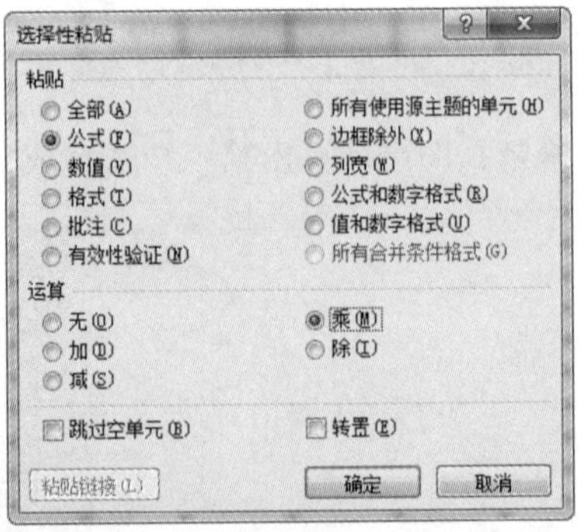

图 4–33 “选择性粘贴”对话框

步骤 2 计算平时成绩及总评成绩，并且成绩要四舍五入。

使用数组公式：数组是单元的集合或是一组处理的值的集合。可以写一个数组公式，即输入一个单个的公式，它执行多个输入操作并产生多个结果，每个结果显示在一个单元格区域中。数组公式可以看成有多重数值的公式，它与单值公式的不同之处在于它可以产生一个以上的结果。一个数组公式可以占用一个或多个单元区域，数组元素的个数最多为 6 500 个。

使用数组公式计算平时成绩和总评成绩，选中 G6:G35, 然后在编辑栏输入 =ROUND((C6:C35+D6:D35+E5:E35+F5:F35),0)，按【Ctrl+Shift+Enter】组合键，所编辑的公式出现数组标志符号“{}”，同时 G6:G35 列各个单元中生成相应结果。

步骤 3 计算课程绩点。

选择 J6 单元格，输入 =ROUND(IF(I6>=60,1+(I6–60)*3/40,0),1)，设置单元格格式为数字，带 1 位小数。

步骤 4 计算总评等级。

由于总评成绩 =90 分计为 A，总评成绩 =80 分计为 B，总评成绩 =70 分计为 C，总评成绩 =60 分计为 D，其他计为 F，因此可以用 IF 嵌套来实现，如图 4–34 所示。

方法 1：写公式 =IF(I6>=90,” A” ,IF(I6>=80,” B” ,IF(I6>=70,” C” ,IF(I6>=60,” D” ,” F”))))

方法 2：插入函数，填写。选择 K6 单元格，单击“公式”选项卡“函数库”组中“插入函数”按钮，选择 IF 函数，在 Logic_test 文本框中输入 I6>=90，Value_if_true 文本框中输入 A，光标放在 Value_if_false 文本框中，在左上角标尺上方名称框选择 IF 函数，跳出第 2 个函数框，在 Logic_test 本文框中输入 I6>=80，Value_if_true 文本框中输入 B，光标放在 value_if_false 文本框中，继续选择函数，依此类推，直到最后一层嵌套。

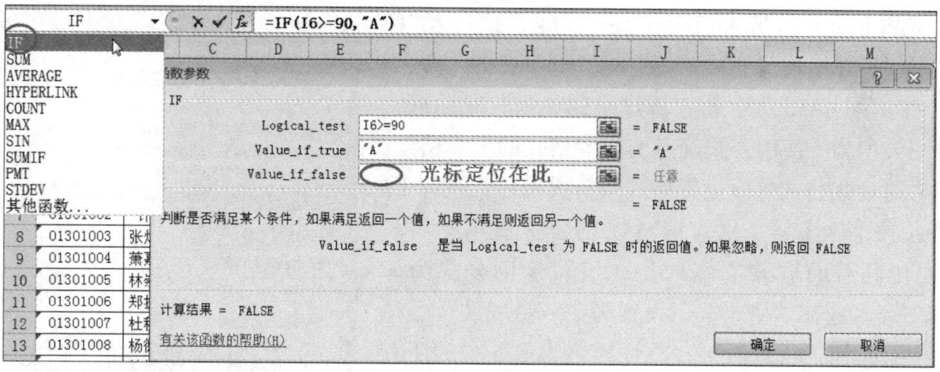

图 4–34 IF 函数使用

步骤 5 总评成绩排名。

根据学生的总评成绩进行排名，分数最高的排名第 1。可以用 RANK.EQ() 函数来实现，参与排位的数据区域需要使用绝对地址。可采用 2 种方法操作：

方法 1：选择 L6 单元格，在编辑栏输入 =RANK.EQ(I6,$I$6:$I$41,0)

方法 2：

① 选择 L6 单元格，单击单元格编辑栏前的“插入函数”按钮，在弹出的“插入函数”对话框中选择“统计函数”的 RANK.EQ() 函数。

② 在图 4–35 所示对话框的 Number 中输入“I6”，Ref 参数处选择单元格区域 I6:I35，按【F4】键，将其转变为绝对地址区域 $I$6:$I$35，在 Order 参数处输入“0”。L6 单元格编辑栏的最终内容为“= RANK. EQ（I6，$I$6：$I$35,0）”，表示按降序方式计算 I6 在单元格区 $I$6：$I$35 中的排名。

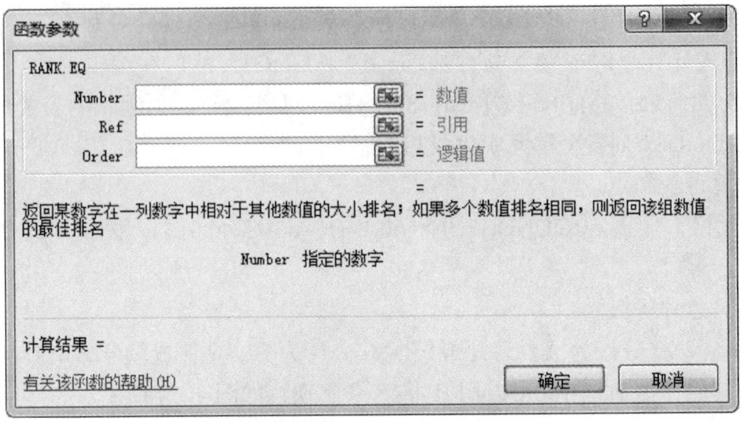

图 4–35　RANK.EQ 对话框

③ 选择 L6 单元格，移动鼠标，当鼠标指针变成黑色填充柄时双击，完成函数及公式制。可以看到，在所有 RANK.EQ() 中，Number 参数随着单元格位置的变化而变化，而 Ref 都为 $I$6:$I$35，表示要计算的总是在 $I$6:$I$35 区域中的排名。

步骤 6　特别标注信息。

将班级前 5 名的数据用灰色底纹标识出来，可以用条件格式来实现。操作步骤如下：

① 选择单元格区域 A6:L35，选择“开始”选项卡“样式”组中“条件格式”下拉列表中的“新建规则”命令。

② 弹出图 4–36 所示的“新建格式规则”对话框，选择规则类型为“使用公式确定要设置格式的单元格”。单击“为符合此公式的值设置格式”折叠按钮，选择 L6 单元格。按【F4】键 2 次，编辑规则公式显示为“= $L6”，在其后面输入“< = 5”，编辑规则公式为 = $L6< = 5”。选择“格式”，设置为“灰色底纹”、单击“确定”按钮。可以看到，总评排名为前 5 名的所有单元格都用灰色底纹进行标注。公式“= $L6<=5”指明条件格式：如果对应行的第 L 列的值 < = 5，则对所有符合条件的单元格区域用灰色底纹标示出来。

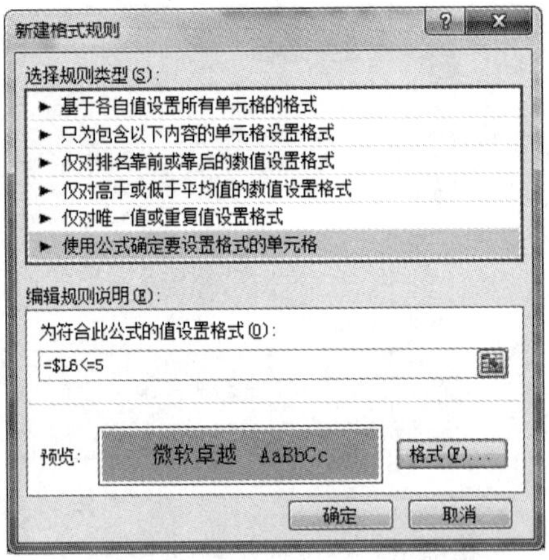

图 4–36 “新建格式规则”对话框

总结：选择单元格区域 A6：L35，选择“开始”选项卡“样式”组中“条件格式”下拉列表中的“新建规则”命令，选择“使用公式确定要设置格式的单元格”，输入 =$L6<=5，格式中选择灰色底纹。

步骤 7　利用审阅功能锁定单元格。

由于平时成绩、期末成绩、总评成绩、成绩绩点、总评等级以及总评排名等是通过公式和函数计算出来的，为防止误修改，可以对这些指定的单元格进行锁定。操作步骤如下：

① 选中“课程成绩”工作表。

② 右击，在弹出的快捷菜单中，选择“设置单元格格式”命令，选择“保护”选项卡，取消选中“锁定”和“隐藏”复选框，单击“确定”按钮。

③ 选择不允许编辑的单元格区域（G6：G35,L6：L35），右击，在弹出的快捷菜单中选择“设置单元格格式”命令，在弹出的对话框中选中“锁定”复选框。

④ 选择当前工作表的任一单元格，单击“审阅”选项卡“更改”组中的“保护工作表”按钮，在“设置保护工作表”对话框中，选择“保护工作表及锁定的单元格内容”复选框，选中“选取锁定单元格”和“选定未锁定的单元格”复选框，取消选中其他复选框，单击“确定”按钮。这样，平时成绩等区域中的单元格便不能被编辑。

4.4　数据统计及图表创建

4.4.1　情境导入

老师将学生的各项成绩整理完毕以后，最后还需要完成对成绩进行分析，统计各个分数段的人数并且通过图表表示出来。具体包括：

① 对“课程成绩”工作表中的数据进行统计。计算总评成绩最高分、最低分、平均分，分别统计高于和低于总评成绩平均分的学生人数，以及分别统计期末成绩各分数段的学生人数，平时和期末成绩均在 85 分以上的学生人数和学生总人数。

② 制作期末成绩及总评成绩的成绩分析图，要求图表下方显示数据表，图表上方显示数据标签，在顶部显示图例，绘图区和图表区设置纹理填充，图表不显示网格线。图表标题为“成绩分析图”垂直轴标题为“学生人数”，生成的成绩分析图放置于新的工作表“成绩统计图”中。

4.4.2　相关知识

1. COUNTIF 函数

功能：计算区域中满足给定条件的单元格的个数。

格式：COUNTIF(range,criteria)。

说明：range 为需要计算其中满足条件的单元格数目的单元格区域。criteria 为确定哪些单元格将被计算在内的条件，其形式可以为数字、表达式、单元格引用或文本。

【例 4-4】 统计男生和女生的机试成绩总分数，并且统计各个分数段（如 90 ~ 100，80 ~ 89，70 ~ 79，60 ~ 69，<60）的学生人数。其结果如图 4-37 所示。

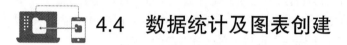

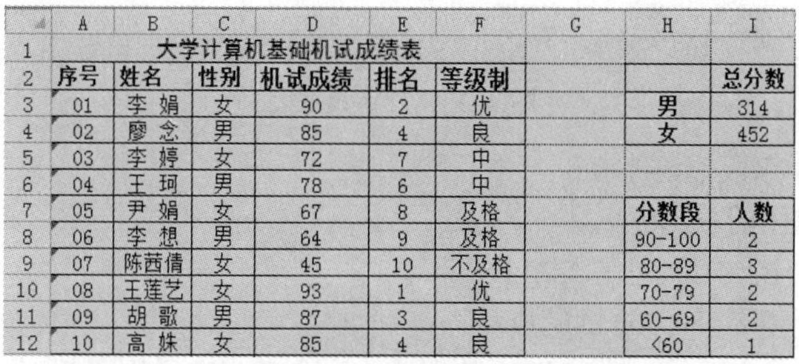

	A	B	C	D	E	F	G	H	I
1		大学计算机基础机试成绩表							
2	序号	姓名	性别	机试成绩	排名	等级制			总分数
3	01	李 娟	女	90	2	优		男	314
4	02	廖 念	男	85	4	良		女	452
5	03	李 婷	女	72	7	中			
6	04	王 珂	男	78	6	中			
7	05	尹 娟	女	67	8	及格		分数段	人数
8	06	李 想	男	64	9	及格		90-100	2
9	07	陈茜倩	女	45	10	不及格		80-89	3
10	08	王莲艺	女	93	1	优		70-79	2
11	09	胡 歌	男	87	3	良		60-69	2
12	10	高 姝	女	85	4	良		<60	1

图 4-37　SUMIF 函数和 COUNTIF 函数的应用

操作方法如下：

① 按图建立男女生总分数表格和分数段人数表格。

② 单击 I3 单元格，输入公式“=SUMIF($C$3:$C$12,H3,$D$3:$D$12)”，表示在区域 C3:C12 中查找单元格 H3 中的内容，即在 C 列查找“男”所在的单元格，找到后，返回 D 列同一行的

单元格（因为返回的结果在区域 D3:D10 中），最后对所有找到的单元格求和。按【Enter】键后，在 I3 单元格得到男生机试成绩的总分数。利用拖动复制公式的方法得到女生机试成绩的总分数。

③ 在 I8 ~ I12 单元格依次输入公式“=COUNTIF(D3:D12,">=90")”“=COUNTIF(D3:D12,">=80")-COUNTIF(D3:D12,">=90")”“=COUNTIF(D3:D12,">=70")-COUNTIF(D3:D12,">=80")”“=COUNTIF(D3:D12,">=60")-COUNTIF(D3:D12,">=70")”“=COUNTIF(D3:D12,"<60")”，然后按【Enter】键得到各个分数段的人数。

2. SUMIF 条件求和函数

功能：计算区域中满足给定条件的单元格的个数。

格式：SUMIF(range,criteria,[sum_range])。

说明：前 2 个参数是必需的，第 3 个参数可选。如果第 3 个参数省略，默认的是对第 1 个参数区域求和。

使用 SUMIF 函数条件求和计算如图 4-38 所示的不同统计要求。

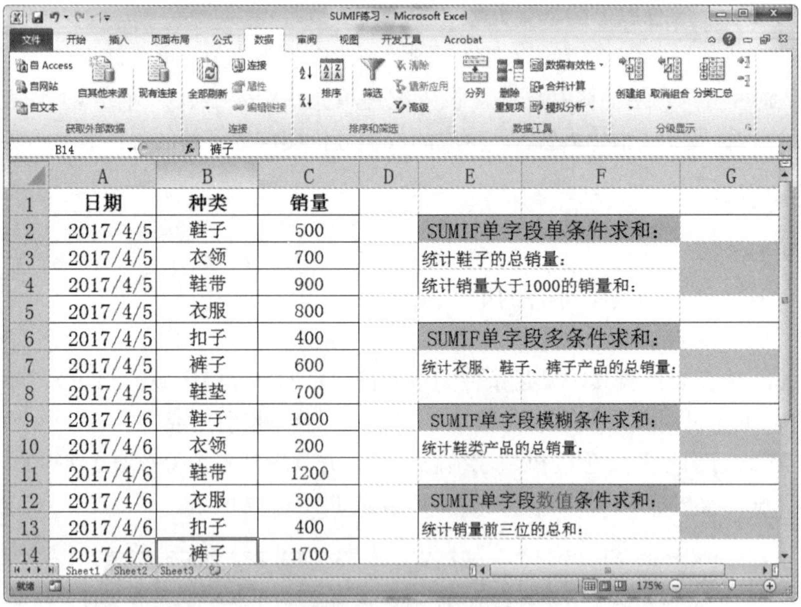

图 4-38 货物数据表

第 1 种用法：单字段单条件求和。

题目 1：统计鞋子的总销量。

公式“=SUMIF(B2:B15," 鞋子 ",C2:C15)”。

题目 2：统计销量大于 1 000 的销量和。

公式“=SUMIF(C2:C15,">1000")”，其中第 3 个参数省略，则直接对 C2:C15 区域中符合条件的数值求和。

第 2 种用法：单字段多条件求和。

题目 3：统计衣服、鞋子、裤子产品的总销量。

公式“=SUM(SUMIF(B2:B15,{" 衣服 "," 鞋子 "," 裤子 "},C2:C15))”，多个条件以数组的方式写出。

第 3 种用法：单字段模糊条件求和。

题目 4：统计鞋类产品的总销量。

公式“=SUMIF(B2:B15," 鞋 *",C2:C15)”，其中，星号 (*) 是通配符，在条件参数中使用可以匹配任意一串字符。

第 4 种用法：单字段数值条件求和。

题目 5：统计销量前 3 位的总和。

公式“=SUMIF(C2:C15,">"&LARGE(C2:C15,4),C2:C15)”。其中，">"&LARGE(C2:C15,4) 是指大于第 4 名的前 3 名的数值。

第 5 种用法：非空条件求和。

题目 6：统计种类非空的销量和。

公式“=SUMIF(B2:B15,"*",C2:C15)”，星号 (*) 通配符匹配任意一串字符。

题目 7：统计日期非空的销量和。

公式“=SUMIF(A2:A15,"<>",C2:C15)”，注意日期非空值的“<>”表示方法。

第 6 种用法：排除错误值求和。

题目 8：统计库存一列中非错误值的数量总和。

公式“=SUMIF(D2:D15,"<9E307")”。9E307，也可写作 9E+307，是 Excel 里的科学计数法，是 Excel 能接受的最大值，在 Excel 中经常用 9E+307 代表最大数，是约定俗成的用法。

第 7 种用法：根据日期区间求和。

题目 9：求 2017 年 3 月 20 日到 2017 年 3 月 25 日的总销量。

公式“=SUM(SUMIF(A2:A15,{">=2017/3/20",">2017/3/25"},C2:C15)*{1,–1})”。

其中，SUMIF(A2:A15,{">=2017/3/20",">2017/3/25"},C2:C15)，结果是两个数：一个是 2017/3/20/ 以后的非空日期销量和（权且用 A 代表这个数），另一个是 2017/3/25/ 以后的非空日期销量和（权且用 B 代表这个数）。

“=SUM(SUMIF(A2:A15,{">=2017/3/20",">2017/3/25"},C2:C15)*{1,–1})”可以解释为“= SUM({A,B}*{1,–1})”，即 A*1+ B*(–1)，即 A – B，即“2017/3/20/ 以后的非空日期销量和 –2017/3/25/ 以后的非空日期销量和”，即最终所求 2017 年 3 月 20 日到 2017 年 3 月 25 日的总销量。

第 8 种用法：隔列求和。

题目 10：统计每种产品 3 个仓库的总销量，填入 H 与 I 列相应的位置，如图 4–39 所示。

A	B	C	D	E	F	G	H	I
	仓库1		仓库2		仓库3		合计	
种类	销量	库存	销量	库存	销量	库存	销量	库存
产品1	500	566	300	200	155	522		
产品2	700	855	500	1200	633	411		
产品3	900	422	700	300	522	200		
产品4	800	155	600	400	411	855		
产品5	400	633	200	1700	200	422		
产品6	600	522	400	700	855	855		
产品7	700	411	500	500	800	422		
产品8	1000	200	800	700	500	155		
产品9	200	855	500	900	1000	633		
产品10	1200	422	1000	800	100	200		
产品11	300	252	100	400	200	400		
产品12	500	500	200	600	1500	500		
产品13	1700	800	1500	855	522	800		
产品14	700	500	500	422	300	855		

图 4–39　求隔列数据表

在 H3 单元格输入公式“=SUMIF($B$2:$G$2,H$2,$B3:$G3)”。

因为公式要从产品 1 填充到产品 14，在填充过程中，B2:G2 区域不能变化，所以要绝对引用，写作“$B$2:$G$2”；

公式要从 H2 填充到 I2，所计算的条件是从“销量”自动变为“库存”，所以 H 列不能引用，而从产品 1 填充到产品 14，所计算的条件都是第 2 行的“销量”和“库存”，所以第 2 行要引用，所以，公式的条件参数写为“H$2”；

公式要从产品 1 填充到产品 14，求和区域是 B 列到 G 列的数值，而数值所在行要自动从第 3 行填充到第 14 行，所以求和区域写作“$B3:$G3”。

第 9 种用法：查找引用。

题目 11：依据图 4–39 所示的数据，填写图 4–40 中产品 4、产品 12、产品 8 的 3 个仓库的销量与库存。

L	M	N	O	P	Q	R
	仓库1		仓库2		仓库3	
种类	销量	库存	销量	库存	销量	库存
产品4						
产品12						
产品8						

图 4–40 销量与库存

在 L3 单元格输入公式“=SUMIF($A$3:$A$16,$K3,B$3:B$16)”，向右和向下填充。

公式向右和向下填充过程中注意产品种类区域 A3 到 A16 不变，需要绝对引用，写作“$A$3:$A$16”；条件是 K 列 3 种产品，所以需要相对引用，写作“$K3”；查找引用的数据区域是 B 列到 G 列，每向右填充一列，列数需要向右一列，而行数永远是第 3 行到第 16 行，所以写作“B$3:B$16”。

第 10 种用法：多列区域查找引用。

题目 12：如图 4–41 所示，根据左侧的数据，查找右表产品的库存。

在 B29 单元格，输入公式“=SUMIF($B$22:$D$25,A29,$A$22:$C$25)”，注意条件区域与数据区域的绝对引用。

3. “IFS”结尾的多条件计算函数

Excel 数据处理中，经常会用到对多条件数据进行统计的情况，比如：多条件计数、多条件求和、多条件求平均值、多条件求最大值、多条件求最小值等，示例数据如图 4–42 所示，统计要求如图 4–43 所示。

A	B	C	D
库存	种类	库存	种类
200	产品1	455	产品10
400	产品2	500	产品11
433	产品3	255	产品12
566	产品4	125	产品13

种类	库存
产品1	
产品2	
产品11	

图 4–41 计算库存

	A	B	C	D	E	F
1	部门	姓 名	性 别	职务	业绩分	业绩等级
2	市场1部	吴冲虚	女	高级工程师	13	
3	市场2部	杨景亭	男	中级工程师	9	
4	市场3部	张三泮	男	高级工程师	4	
5	市场1部	朱安国	男	助理工程师	15	
6	市场2部	李万山	男	高级工程师	10	
7	市场3部	方有德	男	高级工程师	8	
8	市场1部	凌霜华	男	中级工程师	5	
9	市场2部	贝人龙	男	工程师	7	
10	市场3部	倪天虹	女	助理工程师	8	
11	市场1部	沙通天	男	高级工程师	6	
12	市场2部	司徒横	男	中级工程师	3	
13	市场3部	石中玉	女	工程师	14	
14	市场1部	皮清云	女	高级工程师	9	
15	市场2部	王保保	男	工程师	5	
16	市场3部	方东白	男	工程师	10	
17	市场1部	毛莉	女	高级工程师	10	
18	市场2部	杨青	男	中级工程师	5	
19	市场3部	陈小鹰	女	中级工程师	4	
20	市场1部	陆东兵	男	高级工程师	11	
21	市场2部	吕正平	男	中级工程师	4	

图 4–42 示例数据

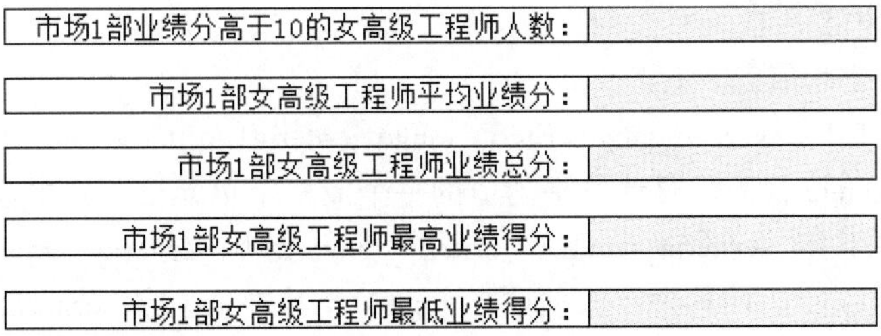
市场1部业绩分高于10的女高级工程师人数：
市场1部女高级工程师平均业绩分：
市场1部女高级工程师业绩总分：
市场1部女高级工程师最高业绩得分：
市场1部女高级工程师最低业绩得分：

图 4-43　统计要求

多条件计数、多条件求和、多条件求平均值、多条件求最大值、多条件求最小值，5 个结果与对应的公式展示如图 4-44 所示。

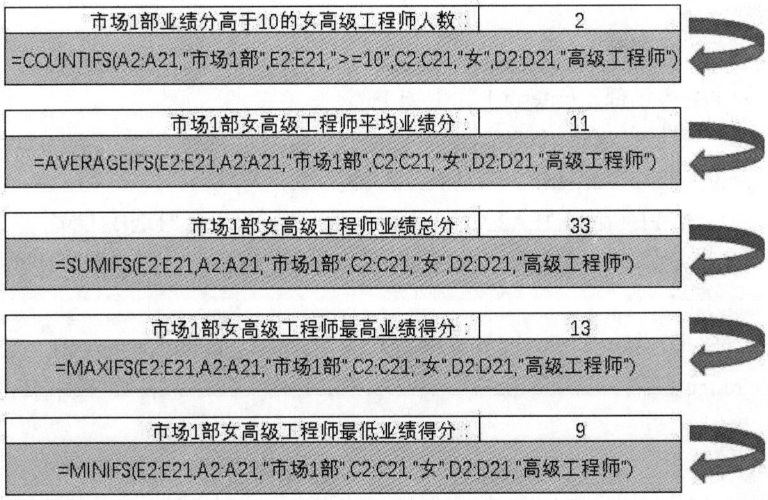
市场1部业绩分高于10的女高级工程师人数：
2
=COUNTIFS(A2:A21,"市场1部",E2:E21,">=10",C2:C21,"女",D2:D21,"高级工程师")
市场1部女高级工程师平均业绩分：
11
=AVERAGEIFS(E2:E21,A2:A21,"市场1部",C2:C21,"女",D2:D21,"高级工程师")
市场1部女高级工程师业绩总分：
33
=SUMIFS(E2:E21,A2:A21,"市场1部",C2:C21,"女",D2:D21,"高级工程师")
市场1部女高级工程师最高业绩得分：
13
=MAXIFS(E2:E21,A2:A21,"市场1部",C2:C21,"女",D2:D21,"高级工程师")
市场1部女高级工程师最低业绩得分：
9
=MINIFS(E2:E21,A2:A21,"市场1部",C2:C21,"女",D2:D21,"高级工程师")

图 4-44　统计结果

（1）COUNTIFS 函数

功能：完成多条件计数。

格式：COUNTIFS(criteria_range1,criteria1,[criteria_range2,criteria2],…)。

说明：criteria_range 1 必需。在其中计算关联条件的第一个区域。criteria 1 必需。条件的形式为数字、表达式、单元格引用或文本，它定义了要计数的单元格范围。例如，条件可以表示为 32、">32"、B4、"apples" 或 "32"。criteria_range 2、criteria 2 可选。附加的区域及其关联条件，最多允许 127 个区域 / 条件对。

本示例中要求：市场 1 部业绩分高于 10 的女高级工程师人数。

有四个条件对：

criteria_range 1 为市场部，criteria 1 为市场 1 部；

criteria_range 2 为业绩分，criteria 2 为高于 10；

criteria_range 3 为性别，criteria 3 为女；

criteria_range 4 为职称，criteria 4 为高级工程师。

所以，公式为 =COUNTIFS(A2:A21," 市场 1 部 ",E2:E21,">=10",C2:C21," 女 ",D2:D21," 高级工程师 ")。

（2）AVERAGEIFS 函数

功能：多条件求平均值。

格式：AVERAGEIFS(average_range,criteria_range1,criteria1,[criteria_range2,criteria2],…)。

说明：average_range 必需。要计算平均值的一个或多个单元格，其中包含数字或包含数字的名称、数组或引用。criteria_range 1、criteria_range 2 等。criteria_range 1 是必需的，后续 criteria_range 是可选的。在其中计算关联条件的 1 ~ 127 个区域。criteria 1、criteria 2 等。criteria 1 是必需的，后续 criteria 是可选的。形式为数字、表达式、单元格引用或文本的 1 ~ 127 个条件，用来定义将计算平均值的单元格。例如，条件可以表示为 32、"32"、">32"、" 苹果 " 或 B4。

本示例中要求：市场 1 部女高级工程师平均业绩分。

有三个条件对：

求 average_range 为业绩分；

criteria_range 1 为市场部，criteria 1 为市场 1 部；

criteria_range 2 为性别，criteria 2 为女；

criteria_range 3 为职称，criteria 3 为高级工程师。

所以，公式为 =AVERAGEIFS(E2:E21,A2:A21," 市场 1 部 ",C2:C21," 女 ",D2:D21," 高级工程师 ")。

（3）SUMIFS 函数

功能：多条件求和。

格式：SUMIFS(sum_range,criteria_range1,criteria1,[criteria_range2,criteria2],…)。

说明：sum_range 必需。要计算和的一个或多个单元格，其中包含数字或包含数字的名称、数组或引用。

criteria_range 1、criteria_range 2 等。criteria_range 1 是必需的，后续 criteria_range 是可选的。在其中计算关联条件的 1 ~ 127 个区域。

criteria 1、criteria 2 等。criteria 1 是必需的，后续 criteria 是可选的。形式为数字、表达式、单元格引用或文本的 1 ~ 127 个条件，用来定义将求和的单元格。例如，条件可以表示为 32、"32"、">32"、" 苹果 " 或 B4。

本示例中要求：市场 1 部女高级工程师业绩总分。

有三个条件对：

sum_range 为业绩分；

criteria_range 1 为市场部，criteria 1 为市场 1 部；

criteria_range 2 为性别，criteria 2 为女；

criteria_range 3 为职称，criteria 3 为高级工程师。

所以，公式为 =SUMIFS(E2:E21,A2:A21," 市场 1 部 ",C2:C21," 女 ",D2:D21," 高级工程师 ")。

（4）MAXIFS 函数

功能：多条件求最大值。

格式：MAXIFS (max_range，criteria_range1，criteria1，[criteria_range2，criteria2]，…)。

说明：max_range 必需。要取最大值的一个或多个单元格，其中包含数字或包含数字的名称、数组或引用。criteria_range 1、criteria_range 2 等。criteria_range 1 是必需的，后续 criteria_range 是可选的。在其中计算关联条件的 1 ~ 126 个区域。criteria 1、criteria 2 等。criteria 1 是必需的，后续 criteria 是可选的。形式为数字、表达式、单元格引用或文本的 1 ～ 126 个条件，用来定义取最大值的单元格。例如，条件可以表示为 32、"32"、">32"、" 苹果 " 或 B4。

本示例中要求：市场 1 部女高级工程师最高业绩得分。

有三个条件对：

max_range 为业绩分；

criteria_range 1 为市场部，criteria 1 为市场 1 部；

criteria_range 2 为性别，criteria 2 为女；

criteria_range 3 为职称，criteria 3 为高级工程师。

所以，公式为 =MAXIFS(E2:E21,A2:A21," 市场 1 部 ",C2:C21," 女 ",D2:D21," 高级工程师 ")。

（5）MINIFS 函数

功能：多条件求最小值。

格式：MINIFS(min_range, criteria_range1, criteria1, [criteria_range2, criteria2],⋯)。

说明：min_range 必需。要取最小值的一个或多个单元格，其中包含数字或包含数字的名称、数组或引用。criteria_range 1、criteria_range 2 等。criteria_range 1 是必需的，后续 criteria_range 是可选的。在其中计算关联条件的 1 ～ 126 个区域。criteria 1、criteria 2 等。criteria 1 是必需的，后续 criteria 是可选的。形式为数字、表达式、单元格引用或文本的 1 ～ 126 个条件，用来定义取最小值的单元格。例如，条件可以表示为 32、"32"、">32"、" 苹果 " 或 B4。

本示例中要求：市场 1 部女高级工程师最低业绩得分。

有三个条件对：

min_range 为业绩分；

criteria_range 1 为市场部，criteria 1 为市场 1 部；

criteria_range 2 为性别，criteria 2 为女；

criteria_range 3 为职称，criteria 3 为高级工程师。

所以，公式为：=MINIFS(E2:E21,A2:A21," 市场 1 部 ",C2:C21," 女 ",D2:D21," 高级工程师 ")。

4. 数据图表

图表以图形形式来显示数值数据系列，反映数据的变化规律和发展趋势，使人更容易理解大量数据以及不同数据系列之间的关系，一目了然地进行数据分析。电子表格处理软件能充分满足图表制作的需求，提供丰富的图表类型，如柱形图、折线图、饼图、条形图、面积图、散点图和其他图表等，既有平面图形，又有复杂的三维立体图形。同时，它还提供许多图表处理工具，如设置图表标题、设置字体、修改图表背景色等，帮助用户设计、编辑和美化图表。

图表通常分为内嵌式图表和独立式图表。内嵌式图表是以“嵌入”的方式把图表和数据存放于同一个工作表，而独立式图表是图表独占一张工作表。

电子表格处理常用的图表类型有：

① 柱形图：用于显示一段时间内数据变化或各项之间的比较情况。它简单易用，是最受欢迎的图表形式。

② 条形图：可以看作横着的柱形图，是用来描绘各个项目之间数据差别情况的一种图表，它强调的是在特定的时间点上进行分类和数值的比较。

③ 折线图：是将同一数据系列的数据点在图中用直线连接起来，以等间隔显示数据的变化趋势。

④ 面积图：用于显示某个时间阶段总数与数据系列的关系。又称面积形式的折线图。

⑤ 饼图：能够反映出统计数据中各项所占的百分比或是某个单项占总体的比例，使用该类图表便于查看整体与个体之间的关系。

⑥ XY 散点图：通常用于显示两个变量之间的关系，利用散点图可以绘制函数曲线。

⑦ 圆环图：类似于饼图，但在中央空出了一个圆形的空间。它也用来表示各个部分与整体之间的关系，但是可以包含多个数据系列。

⑧ 气泡图：类似于 XY 散点图，但它是对成组的 3 个数值而非 2 个数值进行比较。

⑨ 雷达图：用于显示数据中心点以及数据类别之间的变化趋势。可对数值无法表现的倾向分析提供良好的支持。为了能在短时间内把握数据相互间的平衡关系，也可以使用雷达图。

⑩ 迷你图：是以单元格为绘图区域，绘制出简约的数据小图标。由于迷你图太小，无法在图中显示数据内容，所以迷你图与表格是不能分离的。迷你图包括折线图、柱形图、盈亏 3 种类型。其中，折线图用于返回数据的变化情况，柱形图用于表示数据间的对比情况，盈亏则可以将业绩的盈亏情况形象地表现出来。

制作图表的通常方法：

① 选择要制作图表的数据区域。

② 选择图表类型，插入图表。

③ 利用“图表工具”选项卡，对图表进行美化。

4.4.3 任务实现

步骤 1 使用套用表格格式，快速格式化成绩统计表。计算总评成绩最高分、最低分、平均分，分别统计高于和低于总评成绩平均分的学生人数，以及分别统计期末成绩 90 分以上、80 ~ 89 分、70 ~ 79 分、60 ~ 69 分、60 分以下的学生人数，平时和期末成绩均在 85 分以上的学生人数和学生总人数。

① 复制工作表内容。

② 选择 A2:B14 单元格区域，单击“开始”选项卡“样式”组中“套用表格格式”按钮，在下拉列表中选中第 3 行第 2 列“表样式浅色 16”，选中“表包含标题”复选框。

③ 单击“表格工具 – 设计”选项卡“工具”组中“转换为区域”按钮，将表格转换为普通的单元格区域。

④ 选择 B3:B14 单元格区域，设置其格式为数值，小数为 0

⑤ 输入相应公式：

```
=MAX(课程成绩!I6:I35)
=MIN(课程成绩!I6:I35)
=AVERAGE(课程成绩!I6:I35)
=COUNTIF(课程成绩!I6:I35,">"&B5)
=COUNTIF(课程成绩!I6:I35,"<"&B5)
```

注意：在统计高于（或低于）总评成绩平均分的学生人数时，参数 Criteria 为“> 77”，而不是引用的 B5 单元格的数据。一旦某位学生的成绩发生改变，就会引起平均分的变化，从而需要修改公式的参数值。这显然达不到所期望的自动计算的效果。

那么，是否可以将参数 Criteria 改为“＞ B5”呢？一旦 B6 单元格中的公式变为“＝

COUNTIF（课程成绩！ I6：I35，" > B5"）"，得到的结果就变为 0，显然是错误的。通过"公式审核"功能，可以看到条件不是所期望的"大于 B5 单元格的值"，而是"大于 B5"。

因此，如果希望参数 Criteria 实现"大于 B5 单元格的值"，条件应该为""＞" & B5"，B6 中的公式为"= COUNTIF（课程成绩！ I6：I35，" ＞" & B5）"。在公式执行时，首先取 B5 中的值，后将其与"＞"进行连接，形成"＞ 77"，作为参数 Criteria 的值。其中，& 为连接符，实现将两个数据连接在一起。

```
=COUNTIF(课程成绩!H6:H35,">=90")
=COUNTIFS(课程成绩!$H$6:$H$35,">=80",课程成绩!$H$6:$H$35,"<90")
=COUNTIFS(课程成绩!$H$6:$H$35,">=70",课程成绩!$H$6:$H$35,"<80")
=COUNTIFS(课程成绩!$H$6:$H$35,">=60",课程成绩!$H$6:$H$35,"<70")
=COUNTIF(课程成绩!H6:H35,"<60")
=COUNTIFS(课程成绩!G6:G35,">=85",课程成绩!H6:H35,">=85")
=COUNTA(课程成绩!B6:B35)
```

步骤 2　制作期末成绩及总评成绩的成绩分析图，要求图表下方显示数据表，图表上方显示数据标签，在顶部显示图例，绘图区和图表区设置纹理填充，图表不显示网格线。图表标题为"成绩分析图"垂直轴标题为"学生人数"，生成的成绩分析图放置于新的工作表"成绩统计图"中。

① 打开"相关素材"，选择图表素材，复制到"成绩统计"工作表之后，命名为"成绩统计图数据"。

② 选择 A2:F4 单元格区域。单击"插入"选项卡"图表"组中的"柱形图"下三角按钮，在下拉列表中选择"二维柱形图"中的"簇状柱形图"命令。

③ 选中图表，在"图表工具 – 设计"选项卡"图表布局"组中，选择"布局 5"命令。

④ 将"图表标题"改为"成绩分析图"，"坐标轴标题"改为"学生人数"。

⑤ 选择"图表工具 – 布局"选项卡"坐标轴"组中"网格线"下拉列表中"主要横网格线"下的"无"命令。

⑥ 选择"图表工具 – 布局"选项卡"标签"组中"数据标签"下拉列表中"数据标签外"命令，在"图例"下拉列表中选择"在顶部显示图例"命令。

⑦ 在"图表工具 – 设计"选项卡"图表样式"组中，选择样式 30。

⑧ 在"图表工具 – 布局"选项卡"背景"组中，选择"绘图区"下拉列表中"其他绘图区"命令，在"填充"选项卡"图片或纹理填充"中选择"纹理"为"新闻纸"。

⑨ 在图表区边缘右击，选择"设置图表区域格式"命令，在"填充"选项卡"图片或纹理填充"中选择"纹理"为"新闻纸"。

⑩ 在"图表工具 – 设计"选项卡"位置"组中单击"移动图表"按钮，在打开的"移动图表"对话框中选择"新工作表"并在右侧文本框中输入"成绩统计图"。

最终效果如图 4–45 所示。

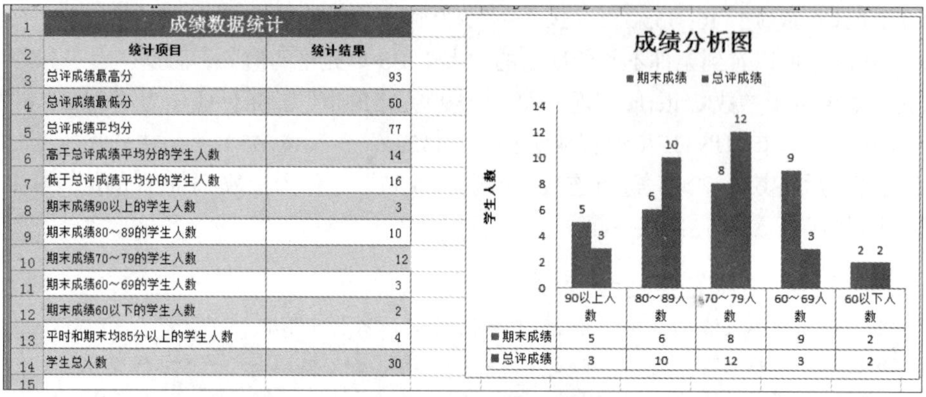

	成绩数据统计	
2	统计项目	统计结果
3	总评成绩最高分	93
4	总评成绩最低分	50
5	总评成绩平均分	77
6	高于总评成绩平均分的学生人数	14
7	低于总评成绩平均分的学生人数	16
8	期末成绩90以上的学生人数	3
9	期末成绩80～89的学生人数	10
10	期末成绩70～79的学生人数	12
11	期末成绩60～69的学生人数	3
12	期末成绩60以下的学生人数	2
13	平时和期末均85分以上的学生人数	4
14	学生总人数	30

图 4-45　数据统计结果

4.5　数据管理与分析

4.5.1　情境导入

书店负责人要充分了解各种图书的销售情况，要求员工把每个出版社的销量及销售代表销售额做出来。

具体要求如下：

① 求出每个出版社的销售量。

② 使用 VLOOKUP 函数填写“销售代表”列（使用文本函数和 VLOOKUP 函数，填写“货品代码”列，规则是将“登记号”的前 4 位替换为出版社简码）。

③ 对“图书销售清单”进行高级筛选，筛选结果复制到 Sheet2 中。筛选条件：单价大于或等于 20，销售数大于或等于 800。

④ 根据“图书销售清单”创建数据透视表。

a. 显示各个销售代表的销售总额。

b. 行设置为销售代表。

c. 求和项为销售额。

4.5.2　相关知识

如图 4-46 所示，不同的采购数量可享受不同的折扣，如何根据数据折扣表填充每种货品的折扣呢？

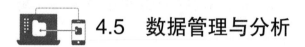

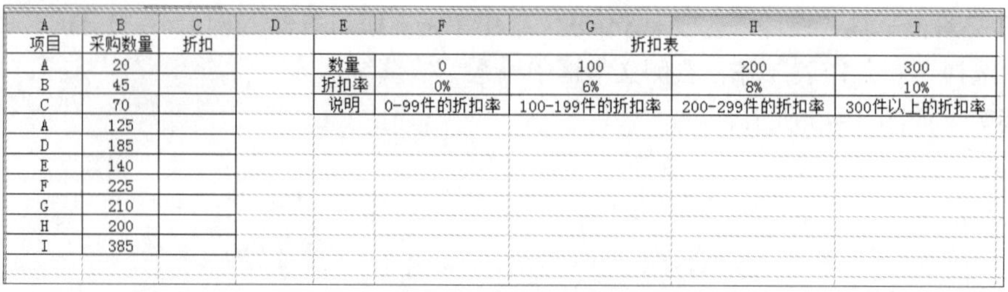

项目	采购数量	折扣
A	20	
B	45	
C	70	
A	125	
D	185	
E	140	
F	225	
G	210	
H	200	
I	385	

折扣表				
数量	0	100	200	300
折扣率	0%	6%	8%	10%
说明	0-99件的折扣率	100-199件的折扣率	200-299件的折扣率	300件以上的折扣率

图 4-46　折扣表

像这种查找值与返回值横向分布的情况，可以用行查找函数 HLOOKUP。

在 C2 单元格中输入公式“=HLOOKUP（B2,$F$2:$F$2:$I$3,2）”，按【Enter】键执行计算，再将公式向下填充，即得所有货品的折扣，如图 4–47 所示。

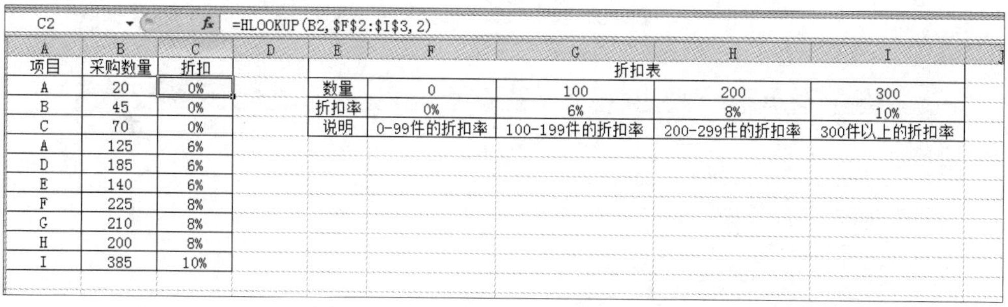
C2　　=HLOOKUP(B2,$F$2:$I$3,2)

A	B	C	D	E	F	G	H	I
项目	采购数量	折扣			折扣表			
A	20	0%		数量	0	100	200	300
B	45	0%		折扣率	0%	6%	8%	10%
C	70	0%		说明	0-99件的折扣率	100-199件的折扣率	200-299件的折扣率	300件以上的折扣率
A	125	6%						
D	185	6%						
E	140	6%						
F	225	8%						
G	210	8%						
H	200	8%						
I	385	10%						

图 4–47　HLOOKUP 函数实现行查找

1. HLOOKUP 函数

功能：进行行查找。

HLOOKUP 是最常用的查找和引用函数，依据给定的查阅值，在一定的查找区域中，返回与查阅值对应的想要查找的值。查找区域中查找值、返回值都是行分布。

语法：HLOOKUP（查阅值，包含查阅值和返回值的查找区域，查找区域中返回值的行号，精确查找或近似查找）。

说明：

查阅值，即指定的查找关键值。

如本示例中，查阅值是 B2 单元格“20”，需要在“采购数量”一列中查找“20”对应的折扣，“20”就是查找的关键值。

包含查阅值和返回值的查找区域。一定记住，查阅值应该始终位于查找区域的第 1 行，这样 HLOOKUP 才能正常工作。

例如，本示例中，查找区域是 $F$2:$I$3，查阅值“20”所在的“采购数量”B 列，就是该区域的首行，而且该区域还包括返回值“折扣”所在的第 3 行。

查找区域中返回值的行号。例如，本示例，查找区域 $F$2:$I$3 中，“采购数量”是第 1 行，返回值“折扣”是第 2 行，所以行号是“2”。

精确查找或近似查找。如果需要精确查找返回值，则指定 FALSE 或者 0；如果近似查找返回值，则指定 TRUE 或者 1；如果该参数省略，则默认为近似匹配 TRUE 或近似匹配。

本示例中是省略的，为近似查找。返回值是：比查阅值小且最接近的查询区域首行中的区间值所对应的返回值。

本示例中：

比“20”小的值且最接近 20 的是 0，所以返回 0 对应的区间值“0%”；

比“225”小的值且最接近 225 的是 200，所以返回 200 对应的区间值“8%”。

区间查找有一条最重要的注意事项：

查找区域的区间值必须是从小到大排列，否则查找不到正确结果。

本示例，区间值 0、100、200、300 是从小到大依次排列的。

HLOOKUP 精确查找：

HLOOKUP 精确查找示例：=HLOOKUP(C3,$G$2:$J$3,2,0)，如图 4–48 所示。

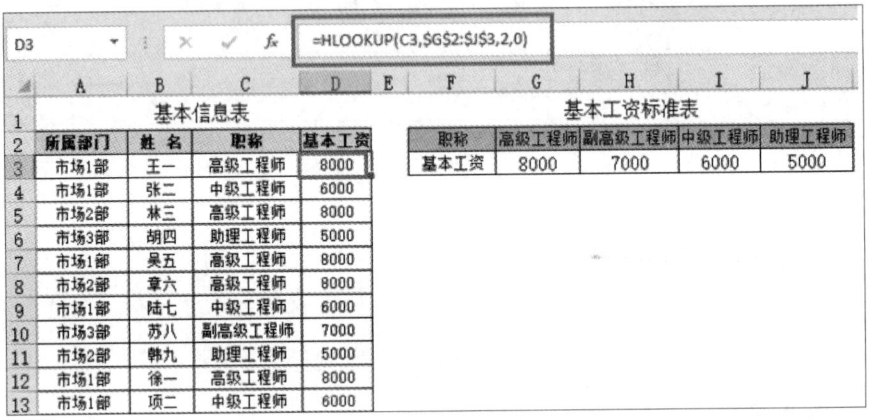

基本信息表

所属部门	姓名	职称	基本工资
市场1部	王一	高级工程师	8000
市场1部	张二	中级工程师	6000
市场2部	林三	高级工程师	8000
市场3部	胡四	助理工程师	5000
市场1部	吴五	高级工程师	8000
市场2部	章六	高级工程师	8000
市场1部	陆七	中级工程师	6000
市场3部	苏八	副高级工程师	7000
市场2部	韩九	助理工程师	5000
市场1部	徐一	高级工程师	8000
市场1部	项二	中级工程师	6000

基本工资标准表

职称	高级工程师	副高级工程师	中级工程师	助理工程师
基本工资	8000	7000	6000	5000

图 4–48　HLOOKUP 精确查找

2. VLOOKUP 函数

功能：VLOOKUP 是最常用的查找和引用函数，依据给定的查阅值，在一定的数据区域中，返回与查阅值对应的想要查找的值。

格式：VLOOKUP（查阅值，包含查阅值和返回值的查找区域，查找区域中返回值的列号，精确查找或近似查找）。

说明：查阅值，也就是用户指定的查找关键值。

如图 4–49 所示，查阅值是 G3 单元格“贝人龙”，要在“姓名”一列中查找“贝人龙”得分，“贝人龙”就是查找的关键值。

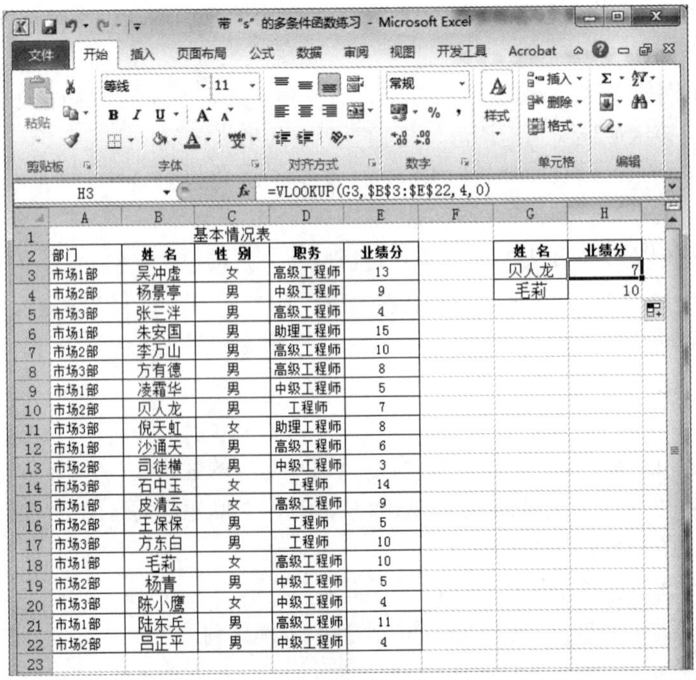

基本情况表

部门	姓名	性别	职务	业绩分
市场1部	吴冲虚	女	高级工程师	13
市场2部	杨景亭	男	中级工程师	9
市场3部	张三泮	男	高级工程师	4
市场1部	朱安国	男	助理工程师	15
市场2部	李万山	男	高级工程师	10
市场3部	方有德	男	高级工程师	8
市场1部	凌霜华	男	中级工程师	5
市场2部	贝人龙	男	工程师	7
市场3部	倪天虹	女	助理工程师	8
市场1部	沙通天	男	高级工程师	6
市场2部	司徒横	男	中级工程师	3
市场3部	石中玉	女	工程师	14
市场1部	皮清云	女	高级工程师	9
市场2部	王保保	男	工程师	5
市场3部	方东白	男	工程师	10
市场1部	毛莉	女	高级工程师	10
市场2部	杨青	男	中级工程师	5
市场3部	陈小鹰	女	中级工程师	4
市场1部	陆东兵	男	高级工程师	11
市场2部	吕正平	男	中级工程师	4

姓名	业绩分
贝人龙	7
毛莉	10

图 4–49　使用 VLOOKUP 函数查找

包含查阅值和返回值的查找区域。一定记住，查阅值应该始终位于查找区域的第 1 列，这样 VLOOKUP 才能正常工作。

例如，图 4–49 中，查找区域是 $B$2:$E$22，查阅值“贝人龙”所在的“姓名”B 列，就是该区域的首列，而且该区域还包括返回值“业绩分”所在的 E 列。

查找区域中返回值的列号。如图 4-49 所示，查找区域 $B$2:$E$22 中，首列“姓名”是第 1 列，返回值“业绩分”是第 3 列，所以列号是“4”。

精确查找或近似查找。如果需要精确查找返回值，则指定 FALSE 或者 0；如果近似查找返回值，则指定 TRUE 或者 1；如果该参数省略，则默认为近似匹配 TRUE 或近似匹配。

图 4–49 中是“0”，为精确查找。

查找区域的绝对引用：在公式中，第 2 个参数“查找区域”，使用的是绝对引用 $B$2:$E$22。

绝对引用的作用是：公式填充到其他行列时，该区域不变。

如图 4–46 所示，查找完“贝人龙”的得分，公式向下填充，再去查找“毛莉”得分，查找区域始终不应改变，应该是包含所有姓名与得分的 B2:E22 区域，所以，该区域绝对引用。

【例 4–5】成绩由百分制转换成等级制也可以通过 VLOOKUP 的模糊查找来实现。另外，实际生活中成绩表数据往往很多（学生人数多，成绩门次多），要查看某位学生的成绩非常困难，此时就可以设计一个查询表格，输入某个学号（本例为序号）后，能自动显示该学号所对应学生的姓名和成绩。用 VLOOKUP 进行模糊查找和精确查找如图 4–50 所示。

	A	B	C	D	E	F	G	H	I
1	大学计算机基础机试成绩表							成绩转换	
2	序号	姓名	性别	机试成绩	排名	等级制		0	不及格
3	01	李 娟	女	90	2	优		60	及格
4	02	廖 念	男	85	4	良		70	中
5	03	李 婷	女	72	7	中		80	良
6	04	王 珂	男	78	6	中		90	优
7	05	尹 娟	女	67	8	及格			
8	06	李 想	男	64	9	及格		成绩查询（输入学号）	
9	07	陈茜倩	女	45	10	不及格		学号（序号）	08
10	08	王莲艺	女	93	1	优		姓名	王莲艺
11	09	胡 歌	男	87	3	良		机试成绩	93
12	10	高 姝	女	85	4	良		排名	1

图 4–50　用 VLOOKUP 进行模糊查找和精确查找

操作方法如下：

① 清除成绩表中等级制列中的内容，按图 4-50 建立成绩转换的表格，其中 0 ~ 60 不及格，60 ~ 69 及格，70 ~ 79 中，80 ~ 89 良，90 以上优，然后单击 F3 单元格，输入公式“=VLOOKUP(D3,$H$2:$I$6,2,1)”，按【Enter】键，得到第一位学生的等级，然后通过拖动复制公式的方法得到其他学生的等级。

> **注意：**实际应用中，成绩转换表可能位于不同的工作表中，但查找方法完全相同，查找区域第 1 列（即 H 列），必须升序排列，否则结果可能不正确。

② 按图建立成绩查询表格。在单元格 I10 中输入公式“=VLOOKUP(I9,A3:E12,2,0)”，单元格 I11 中输入公式“=VLOOKUP(I9,A3:E12,4,0)”，单元格 I12 中输入公式“=VLOOKUP(I9,A3:E12,5,0)”，然后在单元格 I9 中输入“‘08”（08 前加单引号表示作为文本输入），按【Enter】键就可以显示学号（序号）为“08”学生的相关数据。

3. 数据排序

在实际应用中，为了方便查找和使用数据，用户通常按一定顺序对数据清单进行重新排列。其中数值按大小排序，时间按先后排序，英文字母按字母顺序（默认不区分大小写）排序，汉字按拼音首字母排序或笔画排序。

用来排序的字段称为关键字。排序方式分升序（递增）和降序（递减），排序方向有按行排序和按列排序。此外，还可以采用自定义排序。

数据排序有 2 种：简单排序和复杂排序。

（1）简单排序

指对 1 个关键字（单一字段）进行升序或降序排列。在 Excel 2010 中，简单排序可以通过单击“数据”选项卡“排序和筛选”组中的“升序排序”按钮、“降序排序”按钮快速实现，也可以通过单击“排序”按钮打开“排序”对话框进行操作。

（2）复杂排序

指对 1 个以上关键字（多个字段）进行升序或降序排列。当排序的字段值相同，可按另一个关键字继续排序，最多可以设置 3 个排序关键字。在 Excel 2010 中，复杂排序必须通过单击“数据”选项卡“排序和筛选”组中的“排序”按钮来实现。

4. 数据筛选

当数据列表中数据非常多，用户只对其中一部分数据感兴趣时，可以使用电子表格处理软件提供的数据筛选功能将不感兴趣的数据暂时隐藏起来，只显示感兴趣的数据。当筛选条件被清除时，隐藏的数据又恢复显示。

数据筛选有 2 种：自动筛选和高级筛选。自动筛选可以实现单个字段筛选，以及多字段筛选的“逻辑与”关系（即同时满足多个条件），操作简便，能满足大部分应用需求；高级筛选能实现多字段筛选的“逻辑或”关系，较复杂，需要在数据清单以外建立一个条件区域。

（1）自动筛选

在 Excel 2010 中，自动筛选是通过“数据”选项卡“排序和筛选”组中的“筛选”按钮来实现的。在所需筛选的字段名下拉列表中选择符合的条件，若没有，则指向“文本筛选”或“数字筛选”其中的“自定义筛选”，输入条件。如果要使数据恢复显示，单击“排序和筛选”组中的“清除”按钮。如果要取消自动筛选功能，再次单击“筛选”按钮。

（2）高级筛选

当筛选的条件较为复杂，或出现多字段间的“逻辑或”关系时，使用“数据”选项卡“排序和筛选”组中的“高级”按钮更为方便。

在进行高级筛选时，不会出现自动筛选下三角箭头，而是需要在条件区域输入条件。条件区域应建立在数据清单以外，用空行或空列与数据清单分隔。输入筛选条件时，首行输入条件字段名，从第 2 行起输入筛选条件，输入在同一行上的条件关系为“逻辑与”，输入在不同行上的条件关系是“逻辑或”。在 Excel 2010 中，建立条件区域后，单击“数据”选项卡“排序和筛选”组中的“高级”按钮，在其对话框内进行数据区域和条件区域的选择。筛选的结果可在原数据清单位置显示，也可在数据清单以外的位置显示。

5. 分类汇总

实际应用中经常用到分类汇总，像仓库的库存管理经常要统计各类产品的库存总量，商店的销售管理经常要统计各类商品的售出总量等。它们的共同特点是首先要进行分类（排序），将同类别数据放在一起，然后再进行数量求和之类的汇总运算。电子表格处理软件提供了分类汇总功能。

分类汇总就是对数据清单按某个字段进行分类（排序），将字段值相同的连续记录作为一类，进行求和、求平均、计数等汇总运算。针对同一个分类字段，可进行多种方式的汇总。

需要注意的是，在分类汇总前，必须对分类字段排序，否则将得不到正确的分类汇总结果；其次，在分类汇总时要清楚对哪个字段分类，对哪些字段汇总以及汇总的方式，这些都需要在“分类汇总”对话框中逐一设置。

分类汇总有两种：简单汇总和嵌套汇总。

（1）简单汇总

简单汇总是指对数据清单的一个或多个字段仅做一种方式的汇总。

（2）嵌套汇总

嵌套汇总是指对同一字段进行多种不同方式的汇总。

【例 4-6】在求学生成绩表文件中各系学生各门课程的平均成绩的基础上统计各系人数。嵌套汇总结果如图 4-51 所示。这需要分 2 次进行分类汇总。

4	20211009	钟争秀	男	化工学院	78	80	76	234	78	18	FALSE
5	20211011	柴安琪	男	化工学院	60	67	71	198	66	36	FALSE
6	20211014	姚小玮	女	化工学院	68	54	70	192	64	37	FALSE
7	20211016	肖凌云	男	化工学院	68	75	64	207	69	29	FALSE
8	20211030	罗金梅	女	化工学院	67	75	64	206	68.66667	31	FALSE
9	20211032	赵援	女	化工学院	94	90	88	272	90.66667	3	TRUE
10	20211033	罗颖	男	化工学院	84	87	83	254	84.66667	8	TRUE
11	20211034	张永和	女	化工学院	72	65	85	222	74	25	FALSE
12	20211036	谢彦	男	化工学院	84	80	75	239	79.66667	17	FALSE
13	20211037	明小莉	男	化工学院	78	80	73	231	77	20	FALSE
14	20211038	张立娜	女	化工学院	94	82	82	258	86	6	TRUE
15				**化工学院 计数**	13	13	13				
16				**化工学院 平均值**	75.92308	75.23077	75.38462				
17	20211005	闻亚东	男	教育学院	84	87	88	259	86.33333	5	TRUE
18	20211010	周旻璐	女	教育学院	94	87	82	263	87.66667	4	TRUE
19	20211015	刘晓瑞	女	教育学院	75	85	80	240	80	15	FALSE
20	20211020	钟华	女	教育学院	72	64	85	221	73.66667	27	FALSE
21				**教育学院 计数**	4	4	4				
22				**教育学院 平均值**	81.25	80.75	83.75				
23	20211004	陆东兵	女	经管学院	94	90	91	275	91.66667	1	TRUE
24	20211007	彭晓玲	女	经管学院	85	71	76	232	77.33333	19	FALSE
25	20211012	吕秀杰	女	经管学院	81	83	87	251	83.66667	10	TRUE
26	20211017	徐小君	女	经管学院	58	69	75	202	67.33333	32	FALSE
27	20211025	贾丽娜	男	经管学院	60	68	71	199	66.33333	35	FALSE
28				**经管学院 计数**	5	5	5				
29				**经管学院 平均值**	75.6	76.2	80				
30	20211001	毛莉	女	理学院	75	85	80	240	80	15	FALSE
31	20211003	陈小鹰	女	理学院	58	69	75	202	67.33333	32	FALSE
32	20211008	傅珊珊	女	理学院	88	80	75	243	81	12	FALSE
33	20211013	陈华	男	理学院	71	84	67	222	74	25	FALSE
34	20211018	程俊	男	理学院	94	89	91	274	91.33333	2	TRUE
35	20211022	谷金力	男	理学院	87	80	75	242	80.66667	13	FALSE
36				**理学院 计数**	6	6	6				
37				**理学院 平均值**	78.83333	81.16667	77.16667				
38	20211027	吴冬玉	男	外语学院	75	84	67	226	75.33333	22	FALSE
39	20211029	徐华	男	外语学院	75	85	81	241	80.33333	14	FALSE
40	20211031	齐明	女	外语学院	58	69	74	201	67	34	FALSE
41	20211035	陈平	女	外语学院	80	71	76	227	75.66667	21	FALSE
42				**外语学院 计数**	4	4	4				
43				**外语学院 平均值**	72	77.25	74.5				

图 4-51　嵌套汇总结果

在 Excel 2010 中，操作方法如下：

① 先按图 4-51 所示的方法进行平均值汇总。

② 再在平均值汇总的基础上统计各部门人数。统计人数“分类汇总”对话框的设置如图 4-52 所示。需要注意的是“替换当前分类汇总”复选框不能选中。

若要取消分类汇总，在“分类汇总”对话框中单击“全部删除”按钮即可。

6．数据透视表

分类汇总适合按 1 个字段进行分类，对 1 个或多个字段进行汇总。如果要对多个字段进行分类并汇总，需要利用数据透视表来解决问题。

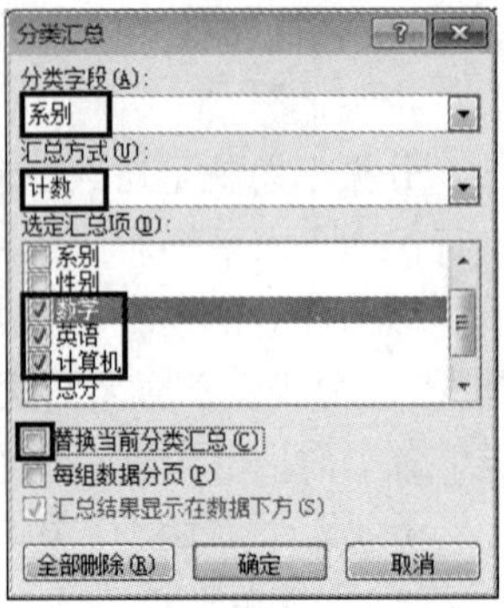

图 4–52　嵌套“分类汇总”对话框设置

【例 4–7】统计“学生成绩表”中各系男女生的人数，其结果如图 4–53 所示。

本例既要按“系别”分类，又要按“性别”分类，这时候需要使用数据透视表。

在 Excel 2010 中，操作方法如下：

① 选择数据清单中任意单元格。

② 单击“插入”选项卡“表格”组中“数据透视表”的下三角按钮，在下拉列表中选择“数据透视表”命令，打开“创建数据透视表”对话框，确认选择要分析的数据的范围（如果系统给出的区域选择不正确，用户可用鼠标自己选择区域），以及数据透视表的放置位置（可以放在新建表中，也可以放在现有工作表中）。然后单击“确定”按钮。此时出现“数据透视表字段列表”窗格，把要分类的字段拖入行标签、列标签位置，使之成为透视表的行、列标题，要汇总的字段拖入∑数值区，本例“系别”作为行标签，“性别”作为列标签，统计的数据项也是“性别”，如图 4–53 所示。默认情况下，数据项如果是非数字型字段则对其计数，否则求和。

创建好数据透视表后，“数据透视表工具”选项卡会自动出现，用它可以修改数据透视表。

数据透视表的修改主要有：

（1）更改数据透视表布局

数据透视表结构中行、列、数据字段都可以被更替或增加。将行、列、数据字段移出表示删除字段，移入表示增加字段。

（2）改变汇总方式

可以通过单击“数据透视表工具”中“选项”选项卡“计算”组中的“按值汇总”按钮来实现，对应“数据透视表字段列表”窗格，如图 4–54 所示。

计数项:系别	列标签		
行标签	男	女	总计
化工学院	6	7	13
教育学院	1	3	4
经管学院	1	4	5
理学院	3	3	6
外语学院	2	2	4
总计	**13**	**19**	**32**

图 4–53　数据透视表统计结果

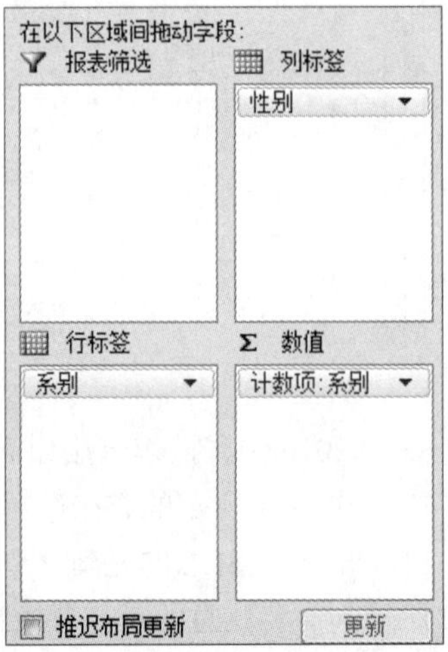

图 4–54　“数据透视表字段列表”窗格

（3）数据更新

有时数据清单中的数据发生了变化，但数据透视表并没有随之变化。此时，不必重新生成数据透视表，单击“数据透视表工具”中“选项”选项卡“数据”组中的“刷新”按钮即可。

还可以将数据透视表中的汇总数据生成数据透视图，更为形象化地对数据进行比较。其操作方法是：选定数据透视表，单击“数据透视表工具”中“选项”选项卡“工具”组中的“数据透视图”按钮，打开“插入图表”对话框，选择相应的图表类型和图表子类型，单击“确定”按钮即可。

4.5.3　任务实现

打开图书销售清单文件，进行如下操作：

步骤 1　按照出版社进行排序，然后进行分类汇总。

步骤 2　选中 H3 单元格，输入 =VLOOKUP(E3,$K$7:$N$24,4,0)；在 B3 单元格中输入 =replace(A3,1,4,VLOOKUP(E3,$K$7:$M$24,3,0))。

说明：① Replace 函数的含义：用新字符串替换旧字符串，而且替换的位置和数量都是指定的。

② Replace 函数的语法格式：

```
=Replace(old_text,start_num,num_chars, new_text)
=Replace（要替换的字符串，开始位置，替换个数，新的文本）
```

注意：第 4 个参数是文本，要加上引号。

③ 如图 4–55 所示，常见的把手机号码后 4 位屏蔽掉，输入公式 =REPLACE(A2,8,4,"****")。

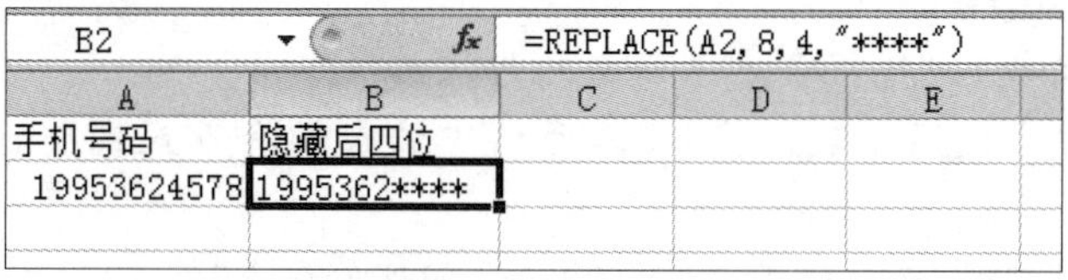

图 4–55　手机号码后四位屏蔽掉

步骤 3　针对高级筛选，首先需要设置筛选条件区域。筛选条件有 3 个特征：

① 条件的标题要与数据表的原有标题完全一致。

② 多字段间的条件若为“与”关系，则写在一行。

③ 多字段间的条件若为“或”关系，则写在下一行。

写出筛选条件如图 4–56 所示，选中所有数据，单击“数据”选项卡“排序和筛选”组中的“高级”按钮，弹出图 4–57 所示“高级筛选”对话框，其中，“列表区域”为要参与筛选的原始数据区域，“条件区域”是根据要筛选的条件，确定筛选出数据的放置位置。

④ 鼠标指针定位在“图书销售情况”工作表的任意一个单元格，选择“插入”选项卡 “表格”组中“数据透视表”下的数据透视表，如图 4–58 所示。

将销售代表拖到行标签，将销售额拖到列表签。

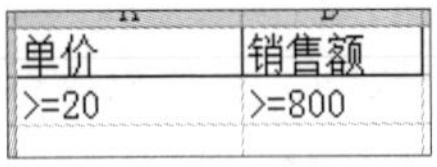

图 4–56　高级筛选条件

图 4–57　“高级筛选”对话框

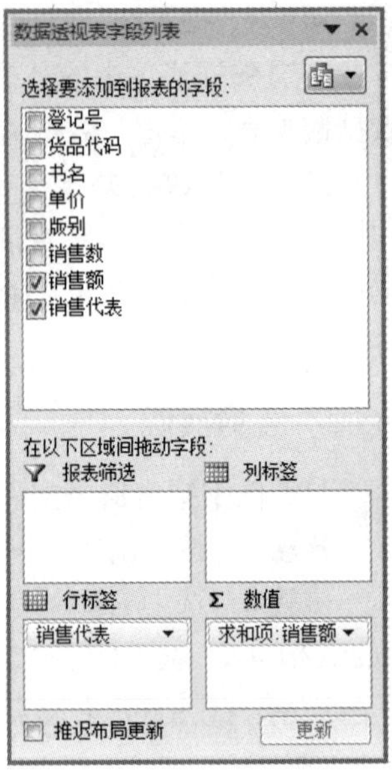

图 4–58　数据透视表字段列表

巩固与练习

一、医院病人护理统计表

对“医院病人护理统计表”文件进行操作:

1. 在 Sheet4 中，使用函数，根据 A1 单元格中的身份证号码判断性别，结果为“男”或“女”，存放在 A2 单元格中。

倒数第 2 位为奇数的为“男”，为偶数的为“女”。

2. 在 Sheet4 中，使用函数，将 B1 单元格中的数四舍五入到整百，存放在 C1 单元格中。

3. 使用 VLOOKUP 函数，根据 Sheet1 中的“护理价格表”，对“医院病人护理统计表”中的“护理价格”列进行自动填充。

4. 使用数组公式，根据 Sheet1 中“医院病人护理统计表”中的“入住时间”列和“出院时间”列中的数据计算护理天数，并把结果保存在“护理天数”列中。

计算方法：护理天数 = 出院时间 – 入住时间。

5. 使用数组公式，根据 Sheet1 中“医院病人护理统计表”中的“护理价格”列和“护理天数”列，对病人的护理费用进行计算，并把结果保存在该表的“护理费用”列中。

计算方法：护理费用 = 护理价格 × 护理天数。

6. 使用数据库函数，按以下要求计算。

① 计算 Sheet1“医院病人护理统计表”中，性别为女性，护理级别为中级护理，护理天数大于 30 天的人数，并保存在 N13 单元格中；

② 计算护理级别为高级护理的护理费用总和，并保存在 N22 单元格中。

7. 把 Sheet1 中的“医院病人护理统计表”复制到 Sheet2，按以下要求进行自动筛选。

① 筛选条件为："性别"为女、"护理级别"为高级护理；

② 将筛选结果保存在 Sheet2 的 K5 单元格中。

注意：

① 复制过程中，将标题项"医院病人护理统计表"连同数据一同复制；

② 数据表必须顶格放置；

③ 复制过程中，保持数据一致。

8. 根据 Sheet1 中的"医院病人护理统计表"，创建一个数据透视图 Chart1。要求：

① 显示每个护理级别的护理费用情况；

② x 坐标设置为"护理级别"；

③ 数据区域设置为"护理费用"；

④ 求和为护理费用；

⑤ 将对应的数据透视表保存在 Sheet3 中。

二、学生考评成绩表

对"学生考评成绩表"文件进行操作：

1. 在 Sheet4 中使用函数计算 A1:A10 中奇数的个数，结果存放在 B1 单元格中。

2. 在 Sheet1 中，使用条件格式将"性别"列中数据为"男"的单元格中字体颜色设置为红色、加粗显示。

3. 使用 REPLACE 函数，将 Sheet1 中"学生成绩表"的学生学号进行更改，并将更改的学号填入"新学号"列中。学号更改的方法为：在原学号的前面加上"2020"。例如："001"→"2020001"。

4. 使用数组公式，对 Sheet1 中"学生成绩表"的"总分"列进行计算。

计算方法：总分 = 语文 + 数学 + 英语 + 信息技术 + 体育。

5. 使用 IF 函数，根据以下条件，对 Sheet1 中"学生成绩表"的"考评"列进行计算。

条件：如果总分 >=350，填充为"合格"；否则，填充为"不合格"。

6. 在 Sheet1 中，利用数据库函数及已设置的条件区域，根据以下情况计算，并将结果填入相应的单元格当中。条件：

① 统计"语文"和"数学"成绩都大于或等于 85 的学生人数；

② 统计"体育"成绩大于或等于 90 的"女生"姓名；

③ 计算"体育"成绩中男生的平均分；

④ 计算"体育"成绩中男生的最高分。

7. 将 Sheet1 中的"学生成绩表"复制到 Sheet2 中，并对 Sheet2 进行高级筛选。

要求：

① 筛选条件为："性别"为男；"英语"为 >90；"信息技术"为 >95；

② 将筛选结果保存在 Sheet2 的 M5 单元格中。

注意：

① 无须考虑是否删除或移动筛选条件；

② 复制过程中，将标题项"学生成绩表"连同数据一同复制；

③ 数据表必须顶格放置。

8. 根据 Sheet1 中“学生成绩表”，在 Sheet3 中新建一张数据透视表。要求:

① 显示不同性别、不同考评结果的学生人数情况;

② 行区域设置为“性别”;

③ 列区域设置为“考评”;

④ 数据区域设置为“考评”;

⑤ 计数项为“考评”。

三、制作公务员考试成绩表

对“公务员考试成绩表”文件进行操作:

1. 在 Sheet5 的 A1 单元格中输入分数 1/3

2. 在 Sheet1 中，使用条件格式将性别列中为“女”的单元格中字体颜色设置为红色、字形加粗显示。

3. 使用 IF 函数，对 Sheet1 中的“学位”列进行自动填充。要求:

填充的内容根据“学历”列的内容来确定（假定学生均已获得相应学位）。

① 博士研究生对应博士。

② 硕士研究生对应硕士。

③ 本科对应学士。

④ 其他对应无。

4. 使用数组公式，在 Sheet1 中计算:

① 计算笔试比例分，并将结果保存在“公务员考试成绩表”中的“笔试比例分”中。

计算方法为: 笔试比例分 =（笔试成绩 /3）×60%。

② 计算面试比例分，并将结果保存在“公务员考试成绩表”中的“面试比例分”中。

计算方法为: 面试比例分 = 面试成绩 ×40%。

③ 计算总成绩，并将结果保存在“公务员考试成绩表”中的“总成绩”中。

计算方法为: 总成绩 = 笔试比例分 + 面试比例分。

5. 将 Sheet1 中的“公务员考试成绩表”复制到 Sheet2 中，根据以下要求修改“公务员考试成绩表”中的数组公式，并将结果保存在 Sheet2 中相应列中。要求:

修改“笔试比例分”的计算，计算方法为: 笔试比例分 =（笔试成绩 /2）×60%，并将结果保存在“笔试比例分”列中。

注意:

① 复制过程中，将标题项“公务员考试成绩表”连同数据一同复制;

② 复制数据表后，粘贴时，数据表必须顶格放置。

6. 在 Sheet2 中，使用函数，根据“总成绩”列对所有考生进行排名。（如果多个数值排名相同，则返回该组数值的最佳排名），要求: 将排名结果保存在“排名”列中。

7. 将 Sheet2 中的“公务员考试成绩表”复制到 Sheet3，并对 Sheet3 进行高级筛选。要求:

① 筛选条件为: “报考单位”为一中院、“性别”为男、“学历”为硕士研究生;

② 将筛选结果保存在 Sheet3 的 A25 单元格中。

注意:

① 无须考虑是否删除或移动筛选条件;

② 复制过程中，将标题项“公务员考试成绩表”连同数据一同复制；

③ 复制数据表后，粘贴时，数据表必须顶格放置。

8. 根据 Sheet2 中的“公务员考试成绩表”，在 Sheet4 中创建一张数据透视表。要求：

① 显示每个报考单位的人的不同学历的人数汇总情况；

② 行区域设置为“报考单位”；

③ 列区域设置为“学历”；

④ 数据区域设置为“学历”；

⑤ 计数项为学历。

四、成绩统计报告

对“成绩报告”文件进行操作：

1. 在工作表“成绩单”中设置格式并进行计算。

① 自动调整工作表中各列数据的列宽；

② 在“准考证号”列右侧插入新列，列标题为“姓名”，并通过工作表“考生名单”中定义名称所对应的数据范围，使用 VLOOKUP 函数进行查询（请使用名称），填入准考证号所对应的考生姓名；

③ 对表格中的数据按照姓名的笔画数升序排序；

④ 在“平均成绩”列计算每个考生 4 个科目的平均成绩，结果保留 0 位小数；

⑤ 在“大师级资格”列使用函数判断每位考生是否有资格取得大师级证书 (4 个科目的成绩都大于或等于 700 分)，具备资格则显示“大师级”，否则不显示；

⑥ 使用条件格式，将所有各个科目都大于或等于 800 分的考生的记录所在单元格区域设置为红色底纹，白色字体；

⑦ 对单元格区域 C2:F301 添加数据有效性，仅允许输入最小值为 0，最大值为 1 000 的整数；

⑧ 冻结工作表的首行，以便标题行始终可以显示在屏幕上。

2. 在工作表“成绩单 - 打印”中格式化数据并进行页面设置。

① 复制工作表“成绩单”，将新复制的工作表重新命名为“成绩单 – 打印”，并置于工作表“成绩单”右侧；

② 清除工作表中的所有条件格式，设置单元格区域 A1:H1 底纹为“茶色，背景 2”；

③ 设置所有成绩小于 700 分所在单元格的格式，使其显示为“未通过”，而不是分数；

④ 对第 1 行（标题行）进行设置，以便打印后，该行会显示在每页的顶端；

⑤ 将纸张方向设置为横向，并设置为在页面中水平居中对齐；

⑥ 设置工作表的页眉和页脚，页眉正中央显示文字“成绩单”，页脚使用预设样式“第 1 页，共 ? 页”。

3. 在工作表“分数统计”中分析成绩数据。

① 新建工作表，置于工作表“成绩单 – 打印”右侧，并修改其名称为“分数统计”；

② 在单元格区域 B2:F6 统计各个科目在各个分数段的人数，分数段以及表格结构请参考“完成效果 .pdf”文档 (提示：此处不限定计算方法，并可以通过中间表进行运算)；

③ 在单元格区域 C7:F7，根据各个科目在各分数段人数，创建迷你柱形图，并将最高

点标记为红色；

④ 在表格上方正中添加标题“各分数段人数”，并对其应用“标题 1”样式；

⑤ 为文档的 4 张工作表添加不同的标签颜色；

⑥ 以原文件名保存。

第 5 章 演示文稿制作软件 PowerPoint

办公业务中，遇到计划介绍、销售汇报、会议报告，为了更好地展示内容，增加信息传达的感染力和生动性，可以利用演示文稿来进行屏幕展示。

PowerPoint 2010（简称 PowerPoint）是 Office 2010 的组件之一，是一款功能强大的演示和幻灯片制作放映软件。PowerPoint 可以设计制作集文字、图形、图像、声音以及视频等多媒体元素于一体的演示文稿。通过一幅幅色彩艳丽、动感十足的演示画面，生动形象地表述主题、阐明演讲者的观点。此外，它还可以用计算机配合大屏幕投影仪直接进行电子演示，连接到打印机，直接打印输出制作精美的宣传资料。当用户希望设计具有个人风格的 Web 页时，也可以使用 PowerPoint 来实现。

5.1 演示文稿的创建与保存

5.1.1 情境导入

李女士作为一位企业项目负责人，项目初期，要制作一份商业计划书。通过客观的数据分析，通过分析影响项目的关键因素，利用演示文稿来对本企业和项目进行展示和介绍，初步演示方案如下：

- 幻灯片要包含首页，目录和内容。
- 主题要符合演讲稿要求。
- 背景要严肃。
- 文本要有说服力。
- 图片符合场景。
- 版式要满足所有对象的需求。
- 要有背景音乐。
- 目录设有超链接。
- 切换效果要流畅。
- 动画设置要突出内容。

- 自动放映。
- 能自定义放映。
- 要打包。

要制作商业计划书，需要考虑的是演示文稿的初始设置，一般包括创建、主题、保存等。具体包括：

① 创建演示文稿。

② 应用主题“暗香扑面”。

③ 保存新建的演示文稿，命名为“商业计划书”。

④ 演示文稿设置密码。

5.1.2 相关知识

要制作演示文稿，首先需要了解演示文稿的组成和设计原则，熟悉 PowerPoint 2010 的工作界面，并了解 PowerPoint 2010 的视图模式、设置演示文稿的背景等知识。

1. 演示文稿的结构和制作原则

幻灯片是演示文稿基本构成单位，每张幻灯片包括文字、图片、声音、视频、图表、动画效果等。

一套完整的演示文稿文件一般包含：片头动画、PPT 封面、前言、目录、过渡页、图表页、图片页、文字页、封底、片尾动画等。

一般情况，演示文稿是由一张或多张幻灯片组成的，每张幻灯片一般包括两部分内容：幻灯片标题、幻灯片内容。内容不仅指文字，还可以包括图片、图形、图表、表格等其他对于论述主题有帮助的内容。

如果是由多张幻灯片组成的演示文稿，通常在第 1 张幻灯片上单独显示演示文稿的主标题和副标题，在其余幻灯片上分别列出与主标题有关的子标题和文本条目。

制作演示文稿的最终目的是给观众演示，能否给观众留下深刻的印象是评定演示文稿效果的主要标准。为此，在进行演示文稿设计时一般应遵循以下原则：

① 主题突出。

② 逻辑结构清晰。

③ 简洁。

④ 风格统一。

⑤ 对比鲜明。

⑥ 整齐美观。

2. 熟悉 PowerPoint 2010 的工作界面

启动 PowerPoint 2010 后，由于视图方式不同，窗口显示略有不同。图 5-1 显示了在普通视图下的窗口组成。它由大纲、幻灯片窗格、备注窗格、视图按钮、Office 按钮功能区快速访问工具栏、标题栏和状态栏等组成。

幻灯片窗格：其中显示了幻灯片的缩略图，单击某张幻灯片的缩略图可选中该幻灯片，此时即可在右侧的幻灯片编辑区编辑该幻灯片内容。

幻灯片编辑区：编辑幻灯片的主要区域，在其中可以为当前幻灯片添加文本、图片、图形、声音和影片等，还可以创建超链接或设置动画。

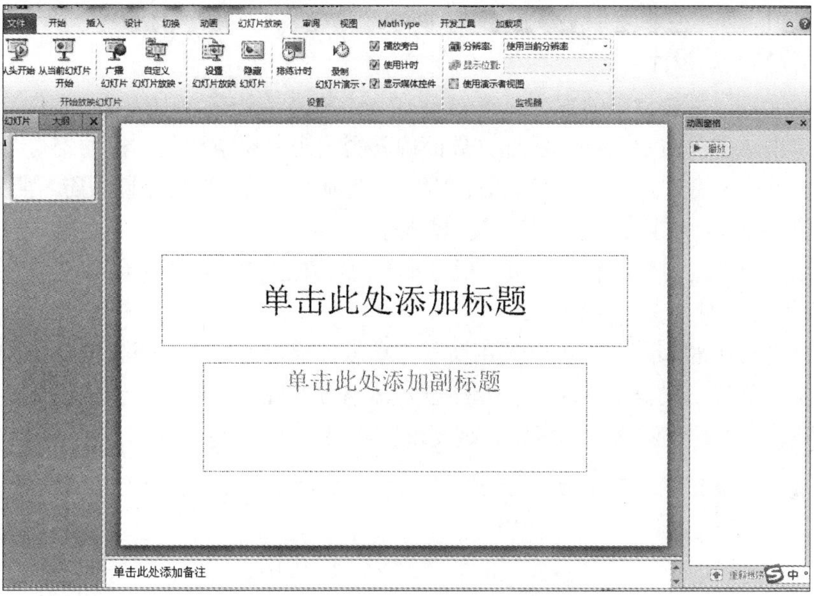

图 5–1　PowerPoint 2010 工作界面

3. 认识 PowerPoint 2010 的视图

（1）普通视图

普通视图是系统的默认视图，由幻灯片窗格、幻灯片编辑区和备注窗格组成，如图 5–2 所示。

① 幻灯片窗格：可以显示各幻灯片的缩略图，可以重新排序、添加或删除幻灯片。单击任意一张缩略图，将立即在幻灯片窗格中显示该幻灯片。

② 幻灯片编辑区：可以查看每张幻灯片的文本外观。可以在单张幻灯片中添加图形、影片和声音，并创建链接以及向其中添加动画，按照幻灯片的编号顺序显示演示文稿中全部幻灯片的图像。

③ 备注窗格：备注是演讲者对每一张幻灯片的注释，可以在备注窗格中输入（PowerPoint 2010 默认隐藏备注窗格，单击状态栏中的“备注”按钮后显示备注窗格）。该注释内容仅供演讲者使用，不能在幻灯片上显示。

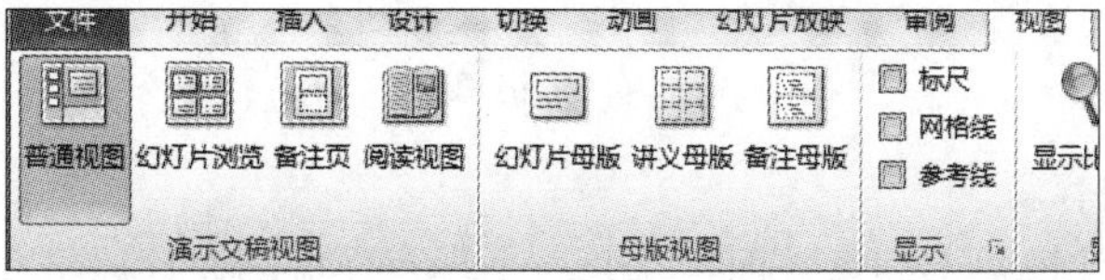

图 5–2　PowerPoint 2010 视图界面

幻灯片编辑区中带有虚线边框的编辑框称为占位符，用于指示可在其中输入标题文本（标题占位符）、正文文本（文本占位符），或者插入图表、表格和图片（内容占位符）等对象。幻灯片版式不同，占位符的类型和位置也不同。

（2）幻灯片浏览视图

可以同时显示多张幻灯片，方便对幻灯片进行移动、复制、删除等操作。

（3）阅读视图

如果希望在一个方便审阅的窗口中查看演示文稿，而不想使用全屏的幻灯片放映视图，可以使用阅读视图。如果要更改演示文稿，可随时从阅读视图切换至其他视图。

4. 演示文稿开始设计

“空演示文稿”是最常用的方法。在 PowerPoint 2010 工作窗口中选择“文件”选项卡“新建”命令，单击“空白演示文稿”图标，界面中就会出现一张空白的“标题幻灯片”。按照占位符中的文字提示来输入内容，还可以通过“插入”选项卡中的相应命令插入所需要的各种对象，如表格、图像、插图、链接、文本、符号、媒体等。

创建演示文稿常用的方法有：模板、根据现有内容新建和“空白演示文稿”。

（1）模板

模板包括各种主题和版式。可以利用演示文稿软件提供的现有模板自动、快速地形成每张幻灯片的外观，节省格式设计的时间，专注于具体内容的处理。除了内置模板外，还可以联机在网上搜索下载更多的演示文稿模板以满足要求，如图 5–3 所示。

图 5–3　模板界面图

（2）根据现有内容新建

如果对所有的设计模板不满意，而喜欢某一个现有文稿的设计风格和布局，可以直接在上面修改内容来创建新演示文稿。

（3）空白演示文稿

用户如果希望建立具有自己风格和特色的幻灯片，可以创建空白演示文档。

创建演示文稿之后，可以对其幻灯片进行设置，如更改主题、修改背景等。

主题是用来对演示文稿中所有幻灯片的外观进行匹配的一个样式，比如让幻灯片具有统一的背景效果、统一的修饰元素和统一的文字格式等。默认创建的演示文稿采用的是空白页，当应用了主题后，无论新建什么版式的幻灯片都会保持统一的风格。

在幻灯片的放映中，背景的设计很重要。如果一个幻灯片都是文字，就会显得很单调。主题的应用会给背景增加很多色彩，而背景图片则会让幻灯片更加丰富。

5. **演示文稿创建**

在对演示文稿进行编辑之前，首先完成演示文稿的创建，一般包括以下 2 种方法：

（1）打开快捷方式进行创建

若桌面上有 Microsoft PowerPoint 2010 快捷图标，直接双击该图标即可创建新演示文稿。若桌面没有此快捷方式，也可以在桌面空白处右击，在弹出的快捷菜单中，选择“新建”命令，在展开的列表中，单击 Microsoft PowerPoint 2010 演示文稿，在桌面上将会出现一个新建的 Microsoft PowerPoint 2010 演示文稿。创建后的演示文稿扩展名是 .pptx。如果在其他目标位置创建演示文稿，方法类似，用户还可以对文档进行重命名，和 Word、Excel 重命名的方法类似，命名规则符合文件或文件夹的命名规则。

（2）搜索框程序选择进行创建

在任务栏的搜索框中，输入 PowerPoint 2010，选中 PowerPoint 2010 之后，也可以完成演示文稿的创建。

5.1.3　任务实现

步骤 1　新建演示文稿。

启动 PowerPoint 2010，首先进入具有一个标题幻灯片的演示文稿。

步骤 2　主题的设置。

① 单击“设计”选项卡“主题”组右侧的“其他”按钮，如果希望将选择的主题只应用于当前所选幻灯片，可右击主题，在弹出的快捷菜单中选择“应用于选定幻灯片”命令，如图 5-4 所示。

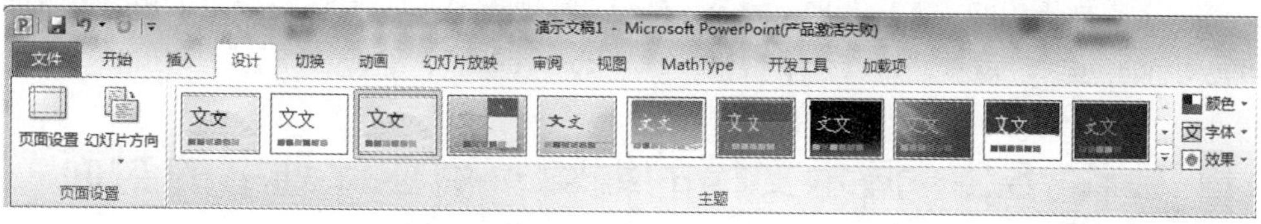

图 5-4　设计主题图

② 在展开的主题列表中单击选择要应用的主题，如“暗香扑面”，如图 5-5 所示，即可为演示文稿中的所有幻灯片应用系统内置的某一主题。

图 5-5　选择“暗香扑面”主题图

步骤 3 演示文稿的保存。

单击“快速访问”工具栏中的“保存”按钮，弹出“另存为”对话框，在左侧的导航栏中选出位置，在“文件名”文本框中输入文件名“商业计划书”，单击“保存”按钮保存演示文稿，如图 5-6 所示。

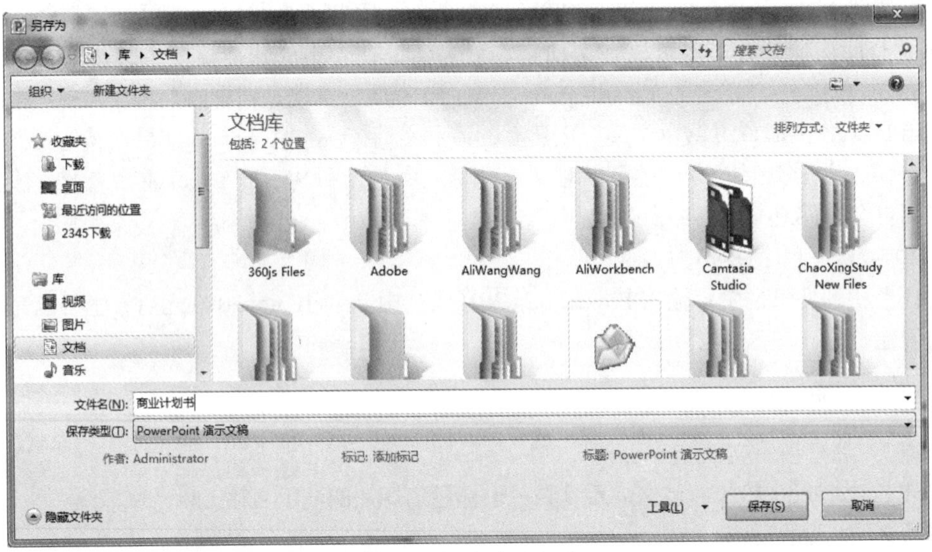

图 5-6 保存演示文稿

步骤 4 演示文稿密码的设置。

单击“文件”选项卡，选择“另存为”命令，打开“另存为”对话框。单击最下面的“工具”按钮，选中下拉列表中的“常规选项”命令，打开“常规选项”对话框，输入“打开权限密码”：“shangyejihuashu”，输入“修改权限密码”：“libaozhen”，单击“确定”按钮。

5.2 演示文稿的编辑：商业计划书的封面

5.2.1 情境导入

商业计划书首页是商业计划书的封面，是商业计划书题目和门户。作为演示文稿第 1 张幻灯片，直接反映了演示文稿的主旨、风格等，是很关键的内容。结合 PowerPoint 2010 制作，考虑的是演示文稿的首页编辑，为了美观醒目，封面应包括背景、文本、图片等。具体要求如下：

① 设置背景纯色填充，填充颜色设置为“白色 - 背景 1- 深色 15%”。

② 输入文本。设置标题的字体格式为西文 Arial Black、80、蓝 - 灰 强调文字颜色 5 深色 50%。

③ 移动占位符。将占位符的长度调整为 8 厘米。

④ 输入副标题。设置副标题字体格式为方正姚体、36、蓝 - 灰 强调文字颜色 5 深色 50%

⑤ 绘制文本框。输入文本“This business plan indicates the plan for the next five years by analyzing the strength of the enterprise”，设置字体格式为流丽行书、14。

⑥ 插入图片“都市建筑”。将图片大小设置为“高度”和“宽度”改为“80%”，“图片样式”

设置为“映像圆角矩形”。

⑦ 绘制矩形。矩形“形状填充”，主题颜色选择白色；矩形“形状轮廓”，选择“无轮廓”。

⑧ 单击“绘图”组的“排列”按钮，在下拉列表中选择“置于底层”命令。

⑨ 插入“流光行彩”图片，并裁剪。

⑩ 再绘制矩形。在“形状样式”组中，对“形状填充”主题颜色选择蓝 – 灰 强调文字颜色 5 深色 50%；对“形状轮廓”，在下拉菜单中选择“无轮廓”。

5.2.2 相关知识

1. 背景

主题一般是带有背景的，但不一定能满足用户需求，用户可重新为幻灯片设置纯色、渐变色、图案、纹理和图片等背景，使制作的幻灯片更加美观。该商业计划书根据图片反差需要，重新设置背景。

纯色填充：用来设置纯色背景，可设置所选颜色的透明度。

渐变填充：选中该单选按钮后，可通过选择渐变类型，设置色标等来设置渐变填充。

图片或纹理填充：选中该单选按钮后，若要使用图片填充，可在插入图片中选择“文件”，在打开的对话框中选择要插入的图片，单击右下角的“插入”，并可通过填充伸展选项为图片修改偏移量。若要使用纹理填充，可单击“纹理”右侧的按钮，在弹出的列表中选择一种纹理即可。

图案填充：使用图案填充背景。设置时，只需选择需要的图案，并设置图案的前景色、背景色即可。

若选中“隐藏背景图形”复选框，设置的背景将覆盖幻灯片母版中的图形、图像和文本等对象，也将覆盖主题中自带的背景。

2. 输入文本

在 PowerPoint 2010 中输入文本的方法如下：

（1）在文本占位符中输入文本

单击文本占位符输入文字，输入的文字会自动替换文本占位符中的提示文字。

（2）在新建文本框中输入文本

幻灯片中文字占位符的位置是固定的，若需要在幻灯片的其他位置输入文本，可以通过插入文本框来实现。

在幻灯片中添加文本框的操作方法如下：

① 单击“插入”选项卡“文本”组中的“文本框”按钮，在下拉列表中选择“横排文本框”命令。

② 在幻灯片上，拖动鼠标添加文本框。

③ 单击文本框，输入文本。

（3）输入符号和公式

在文本占位符和文本框中除了可以输入文字，还可以输入专业的符号和公式。输入符号和公式的操作方法如下：

单击“插入”选项卡“符号”组中的“符号”按钮或“公式”按钮，在打开的下拉列表中选择要插入的符号或公式，即可完成符号和公式的输入。

3. 文本编辑

在PowerPoint 2010中对文本进行删除、插入、复制、移动等操作，与Word 2010操作方法类似。

4. 文本格式化

文本格式化包括字体、字形、字号、颜色及效果的设置，其中效果又包括下画线、上／下标、阴影、阳文等设置。

选择需要设置的文本，在“开始”选项卡的“字体”组中，设置字体、字号、字形、颜色等格式。单击“字体”组右下角的对话框启动器按钮，打开“字体”对话框，在“字体”对话框中完成字体格式的设置。

5. 段落格式化

在“开始”选项卡的“段落”组中，可以设置段落的对齐方式、缩进、行间距等，或者单击“段落”组右下角的对话框启动器按钮，在打开的“段落”对话框中进行设置。

6. 插入图片

插入图片的操作方法如下：

① 单击“插入”选项卡“图像”组中的“图片”按钮。

② 在打开的“插入图片”对话框中选择需要插入的图片，单击“插入”按钮。

7. 调整图片的大小

调整图片大小的操作方法如下：

① 选中需要调整大小的图片，将鼠标指针放置在图片四周的尺寸控制点上，拖动鼠标调整图片大小。

② 选中需要调整大小的图片，选择“图片工具－格式”选项卡，在“大小”组中设置图片的“高度”“宽度”调整图片大小。

8. 裁剪图片

（1）直接进行裁剪

选中需要裁剪的图片，单击“图片工具－格式”选项卡“大小”组中的“裁剪”按钮，打开裁剪下拉列表，选择：

① 裁剪某一侧：将某侧的中心裁剪控制点向内拖动。

② 同时均匀裁剪两侧：按住【Ctrl】键的同时，拖动任意一侧的裁剪控制点。

③ 同时均匀裁剪四面：按住【Ctrl】键的同时，将一个角的裁剪控制点向内拖动。

④ 放置裁剪，裁剪完成后，按【Esc】键或在幻灯片空白处单击，以退出裁剪操作。

（2）裁剪为特定形状

使用“裁剪为形状”功能可以快速更改图片的形状，操作方法如下：

① 选中需要裁剪的图片。

② 单击“裁剪”按钮，在下拉列表中选择“裁剪为形状”命令，打开“形状”列表。

③ 选择一种形状。

5.2.3 任务实现

步骤 1 单击“设计”选项卡“背景”组中的“背景样式”下拉菜单，选择“设置背景格式”命令，打开“设置背景格式”对话框，如图 5-7 所示。

步骤 2　背景颜色“填充”。

分类中选择一种填充类型（纯色填充、渐变填充、图片或纹理填充），这里选择“纯色填充”单选按钮，填充颜色设置为“白色 – 背景 1– 深色 15%”。

步骤 3　单击“应用到全部”按钮，将设置的背景应用于演示文稿中的所有幻灯片。若直接单击对话框“关闭”按钮，设置的背景将只应用于当前幻灯片中。效果如图 5–8 所示。

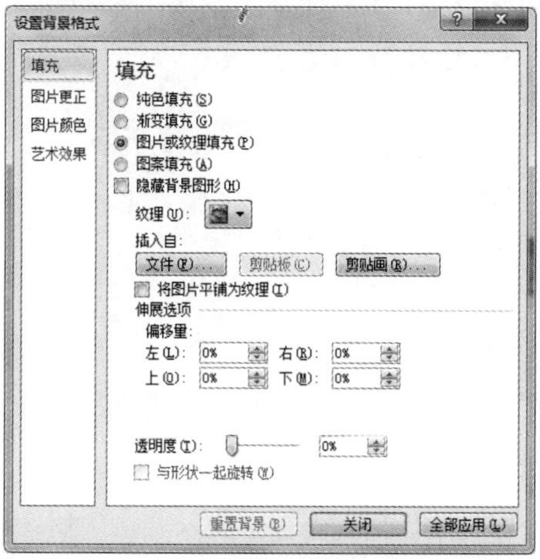

图 5–7　“设置背景格式”对话框

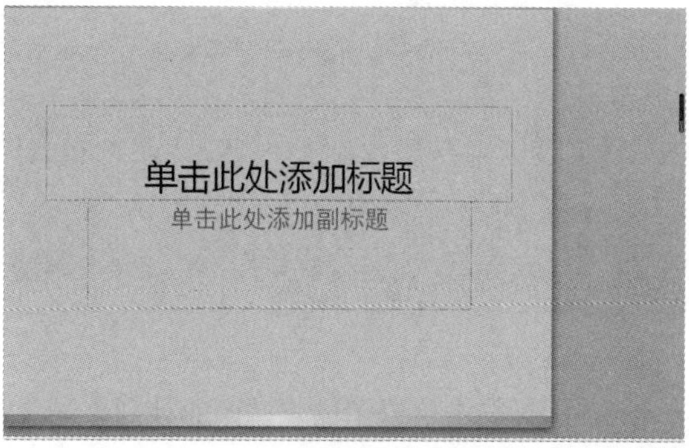

图 5–8　设置背景效果图

步骤 4　输入文本并设置格式。

① 在第 1 张幻灯片的标题占位符中单击，输入标题文本“2022”，再在占位符中选中输入的文本，单击“开始”选项卡“字体”组右下角的对话框启动器按钮，在字体对话框中设置标题的字体为西文 Arial Black，字号为 80，字体颜色为“蓝 – 灰 强调文字颜色 5 深色 50%”，如图 5–9 所示。

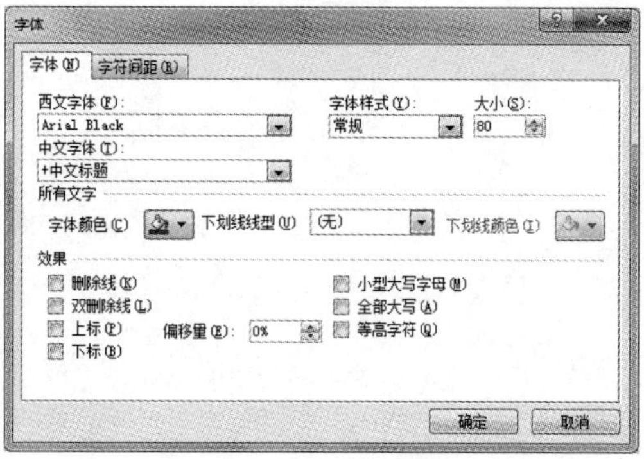

图 5–9　字体格式设置

② 将鼠标指针移至标题占位符的上或下边缘，待鼠标指针格式变成十字形状时按住鼠标左键向左拖动，拖动到合适位置，再选择占位符右边线，然后拖动，将占位符长度调整为合适大小，也可在“绘图工具 – 格式”选项卡的“大小”组中将占位符的长度调整为 8 厘米，效果如图 5–10 所示。选择占位符、调整占位符大小以及移动占位符等操作与在 Word 文档中调整文本框相同。

图 5-10　标题格式设置

③ 在副标题占位符中输入“商业计划书”文本，设置其字体格式为方正姚体、36、蓝 - 灰强调文字颜色 5 深色 50%，然后将鼠标指针移至副标题占位符的边缘，待鼠标指针变成十字形状时按住鼠标左键向上和向左适当拖动，效果如图 5-11 所示。

图 5-11　副标题格式设置

步骤 5　单击“开始”选项卡“绘图”组中的“文本框”按钮，如图 5-12 所示，在副标题下方拖动鼠标绘制一个横排文本框，然后输入文本“This business plan indicates the plan for the next five years by analyzing the strength of the

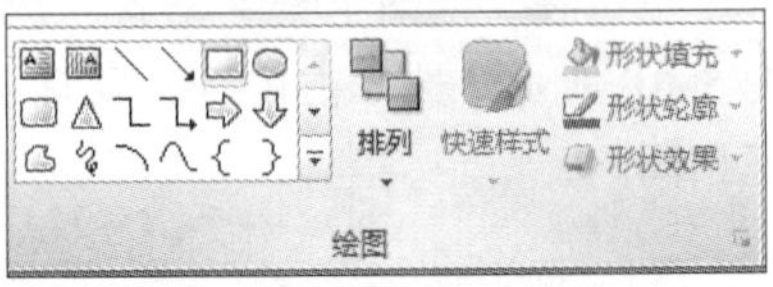

图 5-12　绘制文本框

enterprise”，然后设置其字体格式为流丽行书、14。效果如图 5-13 所示。

图 5-13　文本框设置效果

步骤 6　插入图片并美化。

本商业计划书首先要有图表和自选图形进行布局和美化，这也是 PowerPoint 2010 重点设置点之一。

① 插入图片。单击“插入”选项卡“图像”组中的“图片”按钮，选择“都市建筑”图片，如图 5-14 所示。单击“插入”按钮，即可在幻灯片处插入图片。

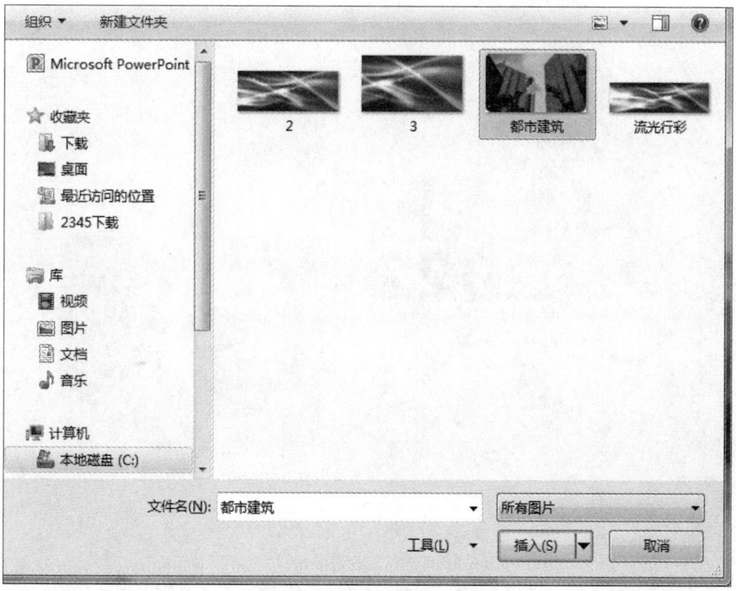

图 5-14　图片插入

② 设置图片大小。选择图片，单击“图片工具 - 格式”选项卡“大小”组右下角的对话框启动器按钮，打开“设置图片格式”对话框。单击左侧“大小”选项，在右侧“大小”选项中选中“锁定纵横比”复选框，保证图片不变形。将“高度”和“宽度”改为“80%”，单击“关闭”按钮，如图 5–15 所示。

图 5–15　图片大小调整

③ 调整图片位置并美化图片。鼠标移过图片，此时会变为十字标记，单击选择并向右拖动，拖动到主标题右侧。单击图片，在“图片工具 – 格式”选项卡的“图片样式”组中，找到“映像圆角矩形”，单击设置。效果如图 5–16 所示。

图 5–16　图片主题设置

步骤 7　绘制矩形。

单击“插入”选项卡“插图”组中的“形状”按钮，在下拉菜单中选择“矩形”如图 5-17 所示，在文字和图片上方画下一个矩形。选择矩形，在“绘图工具 - 格式”选项卡“形状样式”组中，单击“形状填充”按钮，在下拉菜单中主题颜色选择白色。单击“形状轮廓”按钮，在下拉菜单中选择“无轮廓”，效果如图 5-18 所示。选择矩形，单击“开始”选项卡“绘图”组中的“排列”按钮，在下拉列表中选择“置于底层”命令，将它作为背景出现。如需下移一层，可选择“下移一层”命令，同理，有“上移一层”命令可供选择。效果如图 5-19 所示。

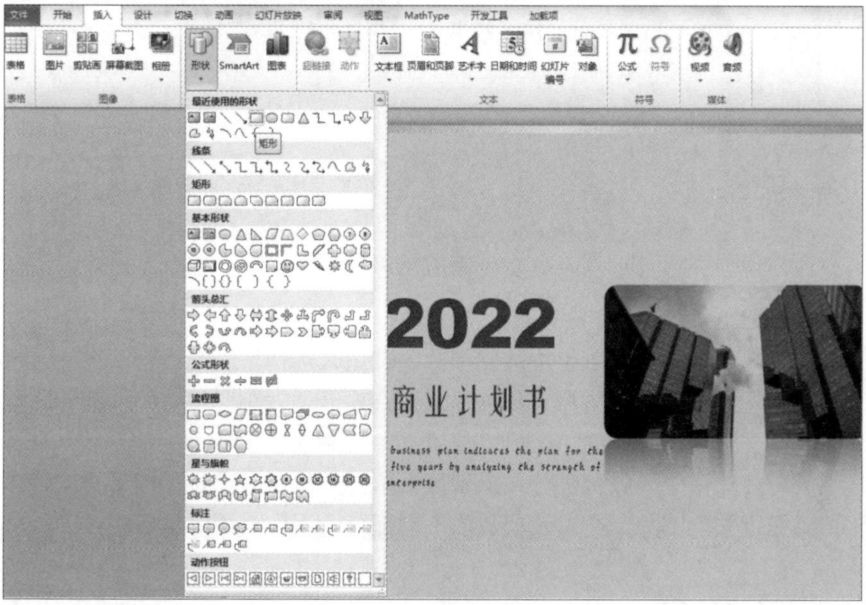

图 5-17　绘制矩形

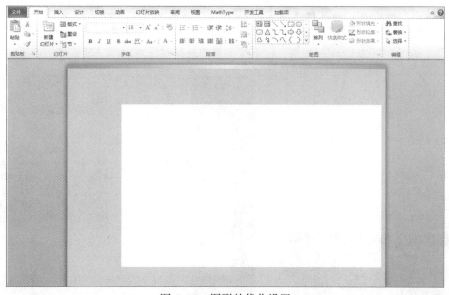

图 5-18　图形的优化设置

图 5-19　图形层次设置

步骤 8　图片裁剪。

单击“插入”选项卡“图像”组中的“图片”按钮，选择“流光行彩”图片，单击插入，移动图片至幻灯片左侧。单击“图片工具－格式”选项卡“大小”组中的“裁剪”按钮。图片变成如图 5-20 所示样式。可以通过拖动上方、下方、左侧和右侧中部的控制线来选择保留图片大小，通过拖动图片，让想要保留部分在保留区，单击其他任意部位，即可对图片进行裁剪。再插入 2 张“流光行彩”图片，通过裁剪选取不同部分，用作点缀。最后将 3 种裁剪图片平均分布在左侧。

步骤 9　完成第 1 张幻灯片。

通过单击“插入”选项卡“插图”组中的“形状”按钮，在下拉菜单中选择“矩形”，在幻灯片左侧从上到下画下一个矩形，并将它的顺序“置于底层”。在“绘图工具－格式”选项卡“形状样式”组中，单击“形状填充”按钮，在下拉菜单中主题颜色选择“蓝－灰 强调文字颜色 5 深色 50%”。单击“形状轮廓”按钮，在下拉菜单中选择“无轮廓”，效果如图 5-21 所示。

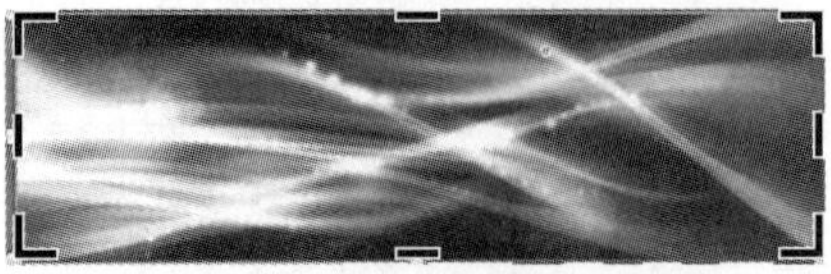

图 5-20　图片裁剪设置

图 5-21　第 1 张幻灯片效果图

5.3　制作商业计划书的其他幻灯片

5.3.1　情境导入

通过制作商业计划书，掌握幻灯片的插入、删除等操作，熟悉幻灯片的版式，掌握对幻灯片对象的把握，掌握在幻灯片中设置超链接和动作设置等操作。继续第 1 张幻灯片的操作，完成其他幻灯片的制作。具体工作如下：

① 插入新幻灯片。

② 将幻灯片版式设置为“空白”。

③ 在第 2 张幻灯片右侧插入图片，图片调整大小为高度 7 厘米、宽度 20 厘米。

④ 绘制一个矩形，矩形大小设置为高度 7 厘米、宽度 4 厘米，与图片对齐。

⑤ 设置图形颜色 RGB 模式为红 30、绿 50、蓝 100。

⑥ 在幻灯片中下方绘制 3 个圆形，大小为高度 4 厘米、宽度 4 厘米，3 个圆对齐，选择“顶端对齐”和“横向分布”；3 个圆形设置“形状效果”中选择“阴影”下的“内部右上角”。

⑦ 在圆形中依次输入“01”“02”“03”，并将字体设置为 Arial Unicode MS，字号为 54。

⑧ 绘制一个文本框并输入文本。设置字体为楷体，字号为 24，字体颜色与圆形颜色一致；再绘制一个文本框，设置为字体为 Arial Unicode MS，字号为 16；字体颜色为白色 – 背景 – 深色 35%。

⑨ 两个文本框用“排列”组“组合”按钮进行组合。

⑩ 在第 2 张幻灯片后添加一张空白版式的幻灯片。插入图片“企业简介”，大小设置为高度 8 厘米、宽度 10 厘米。在第 3 张幻灯片的左侧插入矩形，高度 7 厘米、宽度 3 厘米。为图形设置“紧密映像 接触”效果。

⑪ 插入“背景音乐”，设置声音播放方式为“跨幻灯片播放”“播放时隐藏”“循环播放，直到停止”。

⑫ 利用母版插入 logo，调整 logo 为高度 2 厘米、宽度 2 厘米，为 logo“重新着色”设置“白色 – 背景颜色 2 浅色”，去掉 logo 外边框。

5.3.2　相关知识

1. 复制、移动和删除幻灯片

在创建演示文稿的过程中，可以将具有较好版式的幻灯片复制到其他演示文稿中。

（1）复制幻灯片

切换到普通视图中，选择需要复制的幻灯片，右击，在弹出的快捷菜单中选择“复制幻灯片”命令，在目标位置选择“粘贴”命令即可。

（2）移动幻灯片

移动幻灯片可以改变幻灯片的播放顺序。移动幻灯片的方法如下：

① 在“大纲”窗格中使用鼠标直接拖动幻灯片到指定位置。

② 使用“剪切 / 粘贴”的方法移动幻灯片。

（3）删除幻灯片

首先在“幻灯片”窗格中单击选中要删除的幻灯片，然后按【Delete】键，或右击要删除的幻灯片，在弹出的快捷菜单中选择“删除幻灯片”命令。这里将复制过来的幻灯片删除。

2. 设置与编辑幻灯片版式

（1）设置幻灯片版式

在 PowerPoint 2010 中，幻灯片版式是指幻灯片上显示的全部内容的排列方式，包括标题幻灯片、标题和内容、节标题等 11 种内置幻灯片版式。可以选择其中一种版式应用于当前幻灯片中。

（2）编辑幻灯片版式

① 添加幻灯片编号。在演示文稿中为幻灯片添加编号的方法：单击“插入”选项卡“文本”组中的“页眉和页脚”按钮，打开“页眉和页脚”对话框，选中“幻灯片编号”复选框，单击“全部应用”按钮。

② 添加日期和时间。在演示文稿中添加日期和时间的具体操方法：单击“插入”选项卡“文本”组中的“日期和时间”按钮，打开“页眉和页脚”对话框，选中“日期和时间”复选框，单击“全部应用”按钮。

3. 母版视图

母版视图包括幻灯片母版视图、讲义母版视图和备注母版视图 3 种，主要用于存储有关演示文稿信息的主要幻灯片，包括背景、字体、效果、占位符大小和位置。下面介绍幻灯片母版视图。

幻灯片母版视图可以快速制作出多张具有特色的幻灯片，包括设计母版的占位符大小、背景颜色及字体大小等。

设计幻灯片母版的操作方法如下：

① 单击“视图”选项卡“母版视图”组中的“幻灯片母版”按钮，进入幻灯片母版编辑状态。

② 在幻灯片母版编辑界面中，可以设置占位符的位置，占位符中文字的字体格式、段落格式，或插入图片、设计背景等。

③ 单击“关闭母版视图”按钮，退出幻灯片母版视图。

4. 插入音频

单击“插入”选项卡“媒体”组中的“音频”按钮，打开下拉列表。

① 文件中的音频：单击该项打开“插入音频”对话框，可以将磁盘上存放的音频插入幻灯片中。

② 剪贴画音频：单击该项弹出“剪贴画”窗格，搜索剪贴画中的音频并插入当前幻灯片中。

④ 录制音频：单击该项打开“录音”对话框，在该对话框中单击按钮，开始录音。

5.3.3 任务实现

步骤 1 创建幻灯片。

要在演示文稿中幻灯片后面添加一张新幻灯片，首先在“幻灯片”视图中单击该张幻灯片，将其选中，这里单击第 1 张幻灯片（当演示文稿中只有一张幻灯片时也可不进行选择）。单击“开始”选项卡“幻灯片”组中的“新建幻灯片”按钮，如图 5-22 所示，即可新建一张使用默认版式的幻灯片。

图 5-22 新建幻灯片

步骤 2　设置幻灯片版式。

默认情况下，新添加的幻灯片的版式为“标题和内容”，也可以根据需要改变其版式。在该商业计划书设计中，幻灯片内对象大部分人为设计，所以在“幻灯片”窗格中单击第 2 张幻灯片，然后单击“开始”选项卡“幻灯片”组中的“版式”按钮，在展开的列表中选择“空白”版式，如图 5-23 所示。

步骤 3　插入图片。

在第 2 张幻灯片中插入图片、矩形，方法同第 1 张幻灯片。将图片“都市建筑风采”插入第 2 张幻灯片，将图片放到幻灯片右侧，并将图片调整大小为高度 7 厘米，宽度 20 厘米，如图 5-24 所示。

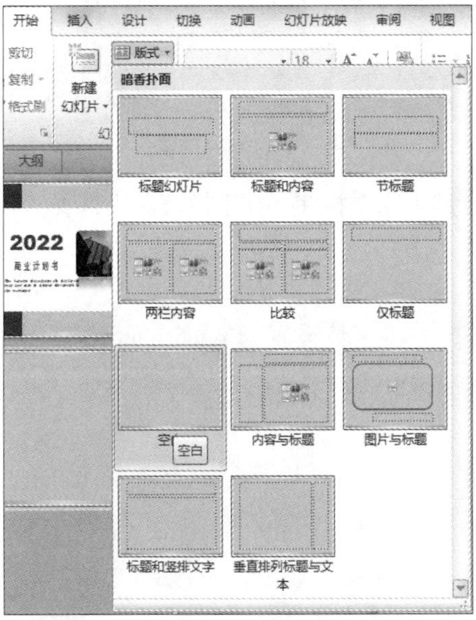

图 5-23　第 2 张幻灯片图片的插入

图 5-24　版式的修改

提示：在调整图片大小时，假如改变了图片本身比例，要单击“图片格式”选项卡“大小”组右下角的对话框启动器按钮，在“设置图片格式”的“大小”选项中，取消选中“锁定纵横比”复选框。

步骤 4　绘制图形。

在第 2 张幻灯片左侧，绘制一个矩形，矩形大小设置为高度 7 厘米、宽度 4 厘米，与图片对齐。在幻灯片中下方绘制 3 个圆形，大小为高度 4 厘米、宽度 4 厘米。

步骤 5　设置图形填充、RGB 颜色。

按住【Shift】或【Ctrl】键，同时单击所有图形，可选择所有图形。将所有图形设置为“无边框”，方法同第 1 张幻灯片。单击“绘图工具 – 格式”选项卡“形状样式”组“形状填充”按钮，在下拉菜单中选择“其他填充颜色”命令，在打开的“颜色”对话框中选择“自定义”选项卡，设置图形颜色 RGB 模式为红 30、绿 50、蓝 100，如图 5-25 所示。

步骤 6　优化图形。

选择 3 个圆形，单击“绘图工具 – 格式”选项卡“排列”组“对齐”按钮，在下拉菜单中选择“顶端对齐”和“横向分布”命令，如图 5–26 所示，使 3 个圆形对齐。

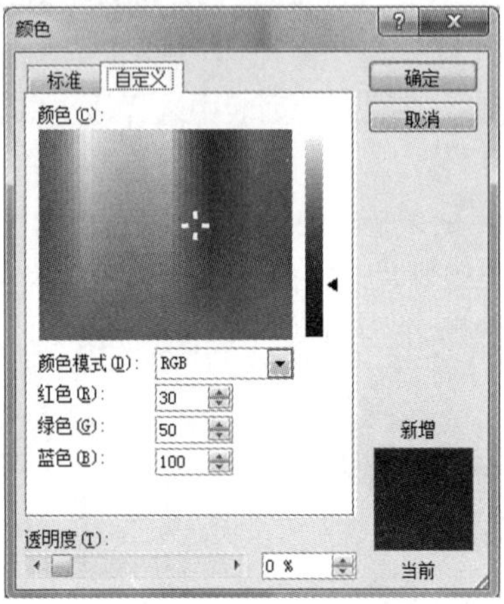

图 5–25 图形颜色设置

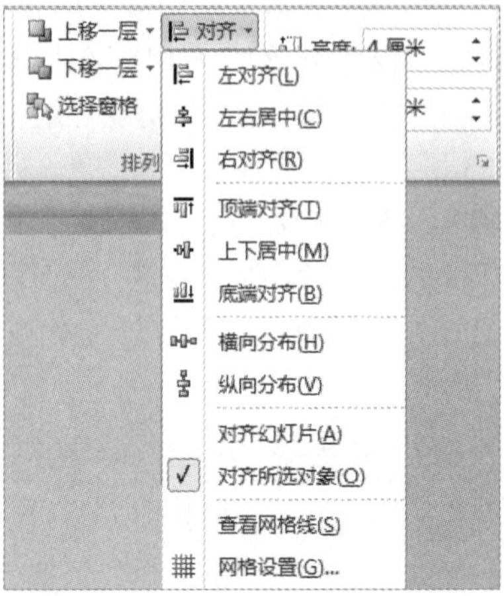

图 5–26 图形对齐设置

单击“绘图工具 – 格式”选项卡“形状样式”组“形状效果”按钮，在下拉菜单中选择“阴影”下的“内部右上角”，如图 5–27 所示。

步骤 7 图形中添加文字。

保存圆形选中状态，依次输入“01” “02” “03”，并将字体设置为 Arial Unicode MS，字号为 54。效果如图 5–28 所示。

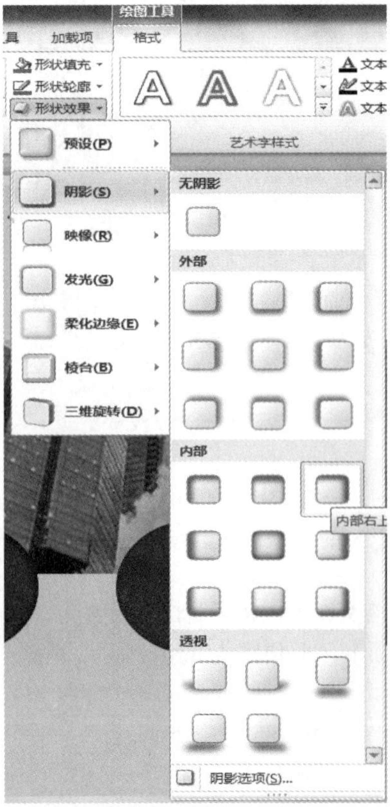

图 5–27 图形优化设置

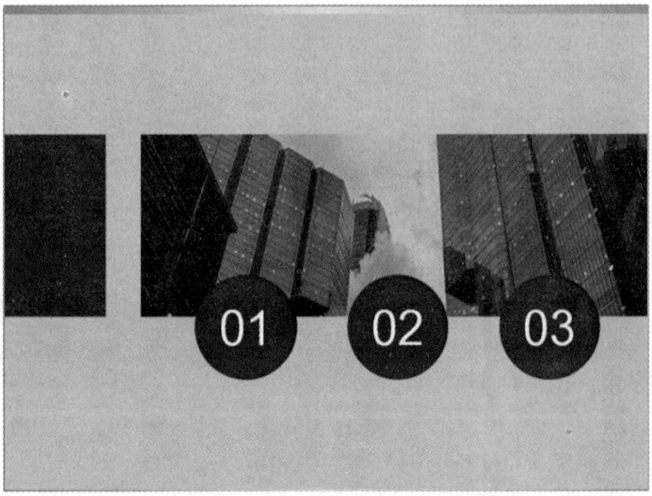

图 5–28 图形文字添加效果

步骤 8　为第 2 张幻灯片添加文字，然后单击“开始”选项卡“绘图”组中的“文本框”按钮，在幻灯片圆形图形下侧依次绘制一个文本框并输入文本。输入完成后选中文本框，设置其字体为楷体，字号为 24 磅，字体颜色与圆形颜色一致，在文本框下方同样绘制文本框，输入文本并设置为 Arial Unicode MS，字号为 16。字体颜色为“白色 – 背景 – 深色 35%”。以同样的方式为第 2 张幻灯片设置目录。效果如图 5–29 所示。

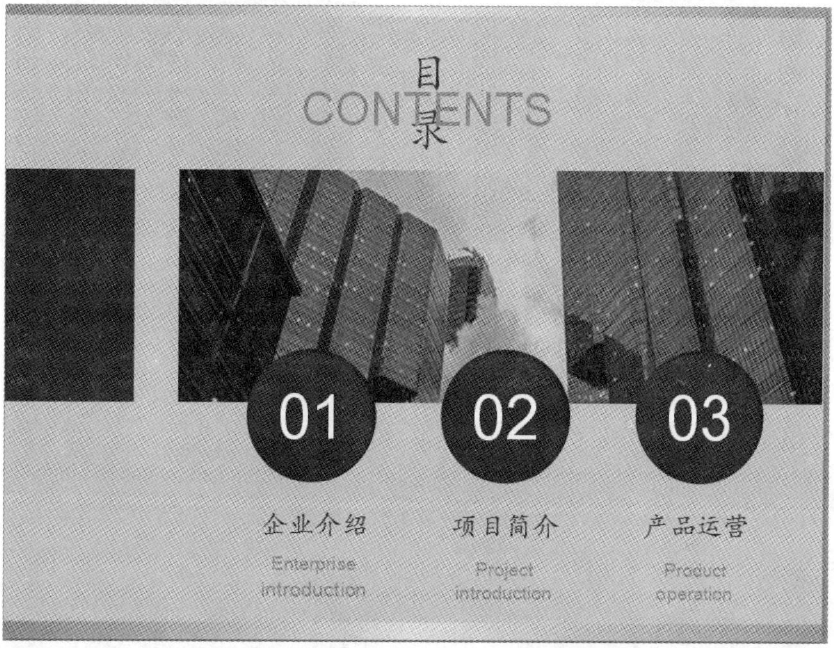

图 5–29　第 2 张幻灯片文字设置效果

步骤 9　合并文本框。

同时选中“企业介绍”和下方的“Enterprise introduction”两个文本框，方法同选中图形图像，单击“绘图工具 – 格式”选项卡“排列”组中的“组合”按钮，如图 5–30 所示。选择“组合”命令完成第 2 张幻灯片。

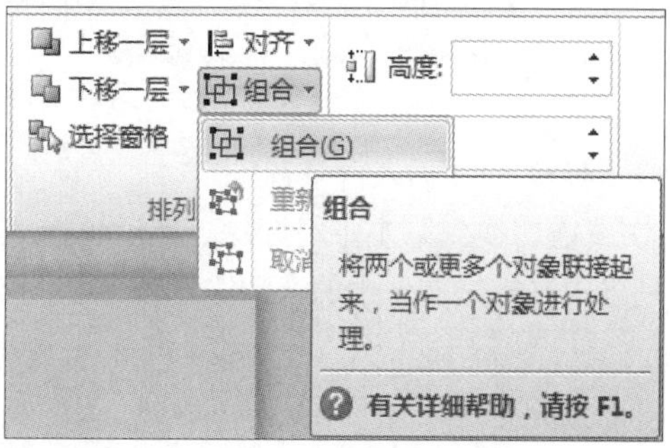

图 5–30　文本框组合设置

步骤 10　单击“开始”选项卡“幻灯片”组中“新建幻灯片”按钮下方的三角按钮，在展开的幻灯片版式列表中选择“空白”版式，在第 2 张幻灯片后添加一张幻灯片。以同样的操作插入图片、绘制图形和文本框。在第 3 张幻灯片右侧插入“企业简介”图片，图片大小设置为高度 8 厘米、宽度 10 厘米。左侧插入矩形，高度 7 厘米、宽度 3 厘米。中间绘制文本框，输入文字，中文采用“楷体”，西文和数字采用 Arial Black，颜色同第 2 张幻灯片。选中第 3 张幻灯片的图片，单击“图片工具 – 格式”选项卡“图片样式”组右侧下三角按钮，在下拉菜单中选择“棱台矩形”。单击右侧的“图片效果”，选择“映像”菜单，菜单中选择“紧密映像 接触”效果。效果如图 5–31 所示。

图 5–31　图片优化效果

参考前面的操作，利用复制并修改幻灯片的方法制作第 4 张、第 5 张幻灯片。效果如图 5–32 所示。

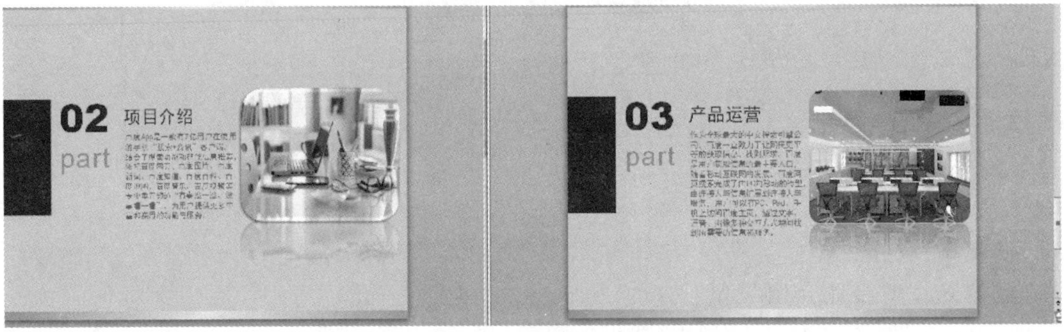

图 5–32　第 4 张、第 5 张幻灯片效果图

步骤 11　插入背景音乐。

① 切换到第 1 张幻灯片，然后单击“插入”选项卡“媒体”组中“音频”按钮，在展开的列表中选择“文件中的音频”选项，如图 5–33 所示。

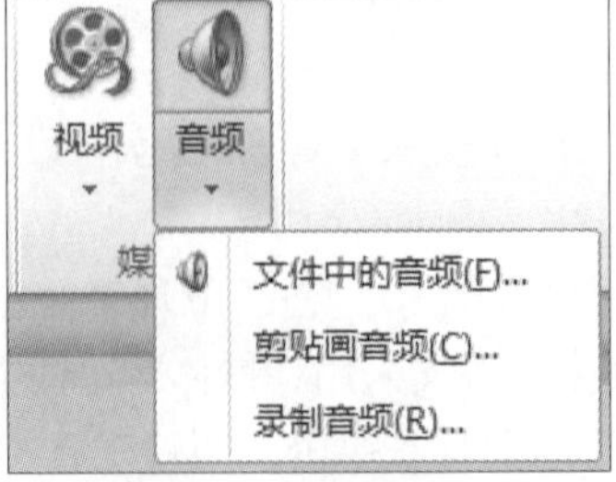

图 5–33　背景插入

② 在打开的“插入音频”对话框中选择音频文件所在的文件夹，然后选择所需要的声音，单击“插入”按钮，如图 5–34 所示。

③ 插入声音文件后，在幻灯片中间位置将会添加一个“声音”图标，用户可以用操作图片的方法自行调整该图标的位置及尺寸，如图 5–35 所示。

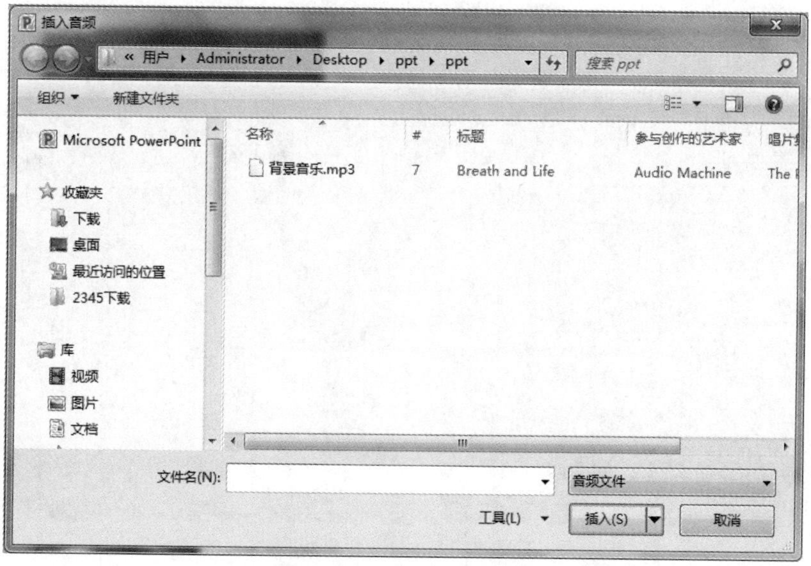

图 5–34　声音文件选择

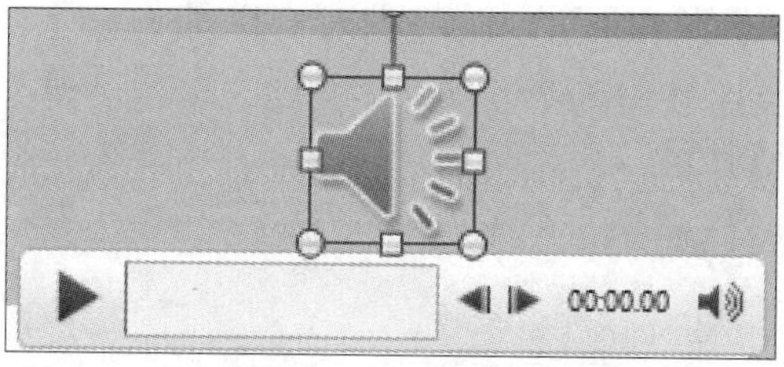

图 5–35　声音效果图

④ 选择“声音”图标后，自动出现“音频工具”选项卡，它包括“格式”和“播放”两个子选项卡。单击“播放”选项卡“预览”组中的“播放”按钮可以试听声音；在“音频选项”组中可设置声音播放方式，这里选择“跨幻灯片播放”。选中“放映时隐藏”和“循环播放，直到停止”复选框，如图 5–36 所示。

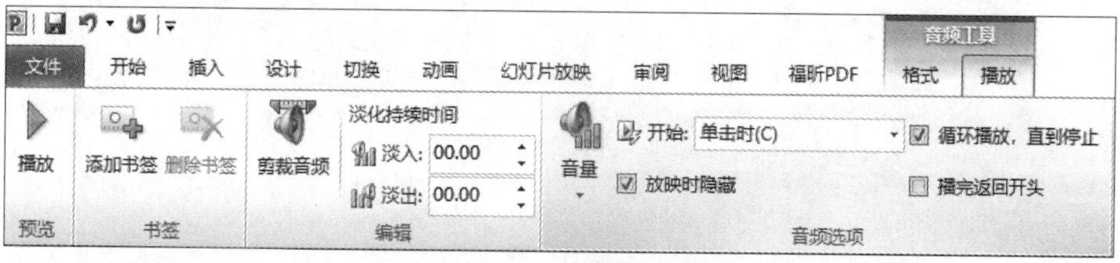

图 5–36　音频设置效果

步骤 12　利用母版修改 logo。

① 打开母版。在“视图”选项卡单击“母版视图”组中的“幻灯片母版”按钮，进入母版视图，此时系统自动打开“幻灯片母版”选项卡，如图 5–37 所示。

图 5-37　幻灯片母版

② 插入 logo。在“幻灯片”窗格中单击“空白版式”，然后单击“插入”选项卡“图像”组中的“图片”按钮，在打开的“插入图片”对话框中找到“logo”图片，单击“插入”按钮，将其插入幻灯片中，选择图片，调整大小为高度 2 厘米、宽度 2 厘米，用鼠标拖动的方式移动到幻灯片右上角，如图 5-38 所示。

图 5-38　logo 插入效果

③ 将 logo 外框去掉。在“图片工具 – 格式”选项卡的“调整”组中单击“颜色”按钮，在展开的列表“重新着色”中选择“白色 – 背景颜色 2 浅色”，在下方选择“设置透明色”命令，

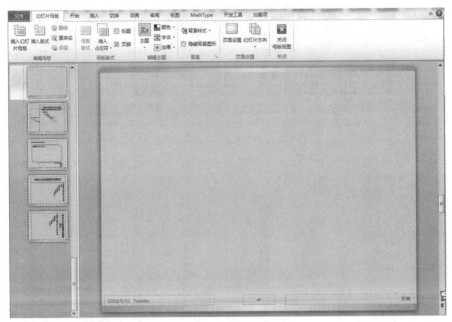

然后将鼠标指针移到图片的外围边框区域上单击，去掉图片外框的背景颜色，效果如图 5-39 所示。

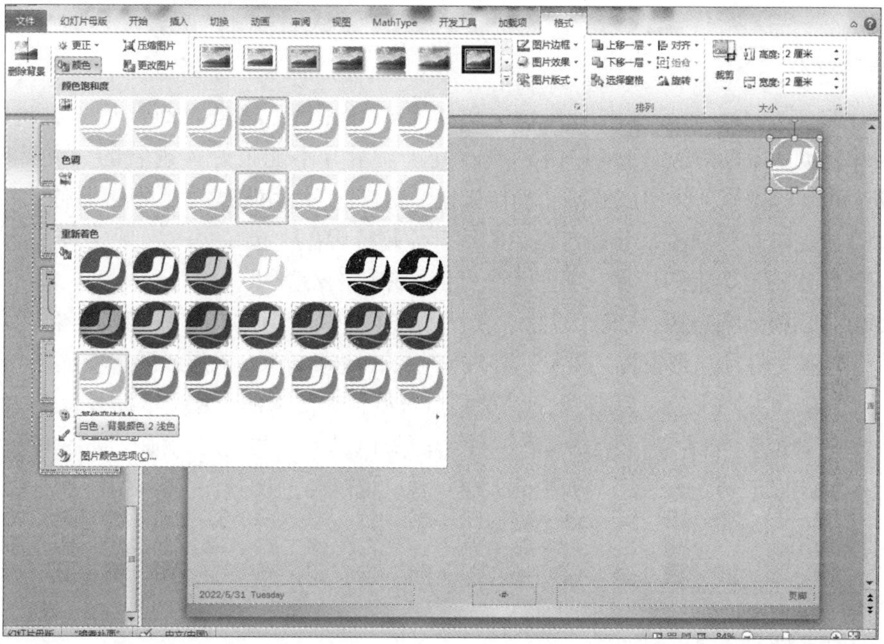

图 5-39　设置透明色

④ 单击“幻灯片母版”选项卡“关闭”组中的“关闭母版视图”按钮，退出幻灯片母版编辑模式，可看到设置效果，如图 5-40 所示。

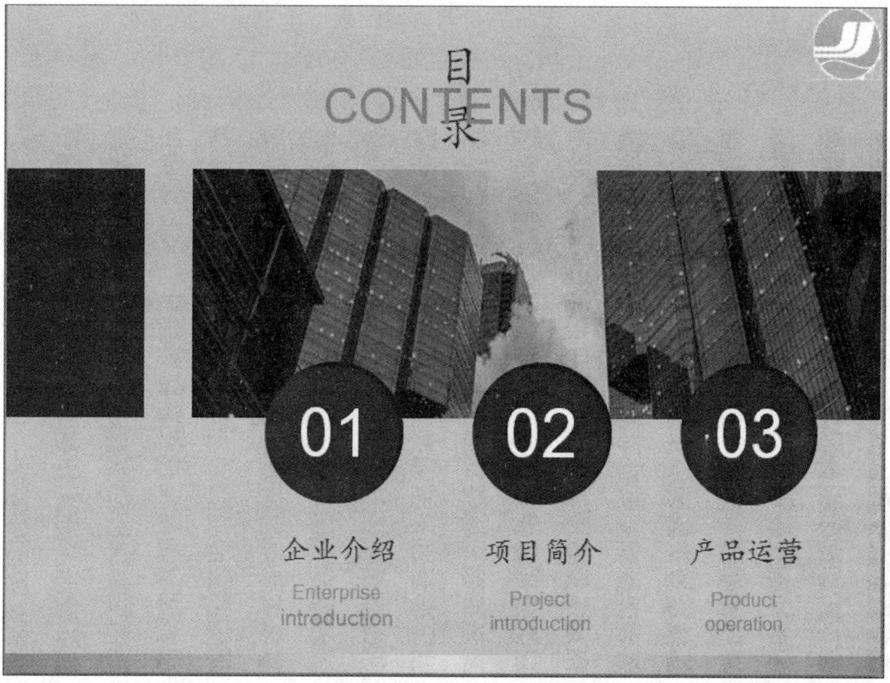

图 5-40　母版设置效果图

5.4 为商业计划书设置交互和动画

5.4.1 情境导入

在设计制作好“商业计划书”演示文稿所有幻灯片后，将是对幻灯片的放映，但是幻灯片放映中幻灯片的切换、幻灯片内对象的直接显示并不能很好体现它的效果，所以基于PowerPoint 2010 的操作，介绍超链接、动作按钮、幻灯片切换和幻灯片动画。具体工作如下：

① 第 2 张幻灯片三项文字分别与相应的幻灯片超链接在一起。

② 用动作实现第 2 张幻灯片三项图片分别链接相应的幻灯片。

③ 幻灯片切换效果选择“翻转”发生“单击鼠标时”，持续时间 01:20。切换效果应用到全部。

④ 为第 3 张幻灯片矩形设置“进入”类型的“擦除”动画效果，矩形效果选项选择“自左侧”，“计时”效果非常快（0.5 秒），于上一动画之后开始；为文本框 5 和文本框 6 设置“擦除”动画效果，效果选项为“自左侧”；文本框 3 和文本框 4 设置为“劈裂”动画“左右向中央收缩”效果。所有文本框上一动画之后持续时间 0.5 秒。同样操作完成幻灯片 4 和幻灯片 5 的设置。

5.4.2 相关知识

1. 超链接

超链接“连接到”列表：

① 选择“现有文件或网页”选项，并在“地址”文本框中输入要链接到的网址，可将所选对象链接到网页。

② 选择“新建文档”选项，可新建一个演示文稿文档并将所选对象链接到该文档。

③ 选择“电子邮件地址”选项，可将所选对象链接到一个电子邮件地址。

超链接设置完成后颜色会发生变化，这是主题颜色在起作用，想要改变超链接颜色需要用到“设计”选项卡“主题”组“颜色”按钮。在“颜色”下拉列表中选择“新建主题颜色”命令，如图 5-41 所示。在“新建主题颜色”对话框中选择修改“超链接”和“已访问的超链接”两项内容颜色如图 5-42 所示。

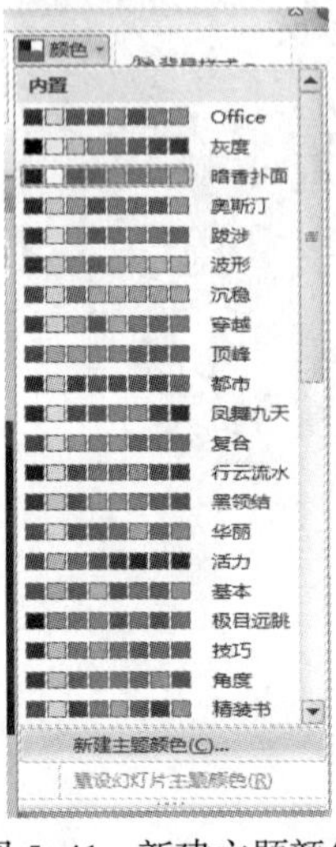

图 5-41 新建主题颜色

图 5-42 主题颜色设置

2. 为文本或图形添加鼠标单击动作

在演示文稿中，可以为文本或图形添加动作按钮，操作如下：

① 幻灯片中选择要添加动作的文本或图形。

② 单击“插入”选项卡“链接”组中的“动作”按钮，打开“动作设置”对话框。

③ 选中“动作设置”对话框“单击鼠标”选项卡中的“超链接到”单选按钮，并在下拉列表中选择所需要的设置。

④ 单击“确定”按钮，完成动作设置。

“无动作”单选按钮：表示在幻灯片中不添加任何动作。

“超链接到”单选按钮：可以在下拉列表中选择要链接到的对象。

“运行程序”单选按钮：用于设置要运行的程序。

“播放声音”复选框：可以为创建的鼠标单击动作添加播放声音。

“动作设置”和“超链接”都可以完成文字、图片的超链接，但操作又有些区别，例如“动作设置”可以直接让目标链接到结束放映。

当单击动作按钮时，会自动弹出“动作设置”。动作按钮的插入要借助“插入”选项卡“插图”组“形状”按钮，在最下方就是“动作按钮”。动作按钮的绘制如同绘制自选图形，大小、文字填充均与自选图形一致。

3. 幻灯片切换效果

幻灯片切换效果是指在幻灯片放映过程中，上一张幻灯片播放完后，本张幻灯片如何显示出来的动态效果。

通过“切换”选项卡，可以为某张幻灯片添加切换效果库中的效果，也可全部应用；对切换效果的属性选项（颜色、方向等）重新进行自定义，可以更改标准库中的效果；可以控制切换效果的速度，为其添加声音，设置换片方式等。

4. 幻灯片动画效果

除了切换效果外，还可以为幻灯片上任意一个具体对象设置动画效果，让静止的对象动起来，所以在设置动画效果前要选择幻灯片上的某个具体对象，否则动画功能不可用。

对象的动画效果分成以下 4 类：

① 进入：是放映过程中对象从无到有的动态效果，是最常用的效果。

② 强调：是放映过程中对象已显示，但为了突出而添加的动态效果，达到强调的目的。

③ 退出：是放映过程中对象从有到无的动态效果。通常在同一幻灯片中对象太多，出现拥挤重叠的情况下，让这些对象按顺序进入，并且在下一对象进入前让前一对象退出，使前一对象不影响后一对象，则在放映过程中看不出对象的拥挤和重叠，相对地扩大了幻灯片的版面空间。

④ 动作路径：是放映过程中对象按指定的路径移动的效果。

5. 动画窗格

① 动画编号：并不是每个动画在动画窗格中都有该编号，只有开始方式为“单击”，重新计时，才有动画编号。但在幻灯片中，不是“单击”开始的动画，会显示和上一动画相同的编号。

② 开始方式：鼠标图标表示“单击时”，时钟图标表示“上一动画之后”，没有图标表示“与上一动画同时”。

③ 类型：绿色图标表示“进入”类，黄色图标表示“强调”类，红色图标表示“退出”类，带有绿红端点线条的表示“动作路径”类。

④ 动画对象：可以为标题和各级文本添加动画，还可以为艺术字、文本框、图片、形状、SmartArt 图形等所有对象添加动画。

⑤ 时间轴和时间滑块：通过两者的对比，可知道动画的开始时间、结束时间、持续时间、间隔时间等。

5.4.3 任务实现

步骤 1 设置超链接。

① 在“幻灯片”窗格中选择第 2 张幻灯片，然后拖动鼠标选中“企业介绍”再单击“插入”选项卡“链接”组中的“超链接”按钮，如图 5–43 所示。

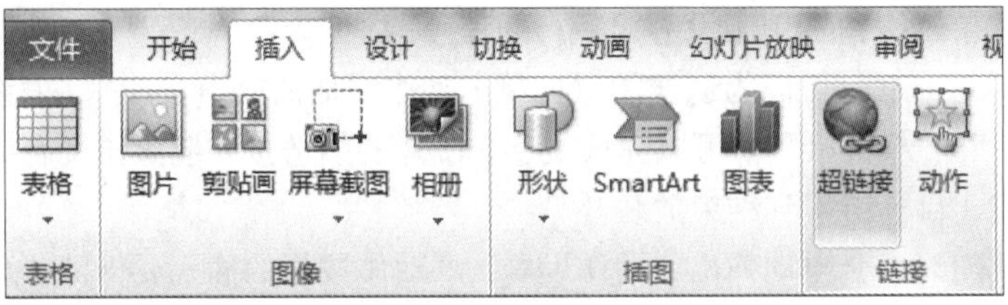

图 5–43 设置超链接

② 在打开的“插入超链接”对话框的“链接到”列表中单击“本文档中的位置”选项，然后在“请选择文档中的位置”列表框中选择第 3 张幻灯片，如图 5–44 所示。单击“确定”按钮，为所选文本添加超链接。放映演示文稿时，单击该超链接文本，将切换到第 3 张幻灯片。

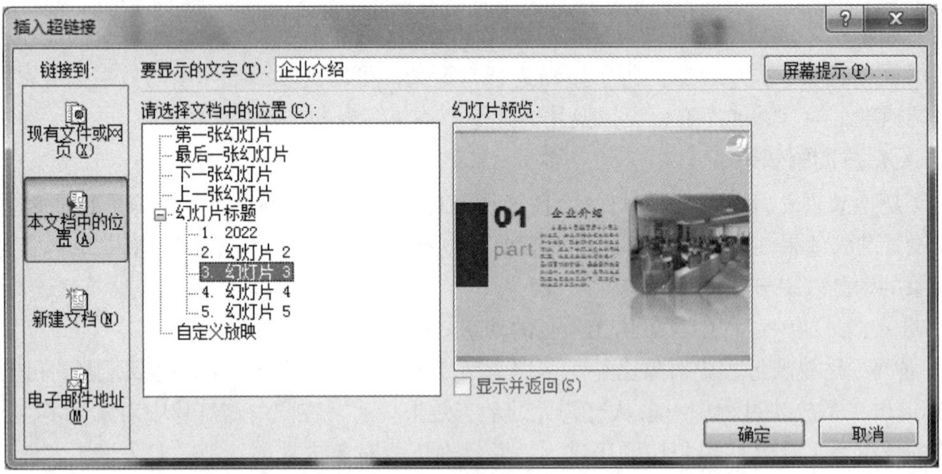

图 5–44 超链接到本文档

③ 参考前面的操作，将“项目简介”文本链接到第 4 张幻灯片，将“产品运营”文本链接到第 5 张幻灯片。

步骤 2 创建动作。

① 打开第 2 张幻灯片，选中“01”图片。单击“插入”选项卡“链接”组中的“动作”按钮，弹出“动作设置”对话框，如图 5–45 所示。

② 在打开的“动作设置”对话框中有 2 个选项卡，“单击鼠标”选项卡是指单击按钮时发生，本计划书用该方式；“鼠标移过”选项卡是指当鼠标移过目标时发生。单击超链接到右侧的下三角按钮，选择“幻灯片”选项，弹出“超链接到幻灯片”对话框，如图 5–46 所示。

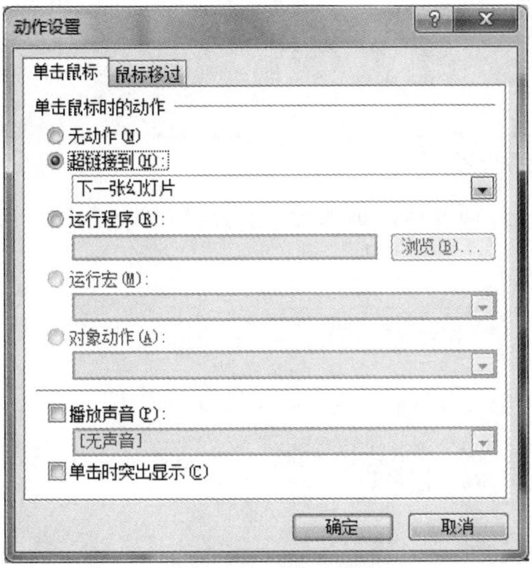

图 5-45　动作设置

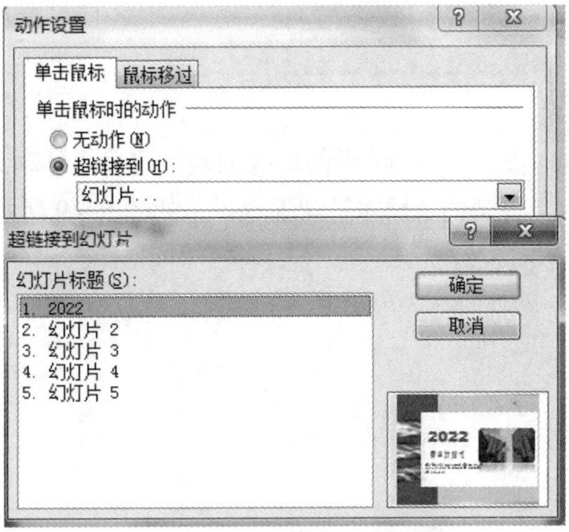

图 5-46　用动作设置超链接

③ 选择幻灯片 3，单击“确定”按钮，实现按钮“01”与幻灯片 3 的链接。同样的操作，将按钮“02”与幻灯片 4、将按钮“03”与幻灯片 5 链接。

步骤 3　为幻灯片设置切换效果。

① 在“幻灯片”窗格中选中要设置切换效果的幻灯片，然后单击“切换”选项卡“切换到此幻灯片”组中的“其他”按钮，在展开的列表中选择一种幻灯片切换方式，例如，选择“翻转”。

② 在“计时”组中的“声音”“持续时间”下拉列表中可选择切换幻灯片时的声音效果和幻灯片的切换速度。在“换片方式”设置区中可设置幻灯片的换片方式，这里选中“单击鼠标时”复选框，如图 5-47 所示。

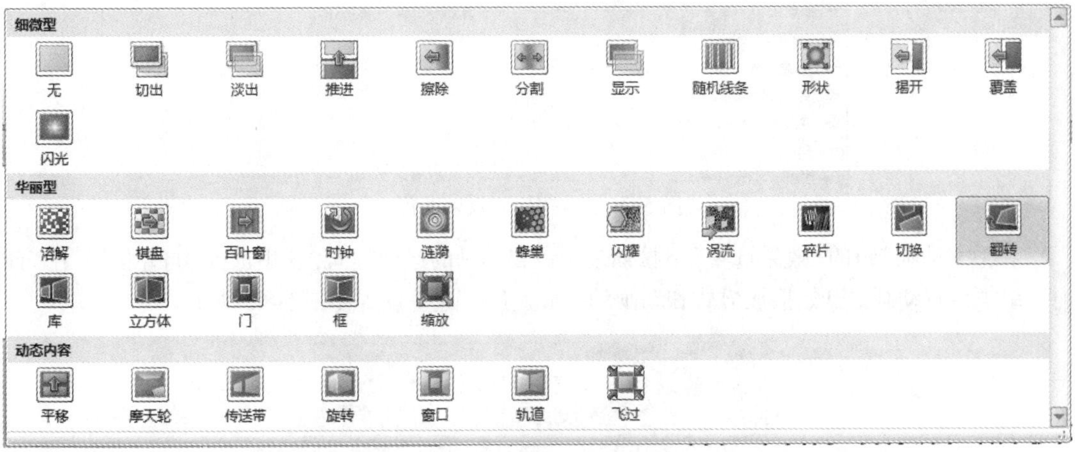

图 5-47　幻灯片切换效果

③ 要想将设置的幻灯片切换效果应用于全部幻灯片，可单击“计时”组中的“应用到全部”按钮；否则，当前的设置将只应用于当前所选的幻灯片。

步骤 4　为幻灯片中的对象设置动画效果。

① 切换到第 3 张幻灯片，选中要添加动画效果的对象，如左侧的矩形，然后单击“动画”选项卡“高级动画”组中的“动画窗格”按钮，打开“动画窗格”，如图 5-48 所示。

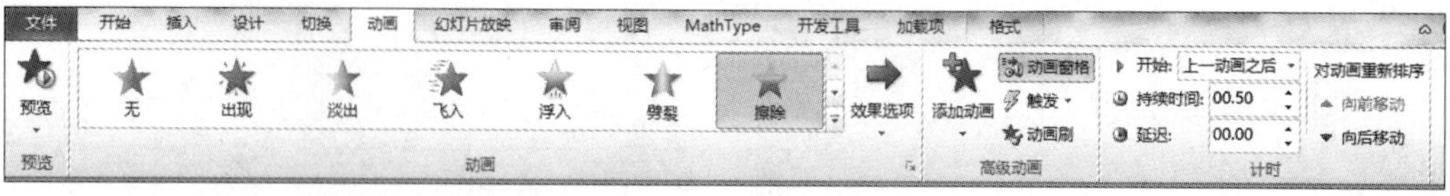

图 5-48　动画设置

② 在“动画”组的动画列表中选择一种动画类型，以及该动画类型下的效果。例如，选择“进入”类型的“擦除”动画效果，如图 5-49 所示。

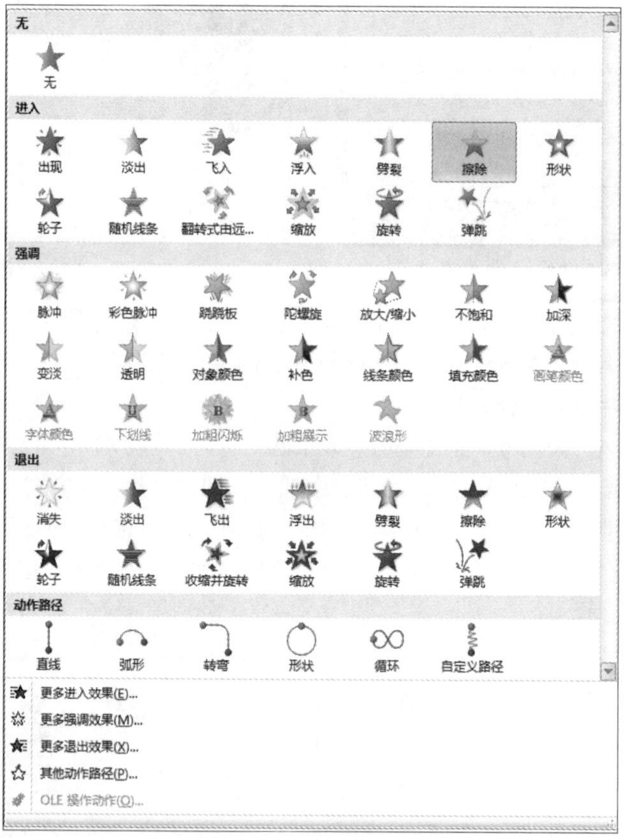

图 5-49　“擦除”效果设置

③ 在“动画”组的“效果选项”下拉列表中设置动画的运动方向，这里选择“自左侧”；在“计时”组中设置动画的开始播放方式和动画的播放速度，这里设置如图 5-50 所示。

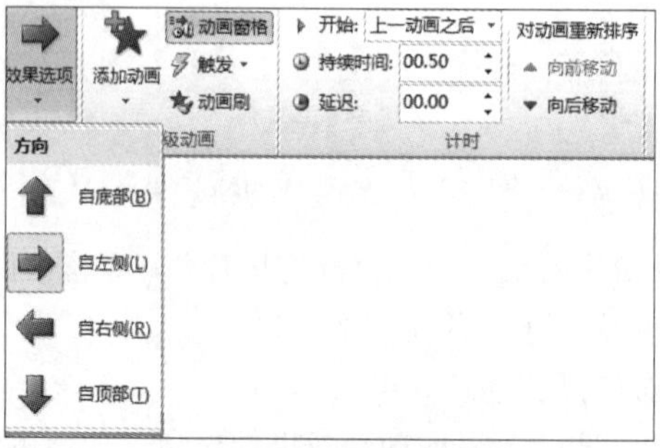

图 5-50　动画效果选项

④ 依次选中文本框 5 和文本框 6，为文本框设置动画效果。在“动画”列表下方选择“更多进入效果”命令，打开“更改进入效果”对话框，选择“擦除”动画效果，单击“确定”按钮，如图 5–51 所示。

⑤ 设置文本框 5 和文本框 6 的效果选项为“自左侧”。用同样的方式设置文本框 3 和文本框 4 为“劈裂”动画“左右向中央收缩”效果。

⑥ 在“计时”组设置 4 个文本框开始播放方式和持续时间，如图 5–52 所示。

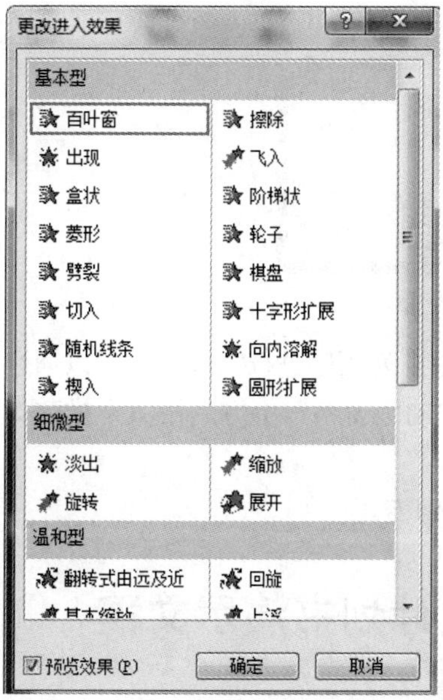

图 5–51　文本框 5 和文本框 6 动画设置

图 5–52　文本框计时组设置

⑦ 在 PowerPoint 2010 右侧的“动画窗格”中可以查看和编辑为当前幻灯片中的对象添加的所有动画效果。在“动画窗格”中单击选中已添加的动画，然后单击右侧的下三角按钮，可在展开的列表中选择“效果选项”命令，如图 5–53 所示。

⑧ 在弹出的动画属性对话框中，有 3 个选项卡，分别是“效果”“计时”“正文文本动画”。“效果”选项卡可以设置效果方向，设置动画的声音效果，动画播放结束后对象的状态，以及动画文本的出现方式。这里保持默认设置，如图 5–54 所示。

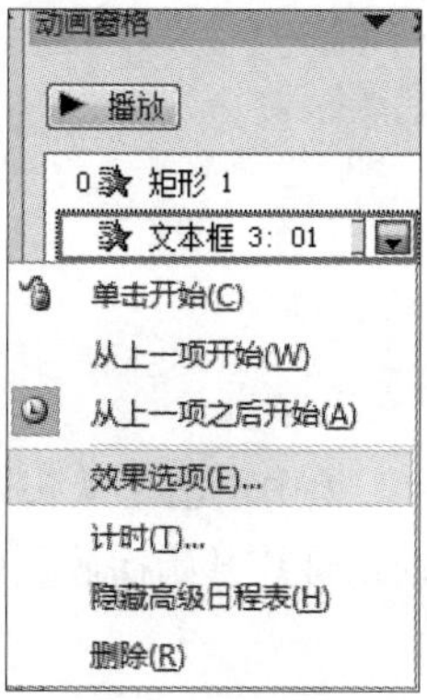

图 5–53　动画窗格

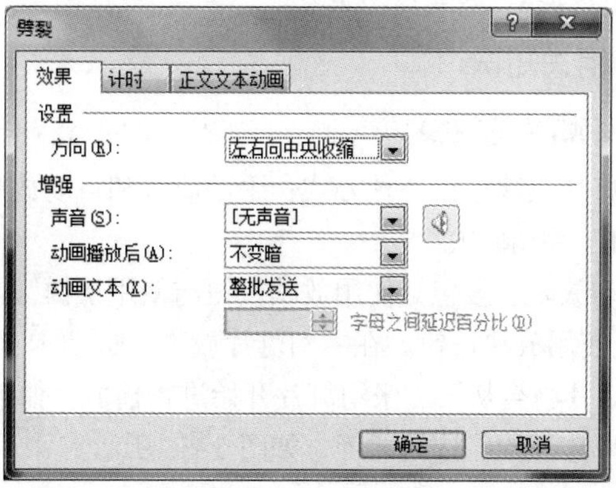

图 5–54　效果选项设置

⑨ 切换到“计时”选项卡，可以设置动画的开始方式、延迟时间和动画重复次数等。这里设置如图 5–55 所示。

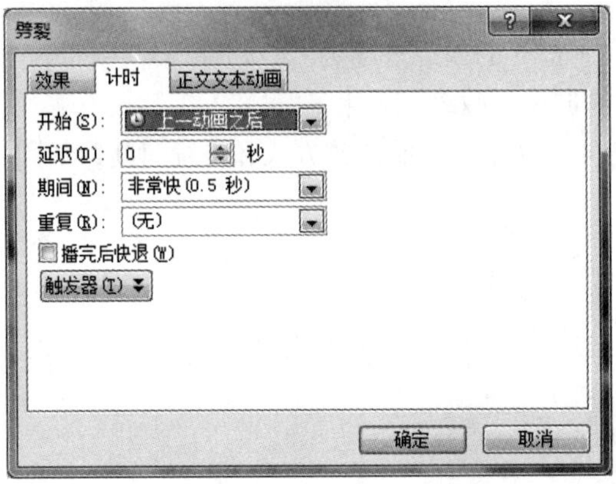

图 5–55 “计时”选项卡设置

⑩ 放映幻灯片时，各动画效果将按在“动画窗格”的排列顺序进行播放，也可以通过拖动方式调整动画的播放顺序，或在选中动画效果后，单击“动画窗格”上方的按钮来排列动画的播放顺序。

有兴趣的读者也可以尝试选择其他选项，观察效果有何变化。

5.5 放映和打包商业计划书演示文稿

5.5.1 情境导入

将演示文稿放映、打包是幻灯片设计好后的操作，包含演示文稿的放映、自定义演示文稿放映、设置放映方式和打包演示文稿。具体工作如下：

① 使用排练计时录制幻灯片。

② 自定义放映 1、2、3、5 幻灯片，将自定义集命名为“计划书”。

③ 设置为“演讲者放映”。

④ 打包为“商业计划书”。

5.5.2 相关知识

1. 幻灯片的放映

幻灯片放映包括 2 种方式：手动放映和自动放映。

（1）手动放映

手动放映一般包括使用放映按钮与使用快捷键 2 种方式。

① 使用放映按钮。在“幻灯片放映”选项卡“开始放映幻灯片”组中单击“从头开始”按钮，幻灯片将会从第 1 张幻灯片开始进行播放。如果想从当前选定的幻灯片开始播放，单击“从当前幻灯片开始”按钮即可，如图 5–56 所示。

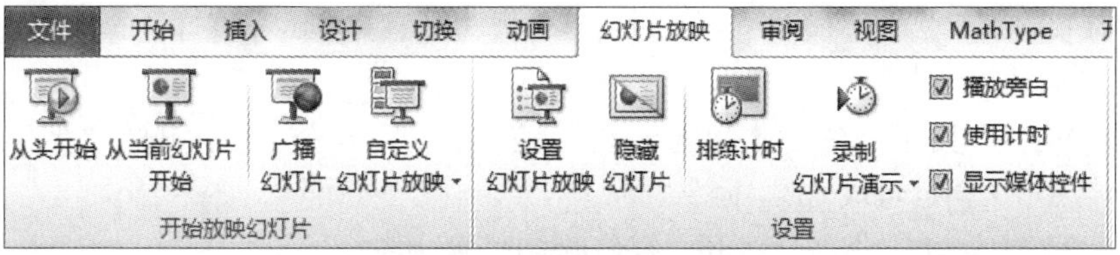

图 5-56　手动幻灯片放映

② 使用快捷键。按【F5】键可以从第 1 张幻灯片开始播放，按【Shift+F5】组合键可以从当前选定的幻灯片开始播放。

（2）自动放映

幻灯片在播放的过程中，可以使用排列计时，将每张幻灯片播放的时间固定，不以一单击进行操作，播放完后自动跳到下一张幻灯片，可以节省时间。

2. 自定义放映方式

利用 PowerPoint 2010 的“自定义幻灯片放映”功能，用户可以为演示文稿设置多种自定义放映方式。操作方法如下：

① 打开演示文稿。单击“幻灯片放映”选项卡“开始放映幻灯片”组中的“自定义幻灯片放映”按钮，在打开的下拉列表中选择“自定义放映”命令，打开“自定义放映”对话框。

② 单击“自定义放映”对话框中的“新建”按钮，打开“定义自定义放映”对话框。“定义自定义放映”对话框中将需要放的幻灯片添加到右侧列表框中。

③ 单击“确定”按钮，返回到“自定义放映”对话框，此时该对话框中出现一个“自定义放映 1”，单击“放映”按钮，预览自定义放映效果。

④ 单击“关闭”按钮即可。

3. 设置放映方式

在“设置放映方式”对话框的“放映类型”选项组中，有 3 种放映类型：

（1）演讲者放映（全屏幕）

以全屏幕形式显示，可以通过快捷菜单或【PageDown】键、【PageUp】键显示不同的幻灯片；提供了绘图笔进行勾画。

（2）观众自行浏览（窗口）

以窗口形式显示，可以利用状态栏上的“上一张”或“下一张”按钮进行浏览，或单击“菜单”按钮，在打开的菜单中浏览所需幻灯片；还可以利用该菜单中的“复制幻灯片”命令将当前幻灯片复制到 Windows 的剪贴板上。

（3）展台浏览（全屏幕）

以全屏形式在展台上做演示，在放映过程中，除了保留鼠标指针用于选择屏幕对象外，其余功能全部失效（连终止也要按【Esc】键），因为此时不需要现场修改，也不需要提供额外功能，以免破坏演示画面。

4. 打包演示文稿

当用户将演示文稿拿到其他计算机中播放时，如果该计算机没有安装 PowerPoint 程序，或者没有演示文稿中所链接的文件以及所采用的字体，那么演示文稿将不能正常放映。此时，可利用 PowerPoint 提供的“打包成 CD”功能，将演示文稿及与其关联的文件、字体等打包，这样即使其他计算机中没有安装 PowerPoint 程序也可以正常播放演示文稿。演示文稿“打包”工具是一个很有效的工具，它不仅使用方便，而且也极为可靠。演示文稿打包的操作方法如下：

① 打开“商业计划书”。

② 单击“文件”按钮，在导航栏中选择“保存并发送”命令，在打开的“保存并发送”窗口中选择“将演示文稿打包成 CD”命令。

③ 单击“打包成 CD”按钮，打开“打包成 CD”对话框。

④ 单击“复制到文件夹”按钮，输入文件夹名称和选择位置。

⑤ 单击“确定”按钮。

5.5.3 任务实现

步骤 1 排练计时。

① 在“幻灯片放映”选项卡中单击“设置”组的“排练计时”按钮，如图 5-57 所示。

图 5-57 幻灯片排练计时

② 在弹出的“录制”对话框中将会自动录制，若当前幻灯片录制完毕，单击向右箭头按钮，可以进入下一张幻灯片的录制。

③ 需要停止时，单击 ⏸ 按钮即可。如若需要结束本次录制，在幻灯片中右击，在弹出的快捷菜单中选择“结束放映”命令，将弹出对话框。单击“是”按钮，将会把时间保存到幻灯片切换的时间之中。

④ 返回当前幻灯片，在“切换”选项卡的“计时”组中设置换片方式：取消选中“单击鼠标时”复选框，可以看到时间和录制的时间一致，保留选中“设置自动换片时间”复选框。

步骤 2 自定义放映。

① 单击“幻灯片放映”选项卡“开始放映幻灯片”组中的“自定义幻灯片放映”按钮，在展开的列表中选择“自定义放映”命令，打开“自定义放映”对话框，再单击“新建”按钮。

② 打开“定义自定义放映”对话框，在“幻灯片放映名称”文本框中输入放映名称；再按住【Ctrl】键，在“在演示文稿中的幻灯片”列表中依次单击选择要加入自定义放映集的幻灯片，然后单击“添加”按钮，将所选幻灯片添加到右侧的“在自定义放映中的幻灯片”列表中，如图 5-58 所示。

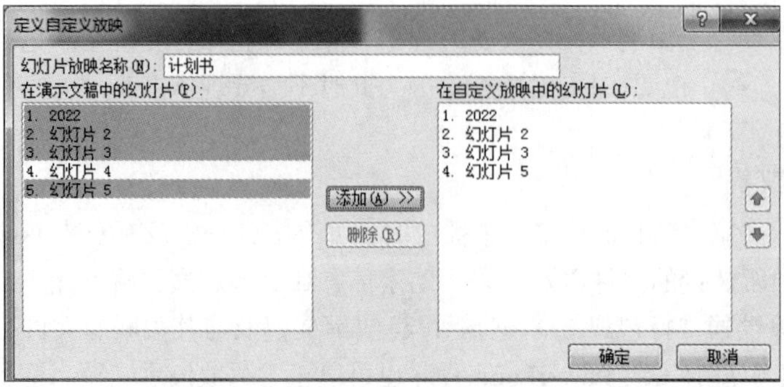

图 5-58 自定义放映

③ 单击“定义自定义放映”对话框中的“确定”按钮，返回“自定义放映”对话框，此时在对话框的“自定义放映”列表中将显示创建的自定义放映集，如图 5–59 所示。单击“关闭”按钮，完成自定义放映集的创建。

④ 单击“自定义幻灯片放映”按钮，在展开的列表中可看到新建的自定义放映集，单击即可放映。

图 5–59　自定义放映集

步骤 3　设置放映方式。

① 单击“幻灯片放映”选项卡中的“设置幻灯片放映”按钮，打开“设置放映方式”对话框，如图 5–60 所示。

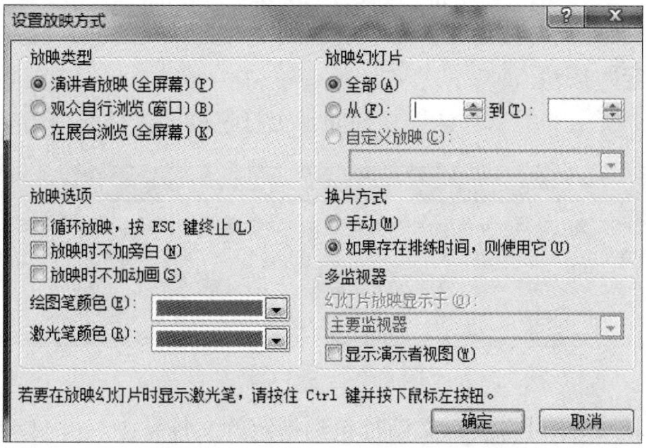

图 5–60　“设置放映方式”对话框

② 在“放映选项”设置区选择是否循环播放幻灯片，是否不播放动画效果等。

③ 在“放映幻灯片”设置区选择放映演示文稿中的哪些幻灯片。用户可根据需要选择是放映演示文稿中的全部幻灯片，还是只放映其中的一部分幻灯片，或者只放映自定义放映中的幻灯片。

④ 在“换片方式”设置区选择切换幻灯片的方式。如果设置了间隔一定的时间自动切换幻灯片，应选择“如果存在排练时间，则使用它”。单击“确定”按钮。

步骤 4　打包演示文稿。

① 单击“文件”选项卡，选择“保存并发送”命令，在右侧选择“将演示文稿打包成 CD”命令，接着再单击“打包成 CD”按钮，如图 5–61 所示。

② 在打开的“打包成 CD”对话框中的“将 CD 命名为”文本框中为打包文件命名。

图 5-61　打包成 CD

③ 单击“复制到文件夹”按钮，打开“复制到文件夹”对话框，设置打包的文件夹名称及保存位置，单击“确定”按钮。

④ 弹出如图 5-62 所示的提示对话框，询问是否打包链接文件，单击“是”按钮。

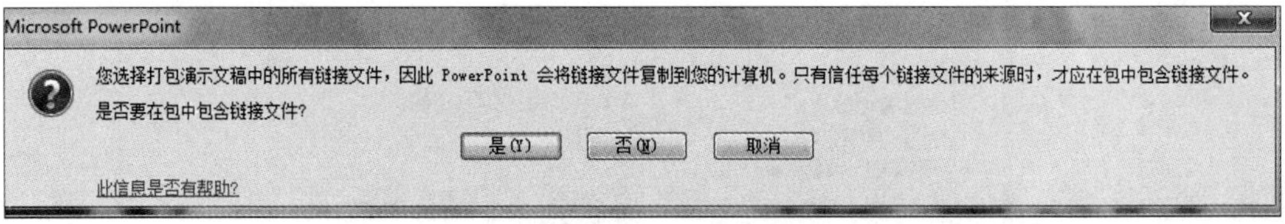

图 5-62　确认打包

⑤ 等待一段时间后，即可将演示文稿打包到指定的文件夹中，并自动打开该文件夹，显示其中的内容。最后单击“打包成 CD”对话框中的“关闭”按钮，将该对话框关闭。

⑥ 将演示文稿打包后，可找到存放打包文件的文件夹，然后利用 U 盘或网络等方式，将其复制或传输到其他计算机中进行播放。

巩固与练习

以“认识计算机组成”课件为载体（可登录 http://www.tdpress.com/51eds 获取），利用演示文稿制作软件，表达计算机组成中各部分内容的教学内容。

具体要求如下：

① 在第 3 张幻灯片的标题区输入文字“计算机五部件”，字体为隶书，字号为 60。

② 在最后添加一张“空白”版式的幻灯片。

③ 在新添加的幻灯片上插入一个文本框，文本框的内容为“The End”，字体为 Time New Roman，字号为 32，字形加粗。

④ 删除“谢谢”所在的幻灯片。

⑤ 取消第 3 张幻灯片中文本的所有项目符号。

⑥ 设置“计算机组成”所在幻灯片的文本区各段落间距为“段前 0.5 行”。

⑦ 将第 1 张幻灯片的版式设置为“只有标题”。

⑧ 将演示文稿的应用设计模板设置为“流畅”。

⑨ 第 3 张幻灯片背景设置为渐变“雨后初晴”，类型“标题的阴影”。

⑩ 对第 7 张含有四幅图片的幻灯片，按照图片 3 到图片 6 的顺序，设置四张图片的动画效果为：每张图片均采用“展开”，持续时间 0.5。

⑪ 对所有幻灯片设置切换效果为“缩放”，速度默认。

⑫ 将第 8 张幻灯片设置为播放时隐藏。

⑬ 在每张幻灯片的日期区插入演示文稿的日期和时间，并设置为自动更新（采用默认日期格式）。

⑭ 在幻灯片页脚区插入幻灯片编号。

⑮ 为第 3 张幻灯片中的“CPU”、“存储器”、“输出设备”和“输入设备”设置超链接，链接目标分别为以“CPU”、“存储器”、“输出设备”和“输入设备”为标题的各幻灯片。修改超链接颜色为蓝色。

⑯ 在第 4 张幻灯片的右下角建立一个“自定义”动作按钮，使其链接到上一张幻灯片。

⑰ 将演示文稿的幻灯片宽度设置为 28.8 厘米。

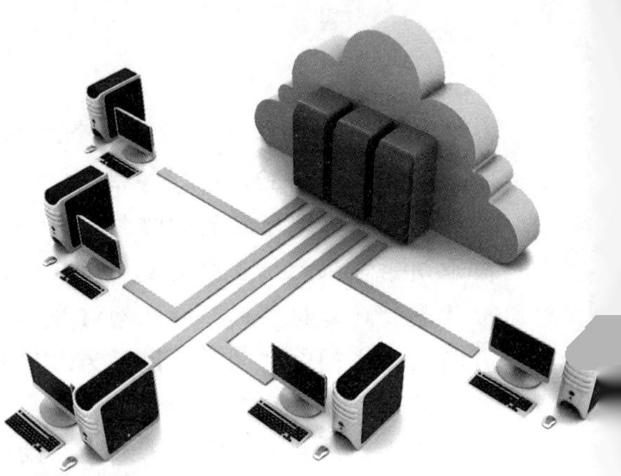

第 6 章 计算思维与问题求解

本章首先阐述什么是计算，什么是计算思维；接着介绍问题求解与程序设计，阐述程序、程序设计，以及计算机程序解决问题的过程；然后详细介绍了算法与算法设计，阐述算法的概念、特征以及评价，算法的描述；然后介绍了常用的算法；最后介绍了 Scratch 编程设计的方法，介绍了基本操作和 3 个有吸引力的案例，来说明 Scratch 程序设计的思路和方法。

6.1 计　　算

传统的科学手段包括理论研究和实验研究，计算是在运用这两种手段时常用的一种辅助手段。但是，由于计算科学的快速发展，计算也已上升为科学的另一种手段，它能直接并有效地为科学服务。理论科学、实验科学与计算科学成为获得科学发现的三大支柱，成为推动人类文明进步和科技发展的重要途径。

从计算的角度说，计算科学是一种与数学模型构建、定量分析方法以及利用计算机分析和解决科学问题的研究领域。从计算机的角度来说，计算科学是应用高性能计算能力预测和了解客观世界物质运动或复杂现象演化规律的科学，它包括数值模拟、工程仿真、高效计算机系统和应用软件等。目前，计算科学已经成为科学技术发展和重大工程设计中具有战略意义的研究手段。

计算就是基于规则的、符号集的变换过程，即从一个按照规则组织的符号集合开始，再按照既定的规则一步步地改变这些符号集合，经过有限步骤之后得到一个确定的结果。可以简单地理解为“数据”在“运算符”的操作下，按照“计算规则”进行的数据变换。例如算术运算：18+10=28，4×6=24，10−3=7，就是指“数据”在“运算符”的操作下，按照“计算规则”进行的数据变换。

“计算规则”可以学习与掌握，但使用“计算规则”进行计算却可能超出了人的计算能力，即知道规则但却没有办法得到计算结果，比如圆周率的计算。从计算机学科角度，任何的函数不一定能用数学函数表达，但只要有明确的输入和输出，并有明确的可被机器执行的步骤将输入转换为输出，亦可称为计算。对于一些复杂问题，需要设计一些简单的规则，能够让机器重复的执行来完成计算，在这里要有明确的输入、可被机器执行的步骤、输出。只有这样，才能使用机器进行有效的自动计算。比如两数求和的函数计算、排序函数的计算。

计算模型是刻画计算的抽象的形式系统或数学系统。在计算科学中，计算模型是指具有状态转换特征，能够对所处理对象的数据和信息进行表示、加工、变换和输出的数学机器。

从计算机的角度来说，计算学科（computing discipline）是对描述和变换信息的算法过程进行系统的研究，它包括算法过程的理论、分析、设计、效率分析、实现和应用等。计算学科的基本问题是：什么能被（有效地）自动进行。

计算学科是在数学和电子科学基础上发展起来的一门新兴学科，是来源于对数理逻辑、计算模型、算法理论和自动计算机器的研究。它既是一门理论性很强的学科，又是一门实践性很强的学科。

6.2　计算思维概述

思维是思维主体处理信息及意识的活动，从某种意义上来说，思维也是一种广义的计算。在人类科技进步的大潮中，逐渐形成了科学思维。科学思维是指人类在科学活动中形成的，以产生结论为目的的思维模式，具备两个特质，即产生结论的方式方法和验证结论准确性的标准，可以分为以下 3 类思维模式：一是以推理和逻辑演绎为手段的理论思维；二是以实验－观察－归纳总结的方法得出结论的实验思维；三是以设计和系统构造为手段的计算思维。随着科技的飞速发展，传统的理论思维和实验思维已经难以满足人们科学研究以及解决问题的需要，在这种情况下，计算思维的作用就十分重要了。

6.2.1　计算思维的概念

2006 年 3 月，美国卡内基·梅隆大学计算机科学系主任周以真（Jeannette M. Wing）教授提出计算思维（computational thinking）是运用计算机科学的基础概念进行问题求解、系统设计以及人类行为理解等涵盖计算机科学之广度的一系列思维活动的统称。它是如同所有人都具备“读、写、算”能力一样，都必须具备的思维能力，计算思维建立在计算过程的能力和限制之上，由人控制机器执行。其目的是使用计算机科学方法进行求解问题、设计系统、理解人类行为。

理解一些计算思维，包括理解计算机的思维，即理解“计算系统是如何工作的，计算系统的功能是如何越来越强大的”，以及利用计算机的思维，即理解现实世界的各种事物如何利用计算系统来进行控制和处理等，培养一些计算思维模式，对于所有学科的人员，建立复合型的知识结构，进行各种新型计算手段研究以及基于新型计算手段的学科创新都有重要的意义。技术与知识是创新的支撑，然而思维是创新的源头。

由计算思维的概念可以引申出以下计算思维的方法例子。

① 计算思维是通过约简、嵌入、转化和仿真等方法，把一个看来困难的问题重新阐释成一个我们知道问题怎样解决的方法。

② 计算思维是一种递归思维，是一种并行处理，是一种把代码译成数据又把数据译成代码，是一种多维分析推广的类型检查方法。

③ 计算思维是一种采用抽象和分解来控制庞杂的任务或进行巨大复杂系统设计的方法，是基于关注分离的方法（SoC 方法）。

④ 计算思维是一种选择合适的方式去陈述一个问题，或对一个问题的相关方面建模使其易

于处理的思维方法。

⑤ 计算思维是按照预防、保护及通过冗余、容错、纠错的方式，并从最坏情况进行系统恢复的一种思维方法。

⑥ 计算思维是利用启发式推理寻求解答，也即在不确定情况下的规划、学习和调度的思维方法。

⑦ 计算思维是利用海量数据来加快计算，在时间和空间之间，在处理能力和存储容量之间进行折中的思维方法。

6.2.2 计算思维的本质

计算思维的本质是抽象（abstract）和自动化（automation）。它反映了计算的根本问题，即什么能被有效地自动进行。计算是抽象的自动执行，自动化需要某种计算机去解释抽象。从操作层面上讲，计算就是如何寻找一台计算机去求解问题，隐含地说就是要确定合适的抽象，选择合适的计算机去解释执行该抽象，后者就是自动化。

计算思维中的抽象完全超越物理的时空观，可以完全用符号来表示，其中，数字抽象只是一类特例。与数学相比，计算思维中的抽象显得更为丰富，也更为复杂。数学抽象的特点是抛开现实事物的物理、化学和生物等特性，仅保留其量的关系和空间的形式，而计算思维中的抽象却不仅仅如此。堆栈是计算学科中常见的一种抽象数据类型，这种数据类型就不可能像数学中的整数那样进行简单的“加”运算。算法也是一种抽象，不能将两个算法简单地放在一起构建一种并行算法。

抽象层次是计算思维中的一个重要概念，它使人们可以根据不同的抽象层次，进而有选择地忽视某些细节，最终控制系统的复杂性。在分析问题时，计算思维要求将注意力集中在感兴趣的抽象层次或其上下层，还应当了解各抽象层次之间的关系。

计算思维中的抽象最终是要能够机械地一步一步自动执行的。为了确保机械地自动化，就需要在抽象过程中进行精确、严格的符号标记和建模，同时也要求计算机系统或软件系统生产厂家能够向公众提供各种不同抽象层次之间的翻译工具。

6.2.3 计算思维的特性

计算思维具有以下特性：

① 计算思维是概念化，不是程序化。计算机科学不是计算机编程，像计算机科学家那样去思维意味着远远不止能为计算机编程。它要求能够在抽象的多个层次上思维。

② 计算思维是基础的，不是机械的技能。基础的技能是每一个人为了在现代社会中发挥职能所必须掌握的。生搬硬套的机械的技能意味着机械重复。具有讽刺意味的是，只有当计算机科学解决了人工智能的宏伟挑战——使计算机像人类一样思考之后，思维才会变成机械的生搬硬套。

③ 计算思维是人的思维，不是计算机的思维。计算思维是人类求解问题的一条途径，但决非试图使人类像计算机那样思考。计算机枯燥且沉闷；人类聪颖且富有想象力。人类赋予计算机以激情。配置了计算设备，人们就能用自己的智慧去解决那些计算时代之前不敢尝试的问题，就能建造那些其功能仅仅受制于人们想象力的系统。

④ 计算思维是数学和工程思维的互补与融合。计算机科学在本质上源自数学思维，因为像所有的科学一样，它的形式化解析基础筑于数学之上。计算机科学又从本质上源自工程思维，

因为我们建造的是能够与实际世界互动的系统。基本计算设备的限制迫使计算机科学家必须计算性地思考，不能只是数学性地思考。构建虚拟世界的自由使人们能够超越物理世界去打造各种系统。

⑤ 计算思维是思想，不是人造品。不只是我们生产的软件硬件人造品将以物理形式到处呈现并时时刻刻触及我们的生活，更重要的是还将有我们用以接近和求解问题、管理日常生活、与他人交流和互动的计算性的概念。

⑥ 计算思维是面向所有的人，所有地方。当计算思维真正融入人类活动的整体以致不再是一种显式哲学的时候，它将成为现实。

计算思维的实现就是设计、构造与计算，通过设计组合简单的已实现的动作而形成程序，由简单功能的程序构造出复杂功能的程序。

计算思维反映了计算机学科最本质的特征和方法。推动了计算机领域的研究发展，计算机学科研究必须建立在计算思维的基础上。进入21世纪以来，以计算机科学技术为核心的计算机科学发展异常迅猛，有目共睹，在计算机时代，计算思维的意义和作用提到了前所未有的高度，成为现代人类必须具备的一种基本素质。计算思维代表着一种普适的态度和一种普适的技能，在各种领域都有很重要的应用，尤其是大数据计算领域的研究。

计算思维代表着一种普遍的认识和一类普适思维，属于每个人的基本技能，不仅仅属于计算机科学家。其主要应用领域有计算生物学、脑科学、计算化学、计算经济学、机器学习、数学和其他的很多工程领域等。计算思维不仅渗透每一个人的生活里，而且影响了其他学科的发展，创造和形成了一系列新的学科分支。

6.2.4 计算思维与计算机的关系

计算思维虽然具有计算机的许多特征，但是计算思维本身并不是计算机的专属。实际上，即使没有计算机，计算思维也会逐步发展，甚至有些内容与计算机没有关联。但是，正是由于计算机的出现，给计算思维的研究和发展带来了根本性的变化。

由于计算机对信息和符号具有快速处理能力，使得许多原本只是理论上可以实现的过程变成了实际可以实现的过程。海量数据的处理、复杂系统的模拟和大型工程的组织，都可以借助计算机实现从想法到产品整个过程的自动化、精确化和可控化，大大拓展了人类认知世界和解决问题的能力和范围。机器替代人类的部分智力活动激发了人们对于智力活动机械化的研究热潮，凸显了计算思维的重要性，推进了对计算思维的形式、内容和表述的深入探索。在这样的背景下，作为人类思维活动中以形式化、程序化和机械化为特征的计算思维受到人们重视，并且本身作为研究对象也被广泛和深入地研究着。

什么是计算，什么是可计算，什么是可行计算，计算思维的这些性质得到了前所未有的彻底研究。由此不仅推进了计算机的发展，也推进了计算思维本身的发展。在这个过程中，一些属于计算思维的特点被逐步揭示出来，计算思维与理论思维、实验思维的差别越来越清晰化。计算思维的内容得到不断的丰富和发展，例如在对指令和数据的研究中，层次性、迭代表述、循环表述以及各种组织结构被明确提出来，这些研究成果也使计算思维的具体形式和表达方式更加清晰。从思维的角度看，计算科学主要研究计算思维的概念、方法和内容，并发展成为解决问题的一种思维方式，极大地推动了计算思维的发展。

6.3 问题求解与程序设计

为了使计算机能够理解人的意图，人类就必须将要解决问题的思路、方法和手段通过计算机能够理解的形式（即程序）告诉计算机，使得计算机能够根据程序的指令一步一步去工作，从而完成某种特定的任务。这种人和计算机之间交流的过程就是编程。

6.3.1 程序

计算机能够为人服务的前提是人要通过编写程序来告知计算机所要做的工作。编程就是人们为了让计算机解决某个问题而使用某种程序设计语言来编写程序代码，计算机通过运行程序代码得到结果的过程。

程序（program）是计算机可以执行的指令或语句序列。它是为了使用计算机解决现实生活中的实际问题而编制的。设计、编制、调试程序的过程称为程序设计。编写程序所用的语言即为程序设计语言，它为程序设计提供了一定的语法和语义，人们在编写程序时必须严格遵守这些语法规则，所编写的程序才能被计算机所接受、运行，并产生预期的结果。

6.3.2 程序设计

在拿到一个需要求解的实际问题之后，怎样才能编写出程序呢？一般应按图 6–1 所示的步骤进行。

图 6–1 程序设计的基本步骤

1. 提出和分析问题

对于接受的任务要进行认真的分析，研究所给定的条件，分析最后应达到的目标，找出解决问题的规律，选择解题的方法，完成实际问题。

例如，兔子繁殖问题。

如果一对兔子每月繁殖一对幼兔，而幼兔在出生满 2 个月就有生殖能力，试问一对幼兔 1 年能繁殖多少对兔子？

问题分析：第 1 个月后即第 2 个月时，一对幼兔长成大兔子，第 3 个月时一对兔子变成了 2 对兔子，其中一对是它本身，另一对是它生下的幼兔。第 4 个月时两对兔子变成了 3 对，其中一对是最初的一对，另一对是它刚生下来的幼兔，第三对是幼兔长成的大兔子。第 5 个月时，3 对兔子变成了 5 对，第 6 个月时，5 对兔子变成了 8 对……用表 6–1 分析兔子数的变化规律。

表 6–1 每月兔子数的变化规律

月份	1 月	2 月	3 月	4 月	5 月	6 月	7 月	8 月	9 月	10 月	11 月	12 月
小兔	1		1	1	2	3	5	8	13	21	34	55
大兔		1	1	2	3	5	8	13	21	34	55	89
合计	1	1	2	3	5	8	13	21	34	55	89	144

这组数从第 3 个数开始，每个数是前 2 个数的和，按此方法推算，第 6 个月是 8 对兔子，

第 7 个月是 13 对兔子……，这样得到一个数列即“斐波那契数列”，即 1，1，2，3，5，8，13…。一对幼兔 1 年能繁殖数也就是这个数列的第 12 项。

从上述实例中总结归纳出的规律是每个月的兔子数等于上个月的兔子数加上上个月的兔子数。

2. 确定数学模型

数学模型就是用数学语言描述实际现象的过程。数学模型一般是实际事物的一种数学简化。它常常是以某种意义上接近实际事物的抽象形式存在的，但它和真实的事物有着本质的区别。要描述一个实际现象可以有很多种方式，比如录音、录像、比喻等。为了使描述更具科学性、逻辑性、客观性和可重复性，人们采用一种普遍认为比较严格的语言来描述各种现象，这种语言就是数学。使用数学语言描述的事物就称为数学模型。将现实世界的问题抽象成数学模型，就可能发现问题的本质及其能否求解，甚至找到求解该问题的方法和算法。

针对兔子繁殖问题的数学表达：

如果用 F_n 表示斐波那契数列的第 n 项，则该数列的各项间的关系为：

$$\begin{cases} F_1=1 \\ F_2=1 \\ F_n=F_{n-1}+F_{n-2} \quad n \geqslant 3 \end{cases}$$

$F_n=F_{n-1}+F_{n-2}$ 一般称为递推公式。

3. 设计算法

所谓算法（algorithm），是指为了解决一个问题而采取的方法和步骤。当利用计算机来解决一个具体问题时，也要首先确定算法。对于同一个问题，往往会有不同的解题方法。例如，要计算 $S = 1 + 2 + 3 + \cdots + 100$，可以先进行 1 加 2，再加 3，再加 4，一直加到 100，得到结果 5 050；也可以采用另外的方法，$S = (100 + 1) + (99 + 2) + (98 + 3) +\cdots+ (51 + 50) = 101 \times 50 =$ 5 050。当然，还可以有其他方法。比较两种方法，显然第 2 种方法比第 1 种方法简单。所以，为了有效地解决问题，不仅要保证算法正确，还要考虑算法质量，要求算法简单、运算步骤少、效率高，能够迅速得出正确结果。

设计算法即设计出解题的方法和具体步骤。例如兔子繁殖问题递推算法。设数列中相邻的 3 项分别为变量 f1、f2 和 f3，由于中间各项只是为了计算后面的项，因此可以轮换赋值，则有如下递推算法：

① f1 和 f2 的初值为 1（即第 1 项和第 2 项分别为 1）。

② 第 3 项起，用递推公式计算各项的值，用 f1 和 f2 产生后项，即 f3 = f1 + f2。

③ 通过递推产生新的 f1 和 f2，即 f1 = f2，f2 = f3。

④ 如果未达到规定的第 n 项，返回步骤②；否则停止计算，输出 f3。

4. 编写源程序（算法的程序化）

将算法用计算机程序设计语言编写成源程序，对源程序进行编译，看是否有语法错误和连接错误。例如，兔子繁殖问题的 C 语言实现代码如下：

```
#include <stdio.h>
int main()
{
    long f1, f2, f3;
```

```
    f1=1; f2=1;                         // 初始条件
    for(int i=3;i<=12;i++)
    {
        f3=f1+f2;                       // 递推公式
        f1=f2;
        f2=f3;
    }
    printf("%ld",f3);
}
```

C 语言编译器能够发现源程序中的编译错误（即语法错误）和连接错误。编译错误通常是编程者违反了 C 语言的语法规则，如保留字输入错误、大括号不匹配、语句少分号等；连接错误通常由于未定义或未指明要连接的函数，或者函数调用不匹配等。

5. 程序调试与运行

运行可执行程序，得到运行结果。能得到运行结果并不意味着程序正确，要对结果进行分析，看它是否合理。若不合理，要对程序进行调试，即通过上机发现和排除程序中的故障的过程。

6.3.2 计算机程序解决问题的过程

下面以复杂的旅行商问题（traveling salesman problem，TSP）说明编写计算机程序解决问题的过程。经典的 TSP 可以描述为：一个商品推销员要去若干个城市推销商品，该推销员从一个城市出发，需要经过所有城市后，回到出发地城市。应如何选择行进路线，以使总的行程最短。

TSP 是最有代表性的组合优化问题之一，它具有重要的实际意义和工程背景。许多现实问题都可以归结为 TSP 问题。例如“快递问题”（有 n 个地点需要送货，怎样一个次序才能使送货距离最短），“电路板机器钻孔问题”（在一块电路板上 n 个位置需要打孔，怎样一个次序才能使钻头移动距离最短。钻头在这些孔之间移动，相当于对所有的孔进行一次巡游。把这个问题转化为 TSP，孔相当于城市）。

TSP 可以用图 6-2 示意。需要将 TSP 抽象为一个数学问题，并给出求解该数学问题的数学模型。在数学建模时尽量用自然数编号表达现实的具体对象，A，B，C，D 这些城市可以使用自然数 1，2，3，4 编号。两城市之间的距离用 D_{ij} 表示（i、j 的含义是城市编号），例如 D_{12} 就是 2，D_{14} 就是 5。在计算机中可以使用二维数组 D[][] 来存储城市之间的距离。

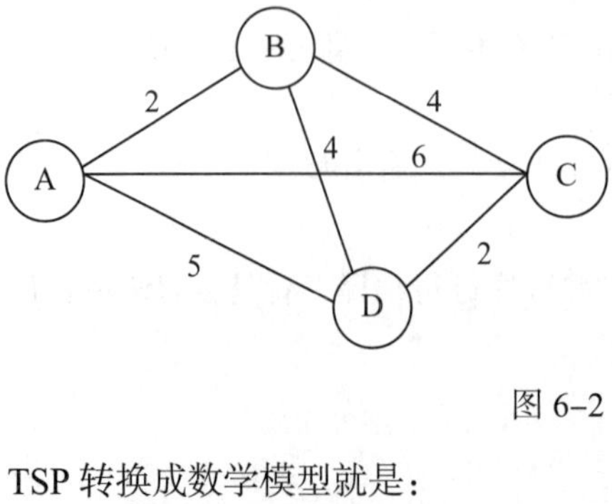

D_{ij}（行是 i，列是 j）	1	2	3	4
1	0	2	6	5
2	2	0	4	4
3	6	4	0	2
4	5	4	2	0

图 6-2 TSP 旅行商问题

TSP 转换成数学模型就是：

这 n 个城市可以使用自然数 1，2，3，…，n 编号，输入 n 个城市之间距离 D_{ij}，输出所有城市的一个访问序列 $T=(T_1, T_2, \cdots, T_n)$，其中 T_i 就是城市的编号，使得 $\sum D_{T_iT_{i+1}}$ 最小。

当数学建模完成后，就要设计算法或者说问题求解的策略。TSP 中从初始结点（城市）出发的周游路线一共有 $(n-1)!$ 条，即等于除初始结点外的 $n-1$ 个结点的排列数，因此 TSP 一个排列问题。通过枚举 $(n-1)!$ 条周游路线，从中找出一条具有行程最短的周游路线的算法。

（1）遍历算法

遍历是一种重要的计算思维，遍历就是产生问题的每一个可能解（例如所有线路路径），然后代入问题进行计算（例如行程总距离），通过对所有可能解的计算结果比较，选取满足目标和约束条件（例如路径最短）的解作为结果。遍历是一种最基本的问题求解策略。

图 6–3 中，A，B，C，D 代表周游这些城市，箭头代表行进的方向，线条旁边的数字代表城市之间的距离，图中列出每一条可供选择的路线，计算出每条路线的总里程，最后从中选出一条最短的路线。从图 6–3 中可以找到最优路线总距离是 13。

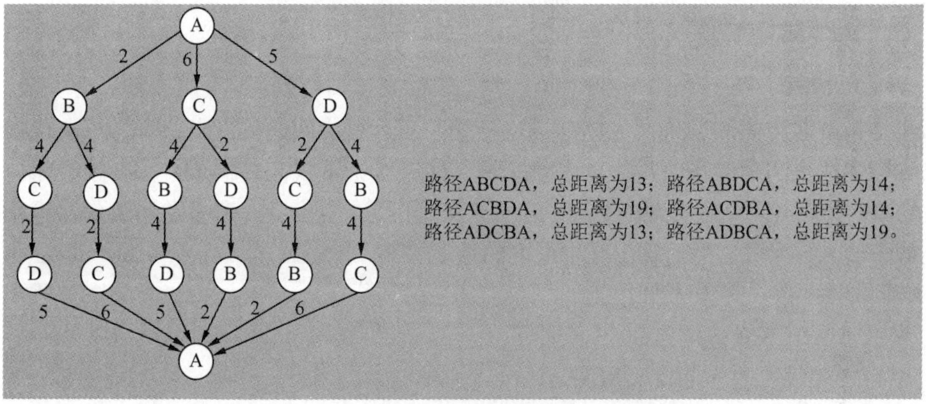

路径ABCDA，总距离为13；路径ABDCA，总距离为14；
路径ACBDA，总距离为19；路径ACDBA，总距离为14；
路径ADCBA，总距离为13；路径ADBCA，总距离为19。

图 6–3　TSP 遍历路线

采用遍历算法解决 TSP 会出现组合爆炸，因为路径组合数目为 $(n-1)!$，加入 20 个城市，遍历总数为 1.216×10^{17}，计算机以每秒检索 1 000 万条路线的计算速度，需 386 年。随着城市数量的上升，TSP 的“遍历”方法计算量剧增，计算资源将难以承受。因此人们设计了相对最优的贪心算法。

（2）贪心算法

贪心算法是一种算法策略，或者说问题求解的策略。基本思想“今朝有酒今朝醉”，一定要做当前情况下的最好选择，否则将来可能会后悔，故名“贪心”。

TSP 的贪心算法求解思想：从某一个城市开始，每次选择一个城市，直到所有城市都被走完。每次在选择下一个城市的时候，只考虑当前情况，保证迄今为止经过的路径总距离最短。

例如从 A 城市出发，B 城市距离 A 城市最短，所以选择下一个城市时选 B。B 城市到达后，选择下一个城市时，C 和 D 距离 B 最短（从 C 和 D 中选），所以选择下一个城市时选 D。D 城市到达后，选择下一个城市时，D 距离 C 最短，所以选择下一个城市时选 C，最后回到 A 城市，则获得解 ABDCA，其总距离为 14。

贪心算法不一定能找到最优解，每次选择得到的都是局部最优解，并不一定能得到全局最优。因此，基于贪心算法求解问题总体上只是一种求近似最优解的思想。但解 ABDCA 却是一个可行解，比较可行解与最优解差距可以评价一个算法的优劣。

将以上算法用计算机程序设计语言编写成源程序，调试输出 TSP 的计算结果。算法是计算机求解问题的步骤表达，会不会编写程序的本质还是看能否找出问题求解的算法。

6.4 算法与算法设计

我们在日常生活中经常要处理一些事情，都有一定的方法和步骤，先做哪一步，后做哪一步。就拿邮寄一封信来说，大致可以将寄信的过程分为这样几个步骤：写信、写信封、贴邮票、投入信箱 4 个步骤。将信投入到信箱后，我们就说寄信过程结束了。同样，在程序设计中，程序设计者必须指定计算机执行的具体步骤，怎样设计这些步骤，怎样保证它的正确性和具有较高的效率，这就是算法需要解决的问题。

计算机科学家尼克劳斯·沃思曾著过一本著名的书《数据结构 + 算法 = 程序》，可见算法在计算机科学界与计算机应用界的地位。

6.4.1 算法的概念、特征及评价

1. 算法的概念

算法是指解题方案的准确而完整的描述，是一系列解决问题的清晰指令，算法代表着用系统的方法描述解决问题的策略机制。也就是说，能够对一定规范的输入，在有限时间内获得所要求的输出。如果一个算法有缺陷，或不适合于某个问题，执行这个算法将不会解决这个问题。

例如，输入 3 个数，然后输出其中最大的数。将 3 个数依次输入到变量 A、B、C 中，设变量 MAX 存放最大数。其算法如下：

① 输入 A、B、C。

② A 与 B 中较大的一个放入 MAX 中。

③ 把 C 与 MAX 中较大的一个放入 MAX 中。

再如，输入 10 个数，打印输出其中最大的数。“经典”打擂比较算法设计如下：

① 输入 1 个数，存入变量 A 中，将记录数据个数的变量 N 赋值为 1，即 N=1。

② 将 A 存入表示最大值的变量 MAX 中，即 MAX=A。

③ 再输入一个值给 A，如果 A>MAX，则 MAX=A，否则 MAX 不变。

④ 让记录数据个数的变量增加 1，即 N=N+1。

⑤ 判断 N 是否小于 10，若成立则转到第③步执行，否则转到第⑥步。

⑥ 打印输出 MAX。

利用计算机解决问题，实际上也包括了设计算法和实现算法两部分工作。首先设计出解决问题的算法，然后根据算法的步骤，利用程序设计语言编写出程序，在计算机上调试运行，得出结果，最终实现算法。可以这样说，算法是程序设计的灵魂，而程序设计语言是表达算法的形式。

2. 算法的特征

（1）有穷性（finiteness）

算法的有穷性是指算法必须能在执行有限个步骤之后终止。有穷性要求算法必须是能够结束的。

（2）确定性（definiteness）

算法的每一步骤必须有确切的定义。即算法中所有的执行动作必须严格而不含糊地进行规定，不能有歧义性。

（3）输入项（input）

一个算法有 0 个或多个输入，以刻画运算对象的初始情况，所谓 0 个输入是指算法本身定出了初始条件。

（4）输出项（output）

一个算法有 1 个或多个输出，以反映对输入数据加工后的结果。没有输出的算法是毫无意义的。

（5）可行性（effectiveness）

算法中执行的任何计算步骤都是可以被分解为基本的可执行的操作步，即每个计算步都可以在有限时间内完成（又称有效性）。

3. 算法的评价

同一问题可用不同算法解决，而一个算法的质量优劣将影响到算法乃至程序的效率。不同的算法可能用不同的时间、空间或效率来完成同样的任务。算法分析的目的在于选择合适算法和改进算法。一个算法的评价主要从时间复杂度和空间复杂度来考虑。

（1）时间复杂度

算法的时间复杂度是指执行算法所需要的时间。一般来说，计算机算法是问题规模 n 的函数 $f(n)$，算法的时间复杂度也因此记做 $T(n)$。

$$T(n)=O(f(n))$$

因此，问题的规模 n 越大，算法执行的时间的增长率与 $f(n)$ 的增长率正相关，称为渐进时间复杂度（asymptotic time complexity）。

例如，顺序查找平均查找次数为 $(n+1)/2$，它的时间复杂度为 $O(n)$，二分查找算法的时间复杂度为 $O(\log n)$，插入排序、冒泡排序、选择排序的算法时间复杂度为 $O(n^2)$。

（2）空间复杂度

算法的空间复杂度是指算法需要消耗的内存空间。其计算和表示方法与时间复杂度类似，一般都用复杂度的渐近性来表示。同时间复杂度相比，空间复杂度的分析要简单得多。

6.4.2 算法的描述

算法的描述（表示方法）是指对设计出的算法，用一种方式进行详细的描述，以便与人交流。描述可以使用自然语言、伪代码，也可使用程序流程图，但描述的结果必须满足算法的 5 个特征。

1. 自然语言

用中文或英文等自然语言描述算法。但容易产生歧义性，在程序设计中一般不用自然语言表示算法。

2. 流程图

流程图由一些特定意义的图形、流程线及简要的文字说明构成，它能清晰、明确地表示程序的运行过程，传统流程图的常用图形如图 6–4 所示。

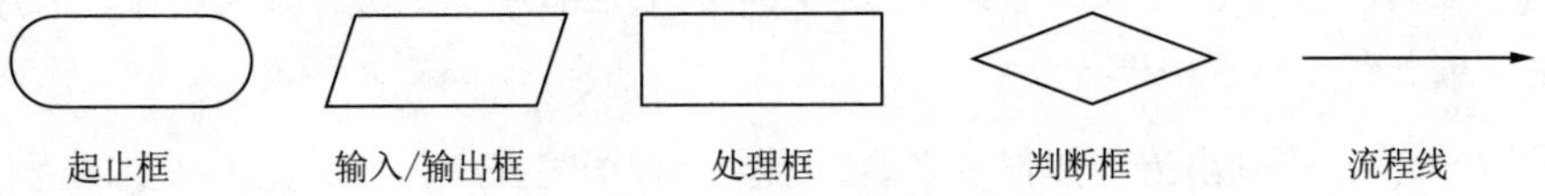

图 6–4 传统流程图的常用图形

① 起止框：说明程序起点和结束点。

② 输入 / 输出框：输入 / 输出操作步骤写在这种框中。

③ 处理框：算法大部分操作写在此框图中，例如下面处理框就是加 1 操作。

$$i \leftarrow i+1$$

④ 判断框：代表条件判断以决定如何执行后面的操作。

⑤ 流程线：代表计算机执行的方向。

例如，网上购物的流程图如图 6-5 所示。

3. N–S 图

在使用过程中，人们发现流程线不一定是必需的，为此人们设计了一种新的流程图——N–S 图，它是较为理想的一种方式，它是 1973 年由美国学者艾纳斯西和施耐德曼提出的。在这种流程图中，全部算法写在一个大矩形框内，该框中还可以包含一些从属于它的小矩形框。例如网上购物的 N–S 图见图 6-6。N–S 图可以实现传统流程图功能。N–S 图最基本形式如图 6-7 所示。

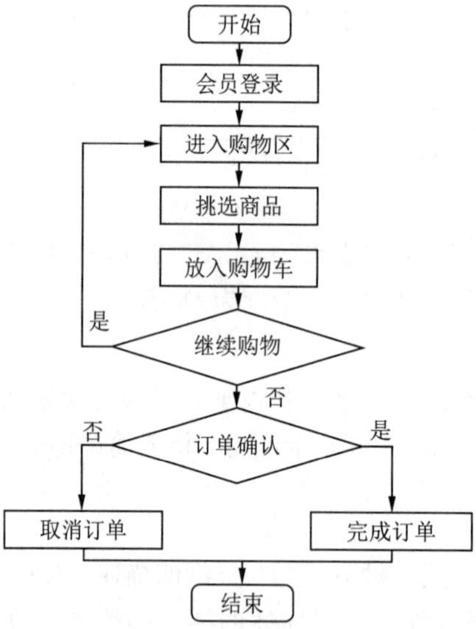

图 6–5 网上购物的流程图

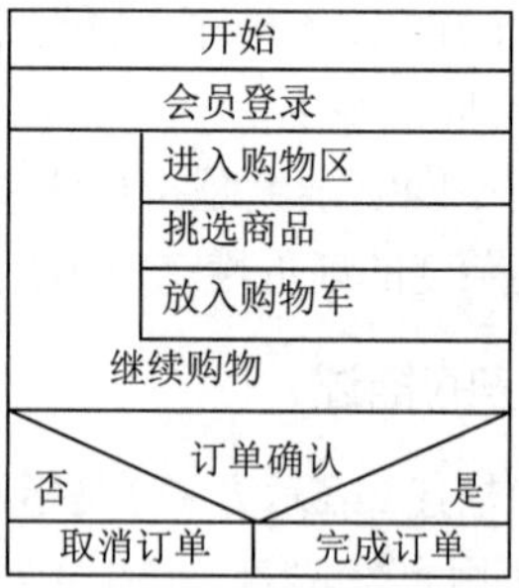

图 6–6 网上购物的 N–S 图

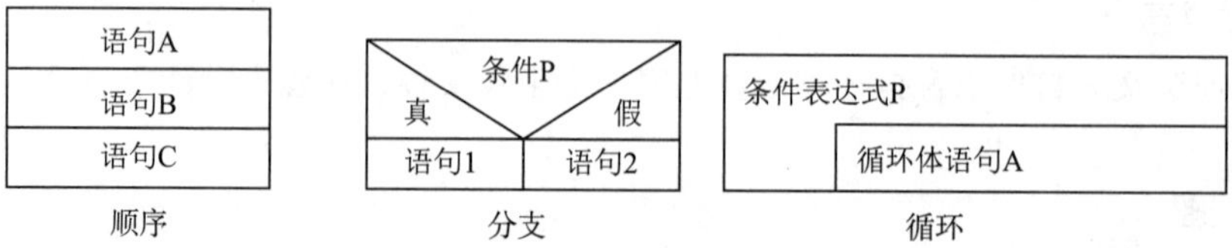

图 6–7 N–S 图最基本形式

> **注意：** 在 N–S 图中，最基本形式在流程图中的上下顺序就是执行时的顺序，程序在执行时，也按照从上到下的顺序进行。

对初学者来说，先画出流程图很有必要，根据流程图编程序，会避免不必要的逻辑错误。

4. 伪代码

伪代码是用介于自然语言和计算机语言之间的文字和符号来描述算法，即计算机程序设计语言中具有的关键字用英文表示，其他的可用汉字，也可用英文，只要便于书写和阅读就可以。例如：

```
IF 九点以前 THEN
    do 私人事务;
ELSE 9 点到 18 点 THEN
    工作;
ELSE
    下班;
END IF
```

它像一个英文句子一样好懂。用伪代码写算法并无固定的、严格的语法规则，只需把意思表达清楚，并且书写的格式要写成清晰易读的形式。它不用图形符号，因此书写方便、格式紧凑、容易修改，便于向计算机语言算法（即程序）过渡。

6.5 常用算法设计

现在计算机能解决的实际问题种类繁多，解决问题的算法更是不胜枚举。但还是有一些基本方法是可以遵循的。例如，递推与迭代算法常用于计算性问题；枚举算法常应用于最优化问题和搜索正确的解。

1. 枚举算法

枚举算法又称穷举法，此算法将所有可能出现的情况一一进行测试，从中找出符合条件的所有结果。如计算“百钱买百鸡”问题，又如列出满足 x*y=100 的所有组合等。枚举算法常用于解决“是否存在”或“有多少种可能”等类型问题。这种算法充分利用计算机高速运算的特点。

例如，计算一个古典数学问题——“百钱买百鸡”问题。一百个铜钱买了一百只鸡，公鸡每只 5 元，母鸡每只 3 元，小鸡 3 只 1 元，问公鸡、母鸡和小鸡各买几只?

假设公鸡 x 只，母鸡 y 只，小鸡 z 只。根据题意可列出以下方程组：

$$\begin{cases} 5x+3y+z/3=100 \text{（百钱）} \\ x+y+z=100 \text{（百鸡）} \end{cases}$$

由于 2 个方程式中有 3 个未知数，属于无法直接求解的不定方程，故可采用“枚举算法”进行试根。这里 x，y，z 为正整数，且 z 是 3 的倍数；由于鸡和钱的总数都是 100，故可以确定 x，y，z 的取值范围：

x 的取值范围为 1 ~ 20。

y 的取值范围为 1 ~ 33。

z 的取值范围为 3 ~ 99，步长为 3。

逐一测试各种可能的 x（1 ~ 20）、y（1 ~ 33）、z（3 ~ 99）组合，并输出符合条件 $5x+3y+z/3=100$ 和 $x+y+z=100$ 的结果。对应的流程图如图 6-8 所示。

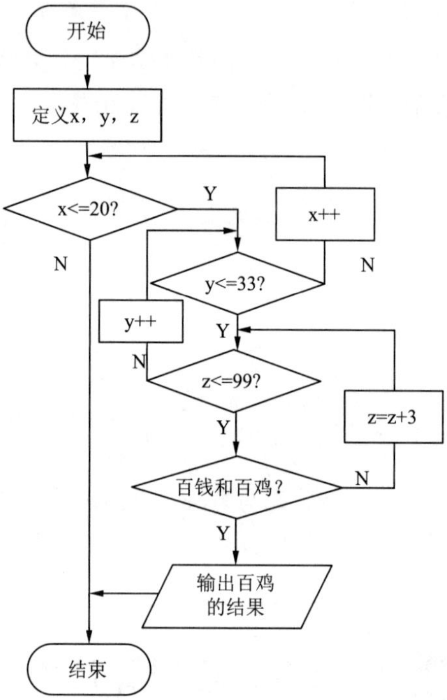

图 6–8　程序执行流程图

实际上，在假设公鸡 x 只，母鸡 y 只之后，小鸡数量可以确定为 $100-x-y$，那么此时可以只对 x，y 进行枚举即可。约束条件就只有 $5x+3y+z/3=100$。采用这种枚举只需要尝试 20×33 次，大大减少尝试次数。由此看出，对于同一个问题，可以有不同的枚举范围，不同的枚举对象，解决问题的效率差别会很大，选择合适的方法会让解决问题的效率大大提高。

2. 查找算法

查找算法又称检索，是在数据集（大量的元素）中找到某个特定的元素的过程。查找算法 (search algorithms) 是在程序设计中最常用到的算法之一。例如，经常需要在大量商品信息中查找指定的商品、在学生名单中查找某个学生，等等。

有许多种不同的查找算法，根据数据集的特征不同，查找算法的效率和适用性也往往各不相同。顺序查找、二分查找、散列查找等都是典型的查找算法。下面就介绍这些典型查找算法的思想和特点。

（1）顺序查找法

假定要从 n 个整数中查找 x 的值是否存在，最原始的办法是从头到尾逐个查找，这种查找的方法称为顺序查找。

设给定一个有 10 个元素的数组，其数据如图 6-9 所示。list 是数组名，其元素数据放在方格中。方格下面的方括号中的数字表示元素的下标，下标从 0 开始。list[0] 表示数组 list 中的第一个元素，list[1] 表示第二个元素，等等。

list	51	32	18	96	2	75	29	82	11	125
	[0]	[1]	[2]	[3]	[4]	[5]	[6]	[7]	[8]	[9]

图 6–9　有 10 个元素的数组

现在，希望找到数据 75 在 list 数组中的位置。顺序查找算法的查找过程如下：

① 首先比较 75 和 list[0]，list[0] 是 51，相当于比较 75 和 51；由于 list[0] 不等于 75，因此 75 顺序比较下一个元素 list[1]。

② list[1] 是 32，由于 75 不等于 32，因此 75 顺序比较下一个元素 list[2]。

③ 一直持续下去，当 75 与 list[5] 比较时，两者相等，这时搜索终止，75 在 list 中的位置为下标 5。

但是如果要查找的数据是 91，结果在 list 中没有发现与 91 匹配的元素，则这次搜索失败。一般地，如果没有找到匹配的元素，则返回 –1，表示没有找到指定的元素。

下面使用自然语言给出顺序查找算法的思想。自然语言描述在 list 数组中进行顺序查找算法如下：

① 初始化元素的索引下标 i，将其赋值为 0，list 数组元素个数 N 赋值为 10。

② 输入查找的数据 key 的值。

③ 判断 i 是否大于 N–1（最后一个元素的下标）。如果 i>N–1，则说明没有找到，输出 –1 并结束搜索。

④ 比较 key 与 list[i] 的值，如果相同则输出对应的索引下标 i；否则，元素的索引下标 i 增加 1，即 i=i+1，转到第③步。

也可以使用流程图的形式描述顺序查找算法的思想。假设存放元素的数据集是 list 数组，长度是 N，其对应的流程图和 N–S 图如图 6–10 所示。

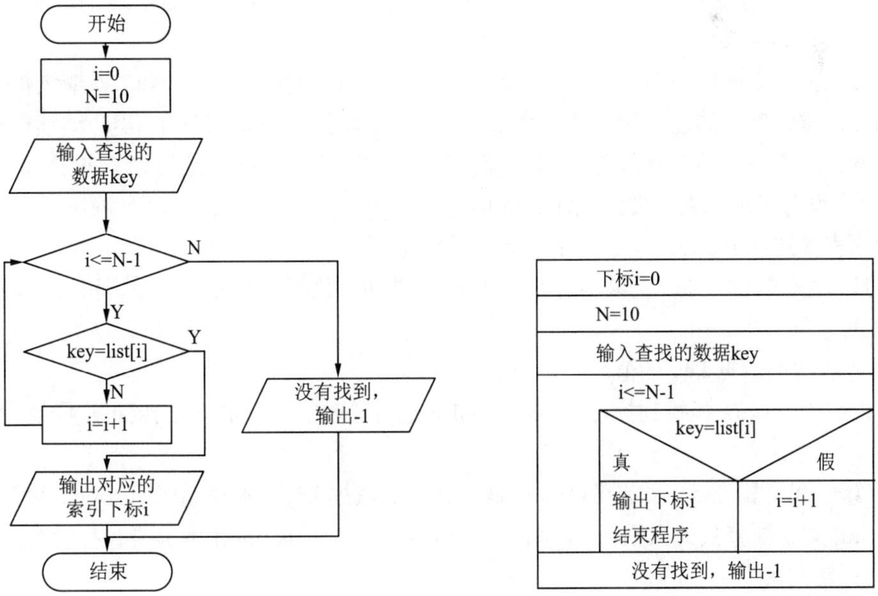

（a）流程图　　（b）N-S 图

图 6–10　顺序查找算法的流程图和 N–S 图

（2）二分查找法（折半查找）

顺序查找算法是针对无序数据集的典型查找算法，如果数据集中的元素是有序的，那么顺序查找算法就不适用了。为了提高查找算法的效率，针对有序数据集，可以使用二分查找算法。

二分查找算法 (binary search) 是指在一个有序数据集中，假设元素递增排列，查找项与数据集的中间位置的元素进行比较，如果查找项小于中间位置的元素，则只搜索数据集的前半部分；否则，查找数据集的后半部分。如果查找项等于中间位置的元素，则返回该中间位置的元素的地址，查找成功结束。

下面通过一个示例来讲述二分查找算法的过程。在如图 6–11 所示的有序数据组中，有 10 个元素递增排列。

list	2	11	18	29	32	51	75	82	96	125
	[0]	[1]	[2]	[3]	[4]	[5]	[6]	[7]	[8]	[9]

图 6–11　有 10 个元素的有序数组

现在，希望找到数据 75 在 list 数组中的位置。二分查找过程如下：

① 第一次搜索空间是整个数组，最左端的位置是 0，最右端的位置是 9，则其中间位置是 4。因为 75>list[4]，所以 75 应该落在整个数组的后半部分。

② 这时开始第二次查找，搜索空间最左端的位置是 5，最右端的位置依然是 9，计算得中间位置是 7。比较 75 与 list[7]，因为 75<list[7]，继续折半搜索。

③ 第三次搜索空间的最左右端的位置分别是 5 和 6，中间位置 5，75>list[5]，继续折半搜索。

④ 第四次搜索空间的最左右端的位置都是 6，中间位置是 6，且 75=list[6]，停止查找，75 的位置是 6。

相应地，如果要查找数据 91 在 list 数组中的位置，二分查找过程如下：

①第一次的搜索空间，左端位置是 0，右端位置是 9，中间位置是 4，比较 91 和 list[4]，91>list[4]，继续折半搜索。

②第二次搜索空间的左右端位置分别是 5 和 9，中间位置是 7，91>list[7]，继续折半搜索。

③第三次搜索空间的左右端位置分别是 8 和 9，中间位置是 8，91<list[8]，继续折半搜索。

④第四次搜索空间的左端位置是 8，右端位置是 7，左端位置 8> 右端位置 7，查找以失败结束，返回在 list 中没有发现元素与搜索项匹配的标志 –1。

自然语言描述在 list 数组中进行二分查找算法如下：

① 初始化左端位置 left 为 0，右端位置 right 为 list 数组下标最大值，同时设置找到标志 found 为 false。

② 输入查找的数据 key 的值。

③ 判断 left<=right 和找到标志 found 为 false 是否同时成立，成立则转到第④步，否则转到第⑤步。

④ 计算中间位置 mid，如果 list[mid] 是要查找的数据 key，则找到标志 found 赋值为 true。如果 list[mid] 大于要查找的数据 key，则 right=mid–1；如果 list[mid] 小于要查找的数据 key，则 left=mid+1；转到第③步。

⑤ 判断 found 是否为 true，是 true 说明找到了，则输出 mid 的值；否则，说明没有找到，输出 –1 并结束搜索。

二分查找算法对应的流程图和 N–S 图如图 6–12 所示。

3. 排序算法

在处理数据过程中，经常需要对数据进行排序。甚至有人认为，在许多商业计算机系统中，可能有一半的时间都花费在了排序上面。这也说明了排序的重要性。许多专家对排序问题进行了大量研究，提出了许多有效的排序思想和算法。排序算法 (sorting algorithms) 是指将一组无序元素序列整理成有序序列的方法。根据排序算法的特点，可以分为互换类排序、插入类排序、选择类排序、合并类排序以及其他排序类算法等。下面，主要介绍冒泡排序、插入排序、选择排序等常用的排序算法。

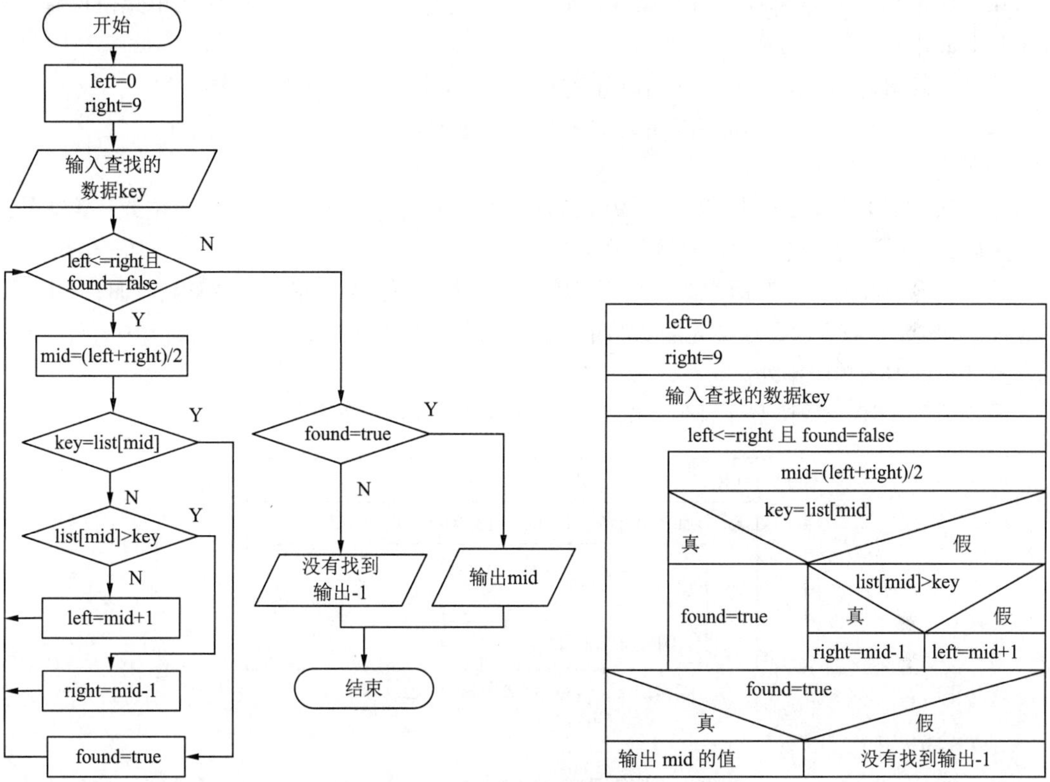

图 6–12　二分查找算法的流程图和 N–S 图

（1）冒泡排序

冒泡排序（bubble sort）是一种简单的互换类排序算法，其基本思想是比较序列中的相邻数据项，如果存在逆序则进行互换，重复进行直到有序。

冒泡排序是每轮将相邻的两个数两两进行比较，若满足排序次序，则进行下一次比较，若不满足排序次序，则交换这两个数，直到最后。总的比较次数为 n–1 次，此时最后的元素为最大数或最小数，此为一轮排序。接着进行第二轮排序，方法同前，只是这次最后一个元素不再参与比较，比较次数为 n–2 次，依次类推。

冒泡排序基本思想如图 6–13 所示，加粗数字表示正在比较的两个数，最左列为最初的情况，最右列为完成后的情况。

A[1]		**8**	5	5	5	5	**5**	2	2	2	**2**	2	2	**2**	
A[2]		**5**	**8**	2	2	2	**2**	**5**	4	4	**4**	**4**	3	**3**	
A[3]		2	**2**	**8**	4	4	4	**4**	**5**	3	3	**3**	4	4	
A[4]		4	4	**4**	**8**	3	3	3	**3**	5	5	5	5	5	
A[5]		3	3	3	**3**	8	8	8	8	8	8	8	8	8	
		第一轮					第二轮				第三轮			第四轮	

图 6–13　冒泡排序示意图

可以推知，如果有 n 个数，则要进行 $n-1$ 轮比较（和交换）。在第 1 轮中要进行 $n-1$ 次两两比较，在第 j 轮中要进行 $n-j$ 次两两比较。

假设数组 a 存储从键盘输入的 10 个整数。对数组 a 的 10 个整数（为了描述方便，不使用 a[0] 元素，10 个整数存入 a[1] ~ a[10] 中）的冒泡排序算法为：

第 1 轮遍历首先是 a[1] 与 a[2] 比较，如 a[1] 比 a[2] 大，则 a[1] 与 a[2] 互相交换位置；若 a[1] 不比 a[2] 大，则不交换。

第 2 次是 a[2] 与 a[3] 比较，如 a[2] 比 a[3] 大，则 a[2] 与 a[3] 互相交换位置。

第 3 次是 a[3] 与 a[4] 比较，如 a[3] 比 a[4] 大，则 a[3] 与 a[4] 互相交换位置。

……

第 9 次是 a[9] 与 a[10] 比较，如 a[9] 比 a[10] 大，则 a[9] 与 a[10] 互相交换位置；第 1 轮遍历结束后，使得数组中的最大数被调整到 a[10]。

第 2 轮遍历和第 1 轮遍历类似，只不过因为第 1 轮遍历已经将最大值调整到了 a[10] 中，第 2 轮遍历只需要比较 8 次，第 2 轮遍历结束后，使得数组中的次大数被调整到 a[9]……直到所有的数按从小到大的顺序排列。

冒泡排序（10 个数按升序排列）的算法 N–S 图如图 6–14 所示。

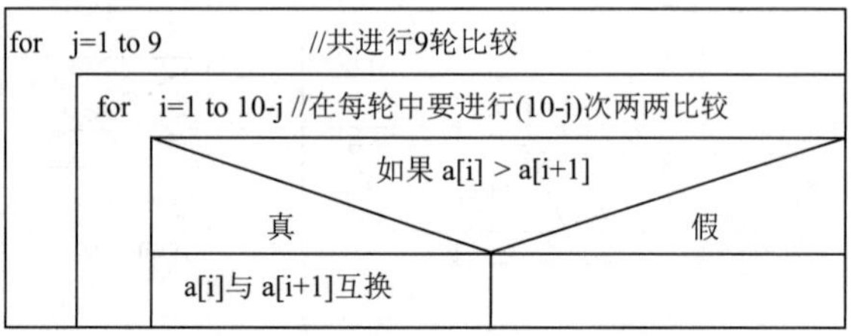

图 6–14　冒泡排序的算法 N–S 图

（2）插入排序

插入排序（insertion sort）是一种将无序列表中的元素通过依次插入已经排序好的列表中的算法。插入排序算法具有实现简单、对于少量数据排序效率高、适合在线排序等特点。

下面，通过一个示例来讲述插入排序的基本过程。对于一个有 6 个数据的无序数组：(12, 6, 1, 15, 3, 19)，现在希望将该数组中的数据采用插入排序方法从小到大排列。排序过程如图 6–15 所示。在每一个阶段，未被插入排序列表中的数据使用阴影方框表示，列表中已排序的数据用白色方框表示，圆框表示数据的临时存储位置。在初始顺序中，第 1 个数据 12 表示已经排序，其他数据都是未排序数据。在排序过程的每个阶段中，第 1 个未排序数据被插入已排序列表中的恰当位置。为了为这个插入值腾出空间，首先要把该插入值存储在临时圆框中，然后从已排序列表的末尾开始，逐个向前比较，移动数据项，直到找到该数据的合适位置为止。移动的数据用箭头表示。

插入排序算法具体描述如下：

① 从第 1 个元素开始，该元素可以认为已经被排序。

② 取出下一个元素，在已经排序的元素序列中从后向前扫描。

③ 如果该元素（已排序）大于新元素，将该元素移到下一位置。

④ 重复步骤③，直到找到已排序的元素小于或者等于新元素的位置。

⑤ 将新元素插入下一位置中。

⑥ 重复步骤② ~ 步骤⑤。

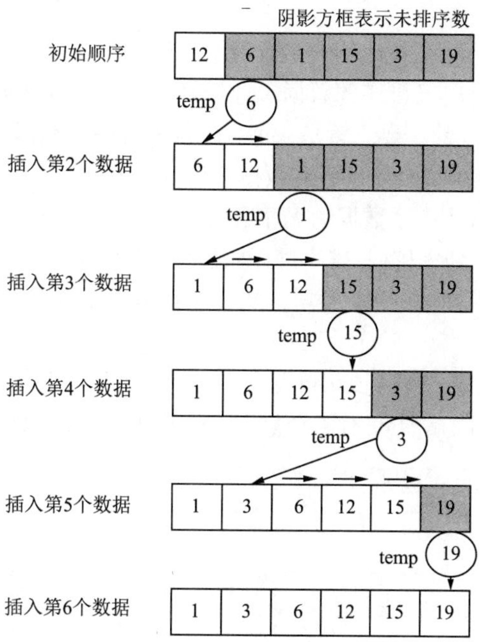

图 6–15　插入排序示意图

假设数组 a 存储从键盘输入的 10 个整数。对数组 a 的 10 个整数（为了描述方便，不使用 a[0] 元素，10 个整数存入 a[1] ～ a[10] 中）的插入排序算法为：

第 1 轮插入是从第 2 个元素开始，将 a[2] 插入最初仅仅 a[1] 有序序列中。首先将 a[2] 值存储在变量 temp 中，将 a[1] 与 temp 比较。如 a[1] 比 temp 大，则 a[1] 移到 a[2]，最后 temp 放到空出的位置 a[1] 中。

第 2 轮插入是将 a[3] 插入 a[1] 和 a[2] 有序序列中。首先将 a[3] 值存储在变量 temp 中，将有序序列最后元素 a[2] 与 temp 比较，如 a[2] 比 temp 大，则 a[2] 移到 a[3]，继续向前扫描直到已排序的元素小于或者等于 temp，最后 temp 放到该元素下一位置中。

……

第 9 轮插入是将 a[10] 插入 a[1], a[2] ……a[9] 有序序列中。首先将 a[10] 值存储在变量 temp 中，将有序序列最后元素 a[9] 与 temp 比较，如 a[9] 比 temp 大，则 a[9] 移到 a[10]，继续向前扫描直到已排序的元素小于或者等于 temp，最后将 temp 放到该元素下一位置中。

插入排序（10 个数按升序排列）的算法 N–S 图如图 6–16 所示。

```
for  i = 2 to 10                          //共进行 9 轮插入
    temp = a[i]                           //要插入的元素
    j = i - 1                             //已经排序的元素序列最后元素下标
    while( j >= 1 and a[j] > temp)        //从后向前扫描，腾出空间
        a[j + 1] =a[j]                    // a[j]后移，空出位置 j
        j = j – 1
    a[j + 1] = temp     //插入数据
```

图 6–16　插入排序的算法 N–S 图

（3）选择排序

插入排序的一个主要问题是，即使大多数数据已经被正确排序在序列的前面，后面在插入数据时依然需要移动前面这些已排序的数据。选择排序算法可以避免大量已排序数据的移动现象。选择排序 (selection sort) 的主要思想是，每一轮从未排序的数据中选出最小的数据，顺序放到已排好序列的后面，重复前面的步骤直到数据全部排序为止。

对于前面示例中的包含了 6 个数据的无序数组 (12, 6, 1, 15, 3, 19)，现在希望将该数组中的数据采用选择排序方法从小到大排列，排序过程如图 6-17 所示。图中的阴影方框表示未排序数据。

在第 1 轮，未排序序列就是整个序列，从整个序列找到最小元素 1，然后将元素 1 与第 1 个位置的元素 12 互换。

在第 2 轮，在未排序序列中找到最小元素 3，然后将元素 3 与第 2 个位置的元素 6 互换。

继续进行，在第 6 轮时，由于只有 1 个数据 19，因此排序结束。

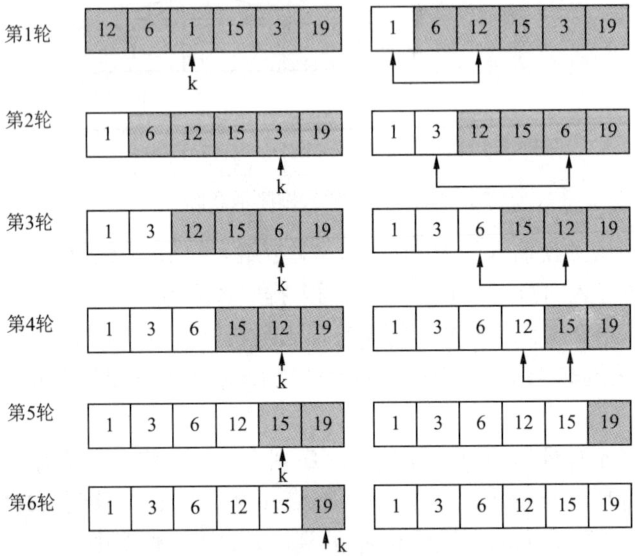

图 6-17　选择排序算法排序过程

设有 10 个数，存放在数组 A 中，选择排序的算法如下：

首先引入一个指针变量 k，用于记录每次找到的最小元素位置。

第 1 轮：k 初始为 1，即将指针指向第 1 个数（先假定第 1 个数最小）。将 A[k] 与 A[2] 比较，若 A[k] > A[2]，则将 k 记录 2，即将指针指向较小者。再将 A[k] 与 A[3] ~ A[10] 逐个比较，并在比较的过程中将 k 指向其中的较小数。完成比较后，k 指向 10 个数中的最小者。如果 $k \neq 1$，交换 A[k] 和 A[1]；如果 k=1，表示 A[1] 就是这 10 个数中的最小数，不需要进行交换。

第 2 轮：将指针 k 初始为 2（先假定第 2 个数最小），将 A[k] 与 A[3]~A[10] 逐个比较，并在比较的过程中将 k 指向其中的较小数。完成比较后，k 指向余下 9 个数中的最小者。如果 $k \neq 2$，交换 A[k] 和 A[2]；如果 k=2，表示 A[2] 就是这余下 9 个数中的最小数，不需要进行交换。

继续进行第 3 轮、第 4 轮，直到第 9 轮。

选择排序每轮最多进行一次交换，以 n 个数按升序排列为例，其算法 N–S 图如图 6–18 所示。其中，$k \neq i$ 表示在第 i 轮比较的过程中，指针 k 曾经移动过，需要互换 A[i] 与 A[k]，否则不进行任何操作。

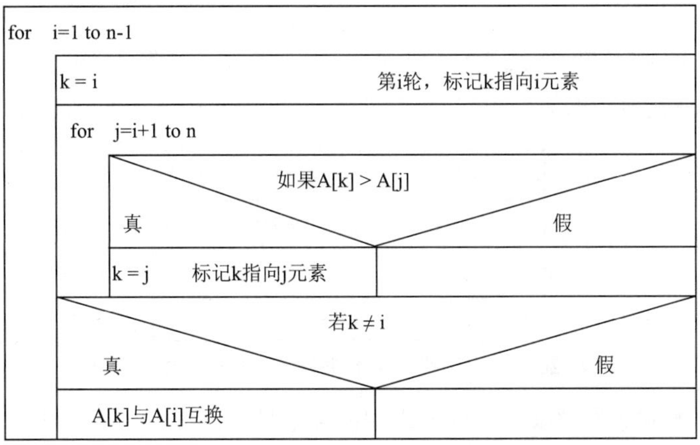

图 6–18　选择排序的算法 N–S 图

4. 递推与迭代算法

利用递推算法或迭代算法，可以将一个复杂的问题转换为一个简单过程的重复执行。它是按照一定的规律来计算序列中的每一项，通常是通过前面的一些项来得出序列中指定项的值。这两种算法的共同特点是，通过前一项的计算结果推出后一项。不同的是，递推算法不存在变量的自我更迭，而迭代算法则在每次循环中用变量的新值取代其原值。

前面提到的兔子繁殖问题的“斐波那契数列”，就是使用递推算法来解决的。

设数列中相邻的 3 项分别为变量 f1、f2 和 f3，由于中间各项只是为了计算后面的项，因此可以轮换赋值，则有如图 6–19 所示的流程图。

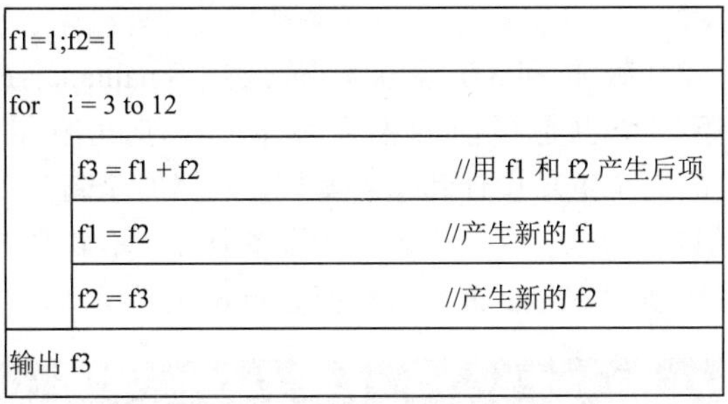

f1=1;f2=1
for　i = 3 to 12
f3 = f1 + f2
//用 f1 和 f2 产生后项
f1 = f2
//产生新的 f1
f2 = f3
//产生新的 f2
输出 f3

图 6–19　使用递推算法解决斐波那契数列问题的流程图

迭代算法又称辗转法，是一种不断用变量的旧值递推新值的过程。迭代算法是用计算机解决问题的一种基本方法。它利用计算机运算速度快、适合做重复性操作的特点，让计算机对一组指令（或一定步骤）进行重复执行，在每次执行这组指令（或这些步骤）时，都从变量的原值推出它的一个新值。

例如猴子吃桃问题。猴子第 1 天摘下若干个桃子，当即吃了一半，还不过瘾，又多吃了一个，第 2 天早上又将剩下的桃子吃掉一半，又多吃了一个。以后每天早上都吃了前一天剩下的一半再多一个。到第 10 天早上想再吃时，见只剩下一个桃子了。求第 1 天共摘了多少。

这是一个迭代递推问题，采取逆向思维的方法，从后往前推。因为猴子每次吃掉前一天的一半再多一个，若设 X_n 为第 n 天的桃子数，则

$$X_n=X_{n-1}/2-1$$

那么第 n–1 天的桃子数的递推公式为

$$X_{n-1}=(X_n+1)\times 2$$

已知第 10 天的桃子数为 1，由递推公式得出第 9 天，第 8 天，……，最后第 1 天为 1 534，则有如图 6–20 所示的流程图。

X=1		//第 10 天的桃子数
for　i=1 to 9		//循环 9 次
	X=(X+1)*2	//递推公式
输出　X		

图 6–20　使用迭代算法解决猴子吃桃问题的流程图

算法被誉为计算机系统之灵魂，问题求解的关键是设计算法，设计可在有限时间与空间内执行的算法，设计尽可能快速的算法。所有的计算问题最终都体现为算法。“是否会编写程序”本质上讲首先是“能否想出求解问题的算法”，其次才是将算法用计算机可以识别的计算机语言写出程序。算法的学习没有捷径，只有不断地训练才能达到一定高度。

6.6　Scratch 编程设计

Scratch 是麻省理工学院的“终身幼儿园团队”在 2007 年发布的一种图形化编程工具，是图形化编程工具当中最广为人知的一种形式，所有人都可以在软件中创作自己的程序。Scratch 构成程序的命令和参数都是通过积木形状的模块来实现的，用鼠标拖动模块到程序编辑栏就可以进行编程了。

Scratch 的 1.4 版本、2.0 版本和 3.0 版本分别是用 Smalltalk、Flash 和 Html5 开发的。Scratch 3.0 是 Scratch 的第三个也是当前的主要版本。它于 2019 年 1 月 2 日发布，是对用 JavaScript 编写的 Scratch 的完全重新设计和重新实现。它具有全新、现代的外观和设计，并修复了 Scratch 2.0 中存在的许多缺陷。它与许多移动设备兼容，不需要 Flash Player，使用户可以在更广泛的位置查看和编辑项目。Scratch 程序界面如图 6–21 所示。

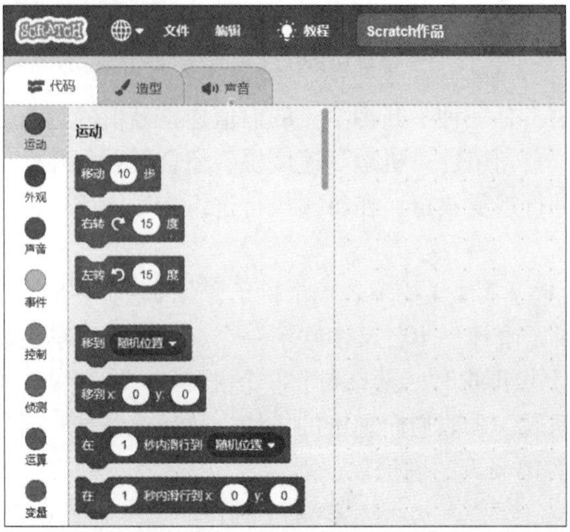

图 6–21　Scratch 程序界面

6.6.1　下载和安装

Scratch 下载是完全免费的。开发组织除了保留对“Scratch”名称和“小猫”LOGO 的权利外，公布源码，允许任意修改、发布和传播。已经有不同的改进版本在网上流通，目前最新的官方版本是 3.4 版。官方网站的教学视频和介绍在离线编辑器上都是英文的，在官网上可以找到部分中文资料。

首先进入麻省理工学院 Scratch 社区网站，单击加入 Scratch 社区；在出现的对话框中创建一个用户名，设置好密码，将用户名和密码记在笔记本上，以防忘记；单击“下一步”按钮。选择中国 China，然后单击“下一步”按钮。选择出生日期，然后单击“下一步”按钮。选择性别，然后单击“下一步”按钮。输入电子邮箱，然后单击“创建”按钮。这样账号就注册好了，单击“入门”按钮。然后进入 Scratch 下载页面。可以选择最新版 Scratch 3.0 下载，也可以选择老版本下载。然后按照步骤依次下载 AIR、Scratch 并安装。先下载 AIR，单击“立即下载”按钮，再单击“下一步”按钮。双击运行下载好的 AIR。接下来下载 Scratch，双击下载好的 Scratch 运行安装。安装好后运行 Scratch。下载好后，进入 Scratch 页面。单击左上角小地球，选择“简体中文”，下面就可以编程了。

软件是多语言版本，根据作业系统自动会改成中文界面。在原版中是没有函数调用的。也就是说，复杂的功能用重复编写相同的代码。在自由软件开发组织中有人进一步开发了制作自定义积木的功能。

6.6.2　Scratch 3.0 界面介绍

积木模组包括 8 个大类，100 多个功能。包括了一个完整程序的每个环节，甚至数组和函数。

1. 主界面

主界面如图 6–22 所示。

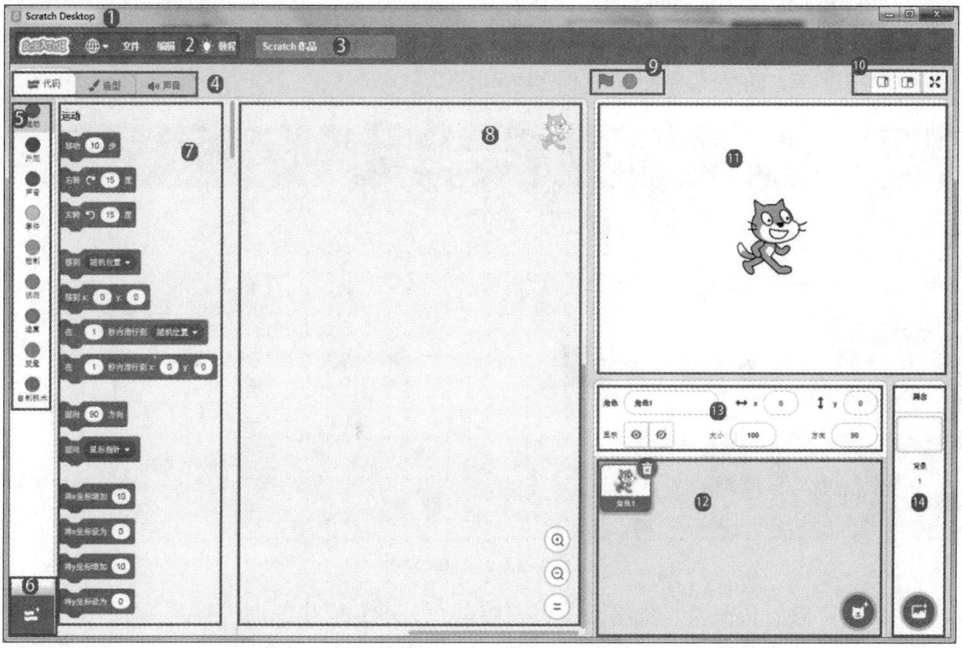

图 6–22　Scratch 主界面

图 6–22 的说明如下：

① Scratch 软件名称。

② 菜单栏：语言切换、文件、编辑相关操作。

③ 作品名称。

④ 工作区：代码、造型和声音。

⑤ 程序指令分类区：八大功能模块（移动、外观、声音、事件、控制、侦测、运算、变量），以及自制模块。

⑥ 拓展模块：上述模块以外的模块（音乐、画笔、翻译以及其他乐高模块等）。

⑦ 积木区：具体的积木（移动、旋转、显示、移到、大于、循环等）。

⑧ 脚本区：积木拖动到这里进行程序的书写。

⑨ 控制：开始和停止。

⑩ 显示模式：浏览模式和全屏模式。

⑪ 舞台区：角色显示区，程序执行最后的作品展示区。

⑫ 角色区：右下角可以添加角色 4 种方式（从角色库中选择、绘制、随机、上传）。

⑬ 角色属性模块：角色名称、坐标值（XY）、是否显示、大小、方向。

⑭ 舞台背景区：有 4 种添加背景的方式（从角色库中选择、绘制、随机、上传）。

“文件”菜单有 3 个选项：“新作品”“从电脑中上传”“保存到电脑”。如果是制作一个新的 Scratch 程序，选择“新作品”选项，界面将会显示如图 6–22 所示的初始状态；如果是导入已有的程序，选择“从电脑中上传”选项，Scratch 将加载选中的程序，Scratch 高版本可以导入低版本程序。不能导入程序的情况：版本过高，程序中含有扩展组件或者是程序已损坏。已经完成的程序一定要及时保存到计算机，注意扩展名。

2. 造型界面

造型界面显示现有造型。可以加入图像资源，以及编辑图像，也可以从资源库中选择。左下角有 5 种添加造型的方式：拍照、上传、随机、绘制、选择，造型模块如图 6–23 所示。选择可以从角色库中选择，角色库界面如图 6–24 所示。

图 6–23　造型模块

右下角区域可以对角色进行编辑，可以对颜色、大小、形状等进行修改。

作品背景可以从背景库中选择使用，也可以上传背景图片，如图 6–25 所示。

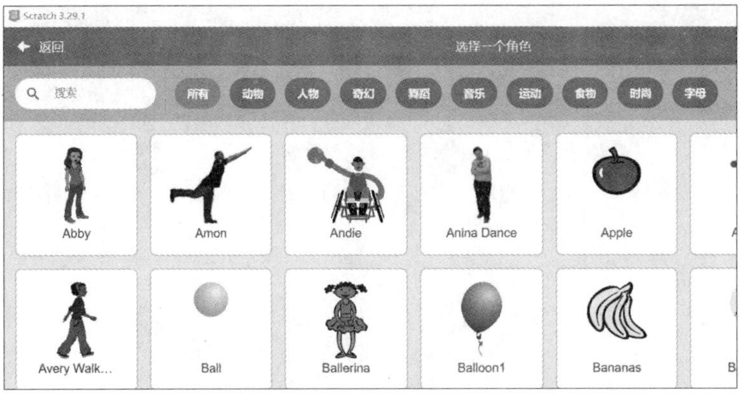

图 6–24　角色库界面

图 6–25　背景上传

3. 声音界面

声音界面如图 6–26 所示，显示现有声音，可以加入声音资源，以及编辑声音，也可以从资源库中选择，如图 6–27 所示。左下角有 4 种添加声音的方式（上传、随机、绘制、选择）。选择方式可以从声音库中进行选择。声音库里有音效、背景音乐等。

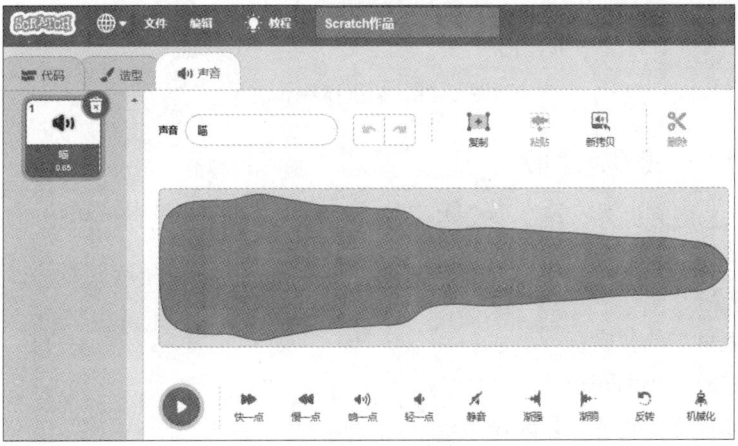

图 6–26　声音界面

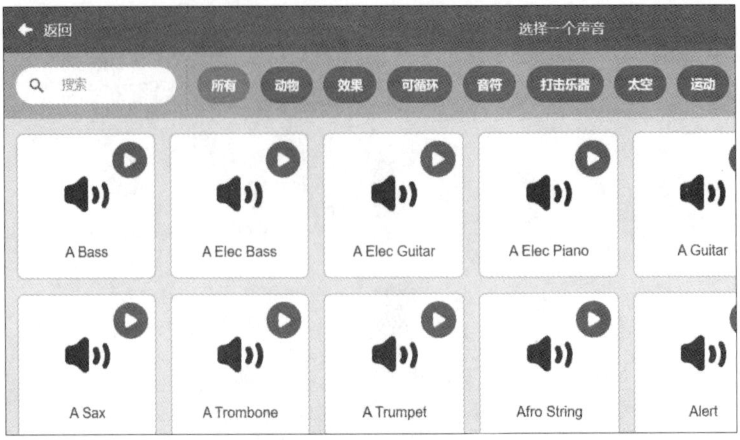

图 6–27　声音库

右侧可以对声音进行编辑（放慢、加快、调大、调小、截取等）。

4. 拓展模块

包括音乐、画笔、视频侦测、文字朗读、翻译等，如图 6-28 所示。

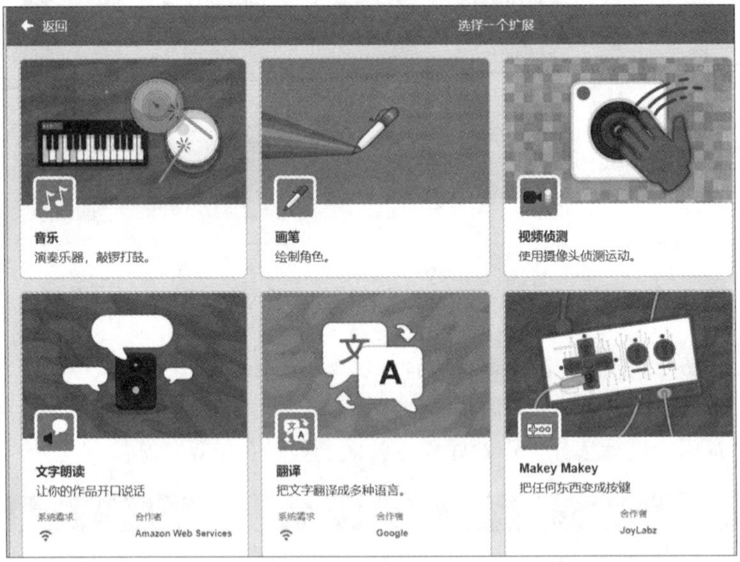

图 6–28　拓展模块界面

6.6.3　海底世界——景物篇案例

【情境导入】海底世界有很多小动物，它们被魔法冻住了。请你使用程序帮助恢复完美的海底世界吧！

【任务要求】

① 设置海底世界的背景；

② 添加各种海底小动物角色；

③ 为角色添加程序脚本，完成移动；

④ 根据不同的动物属性进行动作调整；

⑤　添加背景音乐。

【任务实现】

1. 设置海底世界的背景

① 打开 Scratch 软件，新建一个空白文档。单击右下角舞台背景区中的“选择一个背景”按钮，如图 6–29 所示。

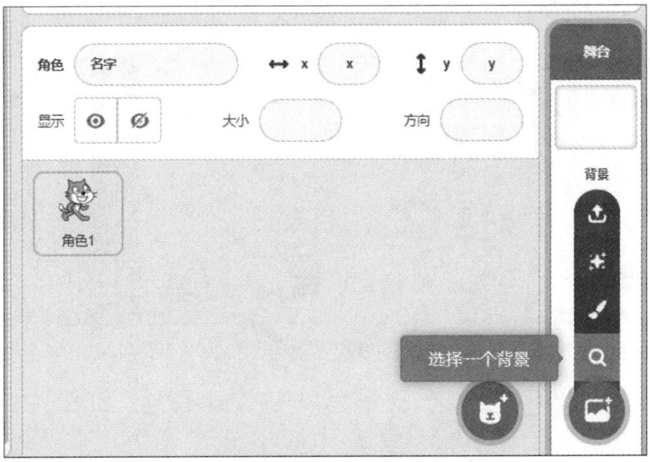

图 6–29　选择背景

② 在背景库中选择“水下”分类，选择一个海底的图片：Underwater2，如图 6–30 所示。

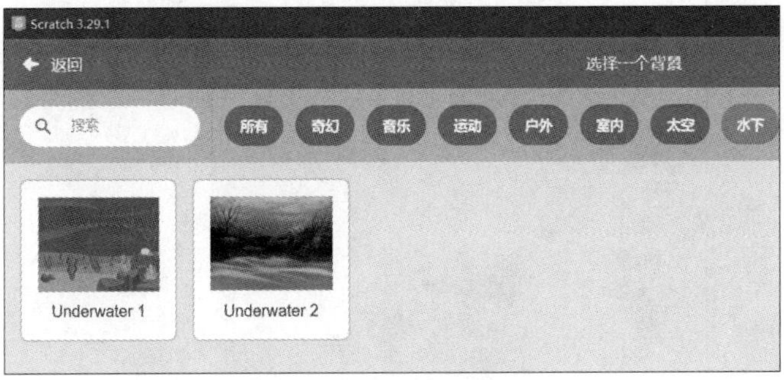

图 6–30　选择海底图片

③ 删除“小猫”角色。单击角色右上角的垃圾桶图标，将“小猫”角色删除，如图 6-31 所示。同时，舞台中的小猫角色将消失。

图 6–31　删除角色

④ 选择小鱼角色。单击角色区中的猫头图标，单击放大镜“选择一个角色”，从角色库中选择小鱼角色，如图 6–32 所示。

图 6–32　选择角色

在角色库中，选择“动物”分类，从分类中选择 Fish 角色，如图 6-33 所示。将 Fish 角色载入舞台。

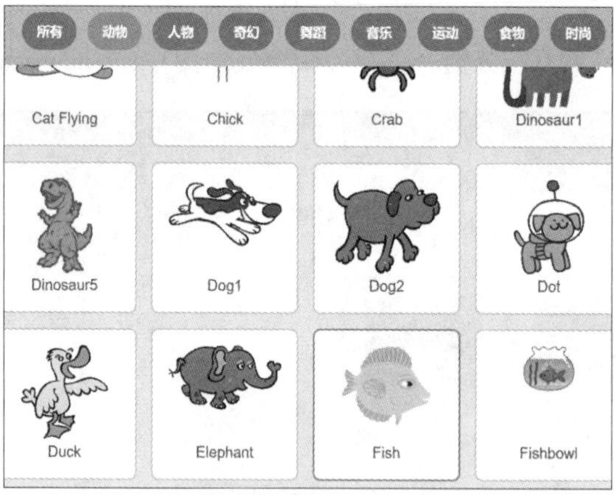

图 6–33　选择 Fish 角色

⑤ 设置 Fish 角色。首先，将 Fish 角色变得小一些。在角色属性栏中，将 Fish 角色的大小属性值设为 60。然后修改 Fish 角色的位置。将 Fish 角色拖至屏幕左下角。Fish 角色的当前坐标为 x（–195），y（–150），如图 6-34 所示。

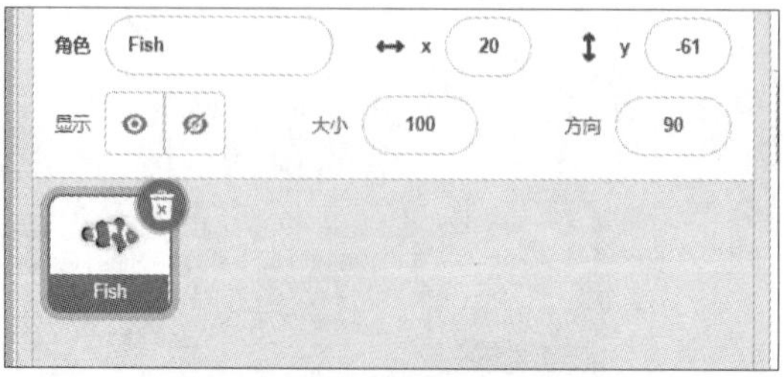

图 6–34　设置 Fish 角色

⑥ 编辑 Fish 角色代码。首先在程序指令分类区中选择角色的“事件”分类，选择“当小绿旗被点击”积木，拖入脚本区。然后选择“控制”分类，选择“重复执行”积木，并拖入脚本区，与上一个积木拼合好。最后选择“运动”分类，选择“移动 10 步”积木，拖入“重复执行”积木内部，并拼合好。单击右上角的小绿旗控制图标，即可查看小鱼的游动画面，如图 6-35 所示。

图 6-35　添加 Fish 角色代码

知识链接：Scratch 移动分析

（1）移动 *x* 步。*x* 为正数（1，2，3…），角色在初始朝向往右移动 *x* 像素；*x* 为负数（–1，–2，–3…），角色在初始朝向往左移动 *x* 像素。

（2）移到随机位置。将角色移动到舞台的随机位置；移到角色或者鼠标：角色会移到指定的角色位置或者移到鼠标位置。

（3）移到 *xy* 角色移到固定的 *x* 和 *y* 坐标值。其中，官方版本中屏幕中心点的坐标为（0，0），*x* 坐标向右为正值，向左为负值。*y* 坐标向上为正值，向下为负值。

知识链接：“重复执行”积木（见图 6-36）

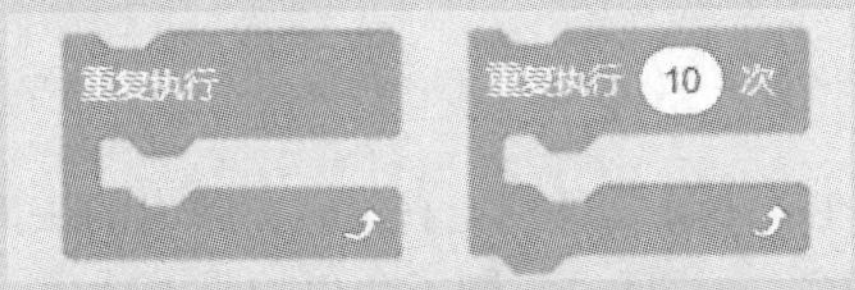

图 6-36　“重复执行”积木

随着脚本越来越大，就会发现会有积木大量重复，这样不仅占据大量的脚本框的位置，还会让脚本过于复杂，不利于理解，这时就可以使用“重复执行”这个积木。

（1）重复执行：会一直重复执行固定脚本，直到程序停止。

（2）重复执行 *n* 次：固定脚本重复执行 *n* 次。

⑦ 完善细节。单击红色圆形按钮，停止程序运行。将“小鱼”角色拖回初始坐标，方可再次执行程序，否则“小鱼”角色卡在屏幕右侧，再次执行程序时不能正常完成自左至右的游动动作。

解决方法 1：设定初始位置。添加“移到 x() y()”积木，设置坐标为（–195，–150）。将积木放置到当小绿旗被点击积木的下面，这样每次执行都将“小鱼”角色设置到屏幕左下角的初始位置，如图 6–37 所示。

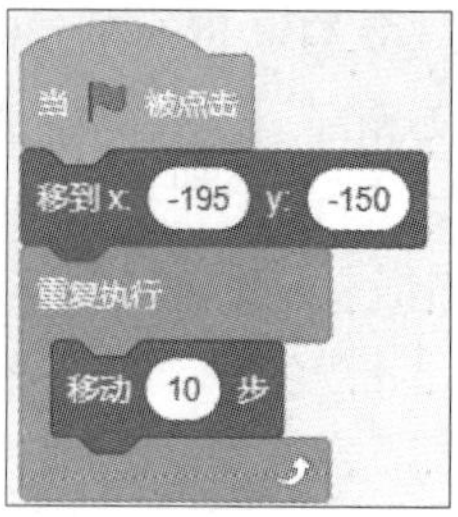

图 6–37　完善 Fish 角色代码

解决方法 2：添加“碰到边缘就反弹”积木，如图 6–38 所示。“碰到边缘就反弹”可以使得“小鱼”角色在重复移动的过程中，检测到碰到边缘时就向相反的方向移动。

只是在反向移动时，可以看到“小鱼”角色是翻着肚皮移动的，这是不合乎常理的。如要修改这个状态，需要添加“将旋转方式设为”积木。“小鱼”水平游动，在这里选择“左右翻转”，如图 6–39 所示。

图 6–38　添加“碰到边缘就反弹”积木

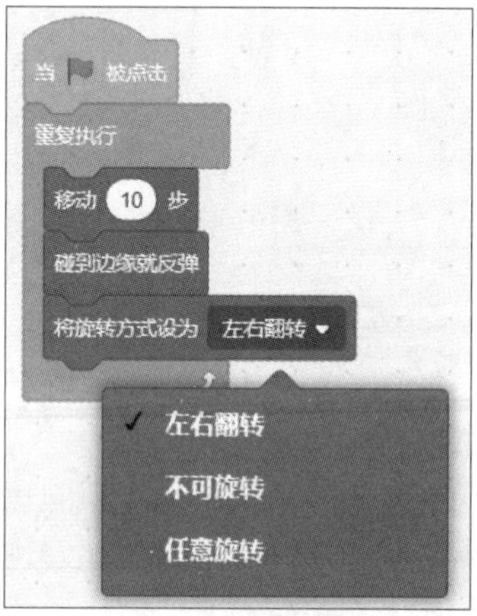

图 6–39　设置“将旋转方式设为”积木

知识链接： 旋转方式

（1）左右翻转：当角色碰到屏幕边缘后，角色会掉头向相反方向移动。

（2）不可旋转：当角色碰到屏幕边缘后，角色不会掉头，会以后退的方式向相反方向移动。

（3）任意旋转：当角色碰到屏幕边缘后，角色会上下翻转，掉头向相反方向移动。

移动速度调整，可以通过设置“移动（ ）步”积木，重新设置参数值即可。

⑧ 复制“小鱼”角色。在“小鱼”角色上右击，在弹出的快捷菜单中选择“复制”命令。这时舞台中出现另一条“小鱼”，并且也复制了角色的脚本代码。选择“造型”选项卡，选择第 2 种角色造型。此处选择第 2 条鱼的样式，如图 6–40 所示。返回代码界面，单击“小绿旗被点击”按钮，就可以看到第 2 条小鱼在海底世界游来游去。

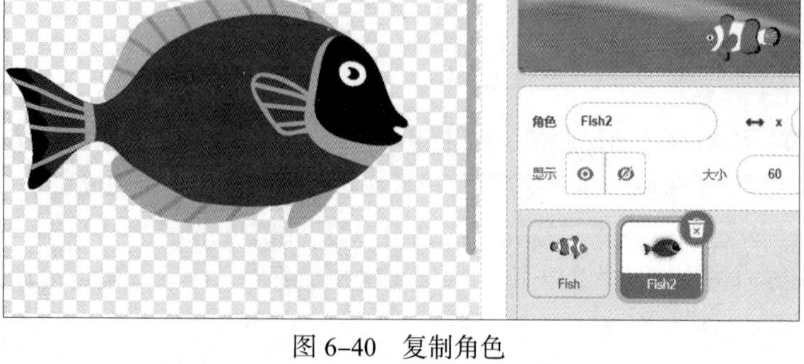

图 6–40　复制角色

⑨ 设置细节、添加背景音乐。分别设置两条小鱼的初始位置以及移动速度等参数，使得“小鱼”角色们的移动优雅、合理。设置背景音乐：单击舞台属性设置中的背景缩略图，为舞台添加背景音乐。选择声音选项卡，从声音库中选择“可循环”分类，选择背景音乐，如图 6–41 所示。声音来源可以是声音库选择，也可以上传，还可以录制。此处，选择背景音乐 Drip Drop，此音乐较短，适合循环播放。

图 6–41　选择背景音乐

选中舞台属性设置中的背景缩略图，在舞台的代码中添加事件积木组中的“当小绿旗被点击”积木，再添加控制积木组中的“重复执行”积木，在此积木内部添加声音积木组中的“播放声音 Drip Drop 等待播完”积木。此时，背景添加了背景音乐，如图 6–42 所示。

图 6–42　设置背景脚本

知识链接：“播放声音 Drip Drop 等待播完”积木和“播放声音 Drip Drop”积木

（1）“播放声音 Drip Drop 等待播完”：等待当前声音 Drip Drop 播放完以后再进入下一个循环，也就是说必须要等到选中的声音播放完毕才执行后面的程序。

（2）“播放声音 Drip Drop”：不等待当前声音播放完就进入下一次循环，也就是说声音开始播放的同时立刻执行后面的程序。

⑩ 添加其他鱼类。将“小鱼”角色多次复制，选择“造型”选项卡，选择其他角色造型。并为这些新的角色设置初始位置和移动速度，完成海底世界中鱼儿游动的场景。返回代码界面，单击“小绿旗被点击”按钮，就可以看到有多条小鱼在海底世界游来游去，如图 6–43 所示。

还可以添加螃蟹、鲨鱼等其他角色。例如小螃蟹角色，可以设置大小为 60，方向为 85。为“小螃蟹”角色添加脚本积木，使得“小螃蟹”在屏幕中自由游动。

“大鲨鱼”角色有多个造型。为了使角色能够动起来，可以在“重复执行”积木中添加“下一个造型”积木，并设置一个“等待几秒”积木，设置改变造型的时间，也就是角色的动作时间，如图 6–44 所示。

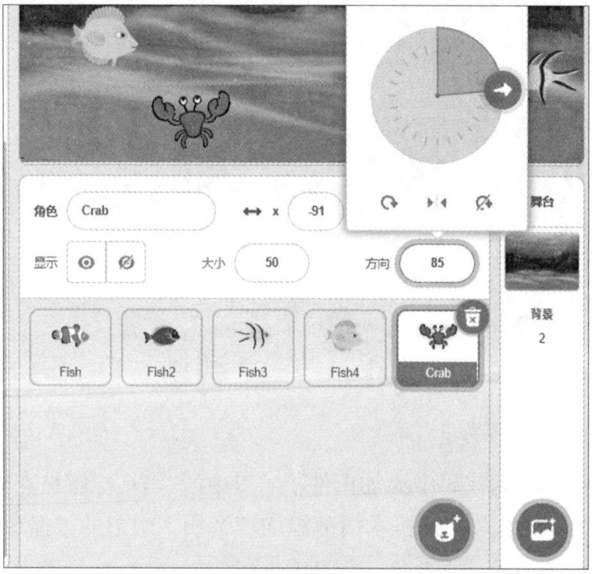

图 6–43　设置角色运动属性

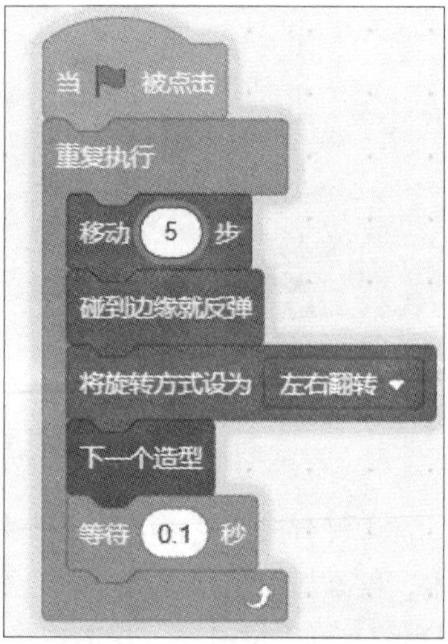

图 6–44　“大鲨鱼”角色的脚本

至此，海底世界——景物篇案例完成。

6.6.4　海底世界——生存法则案例

【情境导入】海底世界中的生存法则就是弱肉强食，动物们存在食物链关系，大鱼会吃小的鱼、虾、螃蟹。请你使用程序帮助实现海底世界的生存法则吧！

【任务要求】

① 设置生存法则：鲨鱼可以吃所有的小鱼和螃蟹。

② 碰撞检测：鲨鱼碰到其他鱼类和螃蟹角色时，将其吃掉，自身大小增加 2，同时被碰到的其他鱼类和螃蟹角色消失。

③ 为角色添加程序脚本，完成移动。

④ 根据不同的动物属性进行动作调整。

⑤ 添加背景音乐和音效。

【任务实现】

1. 添加碰撞检测

① 设置碰撞检测条件。选择“大鲨鱼”角色，在脚本中增加“如果……那么……”积木，条件是侦测积木组中的“碰到 ？ ”积木。“大鲨鱼”可能碰见的动物种类比较多，将这些条件用运算积木组中的“（ ）或（ ）”积木进行侦测条件的连接，如图 6–45 所示。

图 6–45　“大鲨鱼”角色碰撞检测脚本

知识链接：条件判断积木

（1）“如果……那么……”积木：菱形位置放置条件指令，中间位置专门用来放置条件判断为真的时候将会执行的指令。

（2）“如果……那么……否则……”积木：菱形位置放置条件指令，第一个空的位置专门用来放置条件判断为真的时候将会执行的指令；第二个空的位置专门用来放置条件判断为假的时候将会执行的指令，如图 6–46 所示。

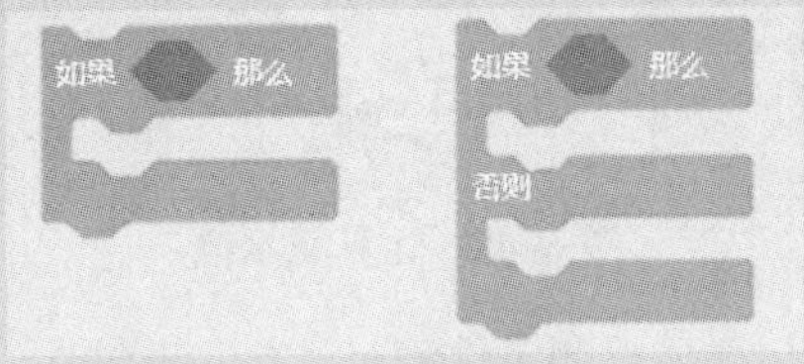

图 6–46　条件判断积木

知识链接：侦测积木组——“碰到 鼠标指针”

“碰到 鼠标指针”积木有多个参数：一个是鼠标指针，另一个是舞台边缘。用于侦测当前角色是否在运动的过程中碰到了鼠标指针或者舞台边缘。如果碰到了则条件为真。还有就是除了自身之外的其他角色，如图 6–47 所示。

图 6–47　碰到 鼠标指针

知识链接：运算积木组

任何编程都不可避免地涉及数值运算、逻辑运算，Scratch 也不例外。运算积木这个分类下除了最常规的数值四则运算，还有逻辑运算、数值大小比较、字符串操作，以及更高阶的数学计算。其中，逻辑运算又称布尔运算。本案例中用“( ) 或 ( )”积木，将碰撞可能碰到的对象这些侦测条件都连接起来，如图 6–48 所示。

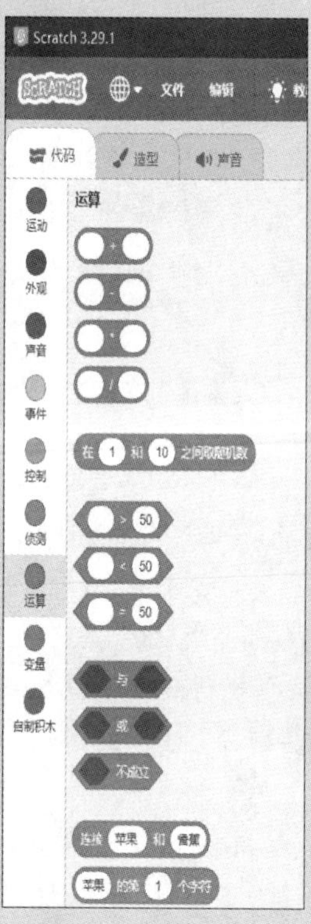

图 6–48　运算积木组

② 设置碰撞后的结果。如果碰撞检测条件满足，发生碰撞时，“大鲨鱼”角色的大小增加 2。

知识链接：角色大小增加

角色大小增加属于外观积木组。相关的积木有“将大小增加 ( )”和“将大小设为 ( )”。第 1 个积木为增加或减小角色的大小，第 2 个积木为给角色设定固定的大小，如图 6–49 所示。

图 6–49　角色大小增加

③ 设置被碰撞动物的反应。被碰撞的动物消失不见，寓意为被“大鲨鱼”吃掉。在被碰撞的动物脚本中增加碰撞检测积木，一旦碰到“大鲨鱼”时就执行“隐藏”。这里注意，要在隐藏之前添加控制组中的“等待 0.5 秒”积木，目的是保障“大鲨鱼”大小增加 2 的时间，否则被碰撞的动物直接隐藏，“大鲨鱼”的大小将不会增加。最后在程序开始时添加“显示”积木，保证游戏重新开始时，这些动物还能出现，如图 6–50 所示。

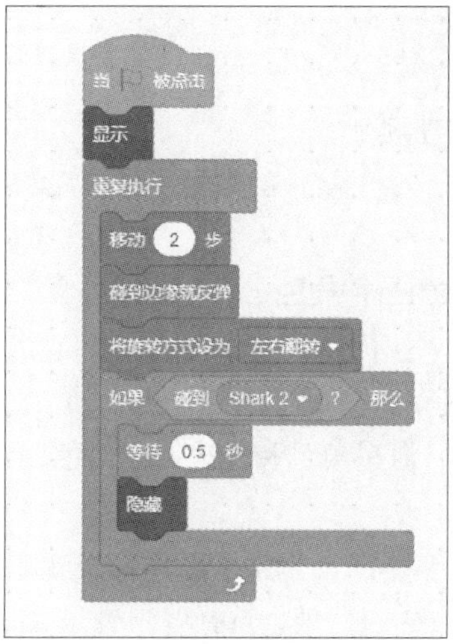

图 6–50　被碰撞角色消失脚本

2. 添加声音特效

为“大鲨鱼”在咬动物时添加咬的声效。“大鲨鱼”这个造型本身就带有“Bite”的声音，只需要在碰撞发生时，添加声音积木组的“播放声音 Bite”即可，如图 6–51 所示。

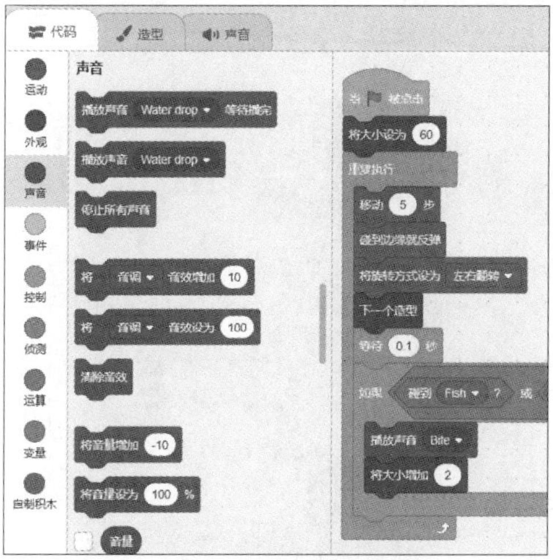

图 6–51　添加声音特效

单击小绿旗图标，可以看到“大鲨鱼”角色在海底自由游动，当碰到小鱼时，发出咬的声音，同时“吃掉”小鱼，自身大小增加 2。被吃掉的小鱼消失。

至此，海底世界——生存法则案例完成。

6.6.5　海底世界——夺取魔法铃铛案例

【情境导入】海底世界有很多鲨鱼，它们以浮游生物、鱿鱼和小型鱼类为食。海底世界有很多动物，中了魔法不动了，海底有一颗魔法铃铛，可以用来解救这些生物，但是由很多鲨鱼值守。请你使用程序帮助小海星成功夺取魔法铃铛吧！

【任务要求】

① 设置海底世界的背景，并添加各种角色。

② 添加背景音乐。

③ 设置守护鲨鱼的运动规则。

④ 设置小海星向上游动的运动规则。

⑤ 设置游戏规则：小海星在不碰触鲨鱼的前提下夺取魔法铃铛为胜。

【任务实现】

1. 设置海底世界的背景并添加各种角色

打开 Scratch 软件，新建一个空白文档。单击右下角舞台背景区中的“选择一个背景”，从背景库的“水下”分类中选择一张海底的背景图片。

打开角色库，添加鲨鱼角色、海星角色和魔法铃铛角色。

2. 添加背景音乐

单击舞台属性设置中的背景缩略图，为舞台添加背景音乐。选择声音选项卡，从声音库中选择“可循环”分类，选择背景音乐。此处，选择背景音乐 Video Game，增加游戏的紧张氛围。

3. 设置守护鲨鱼的运动规则

先设置鲨鱼的移动规则，并等待 0.1 秒后执行下一个造型。这时可以看到鲨鱼一直在张嘴咬合，展示气势汹汹的样子。

开启侦测。结合“如果……那么……”积木，侦测是否碰到“小海星”角色。如果碰到了，发出 Bite 的咬合声音，如图 6–52 所示。

复制“小鲨鱼”角色，添加多个魔法铃铛的守护者。

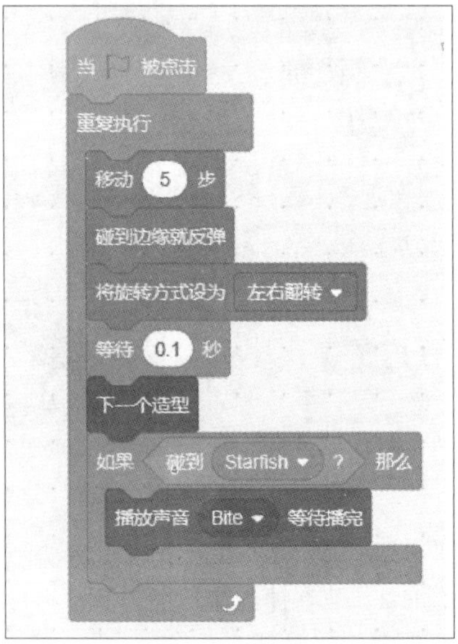

图 6–52 鲨鱼角色的脚本

4. 设置小海星向上游动的运动规则

设置小海星的位置为海底。这样保证每次运行时，小海星都在海底位置。

小海星由键盘上的空格控制向上的运动，使用“如果……那么……否则……”积木，侦测是否按下空格键，如果是“是”，则小海星的 Y 坐标增加 10，否则 Y 坐标增加 –2。由此设置小海星不进则退的运动规则，而且空格键用于控制小海星，用于躲避鲨鱼。

5. 设置游戏规则

将游戏规则设置为：小海星在不碰触鲨鱼的前提下夺取魔法铃铛为胜。

侦测小海星是否碰到鲨鱼。使用“如果……那么……”积木，侦测是否碰到鲨鱼，一旦碰到，“停止所有脚本”。

侦测小海星是否碰到魔法铃铛。使用“如果……那么……”积木，侦测是否碰到魔法铃铛，一旦碰到，显示“成功闯关”字样，如图 6–53 所示。

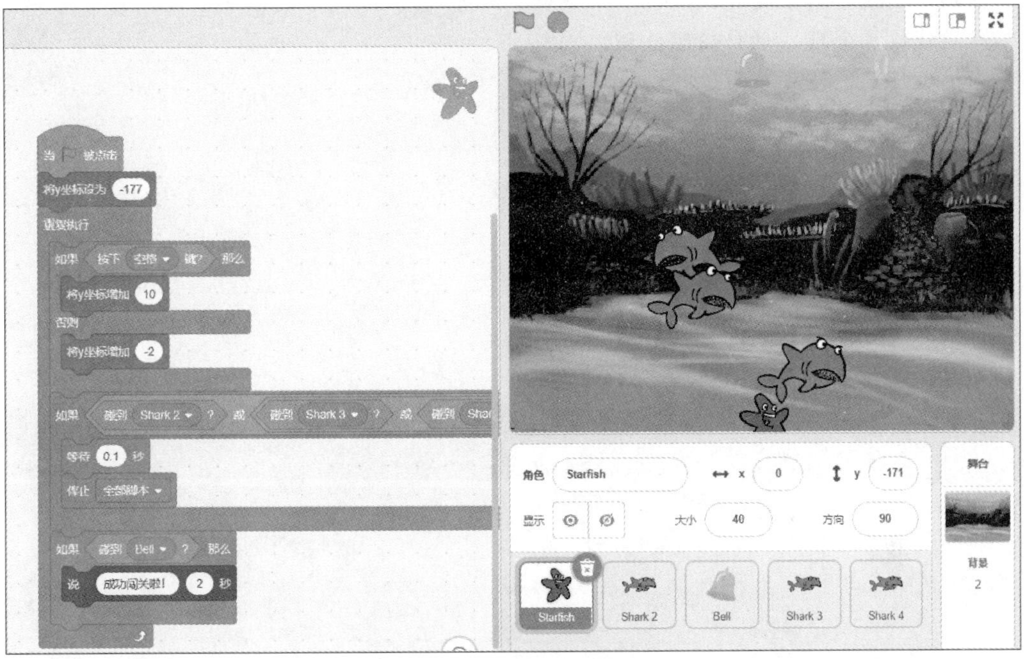

图 6–53　小海星角色的脚本

至此，海底世界——夺取魔法铃铛案例完成。

巩固与练习

1. 谈一谈算法在计算中的作用。

2. 描述一个你熟悉的计算机系统（例如火车票售票系统、教务系统等），描述系统的构成。

3. 举例说说顺序结构、选择结构和循环结构的基本概念与特点。

4. 根据学习与理解，谈谈结构化程序设计与面向对象的程序设计的主要区别？

5. 根据学习与理解，谈谈你对高级语言的认识，其主要作用是什么？

6. 计算机程序设计的过程包括哪些？

7. 一个算法可以由不同的高级编程语言实现，要根据具体的语言的语法规则编程。那算法都有哪些特性呢？

8. 鼠患问题是很多国家都面临的问题，老鼠的繁殖能力很强，而且生命力极其旺盛，受到斐波那契数列的启发来设计制作一个应对算法，看看如何解决“鼠患”问题。

假设小老鼠一个月可以长成大老鼠，大老鼠每月又可产下一只小老鼠，那么循环往复……难以想象！游戏开始可以选择 1 ~ 5 游戏难度！用鼠标单击消灭老鼠，如果老鼠的数量增长到 100 只，游戏失败；如果及时将老鼠消灭干净，游戏胜利。

9. 使用图形化模块编程软件 Scratch 完成一个作品。作品是一个完整的带情节的动画或者一个游戏，并附带一份动画说明或者游戏说明（Word 文档）。

要求:

① 动画精致，场景美观。

② 游戏设置合理、动画情节合理。

③ 编程规范，程序正常运行。